基于生态理论下
风景园林建筑设计
传承与创新

朱宇林　周兴文
黄　维　梁　芳　著

NORTHEAST NORMAL UNIVERSITY PRESS
WWW.NENUP.COM
东北师范大学出版社

图书在版编目（CIP）数据

基于生态理论下风景园林建筑设计传承与创新 / 朱宇林等著. -- 长春 ： 东北师范大学出版社，2019.5
ISBN 978-7-5681-5769-8

Ⅰ．①基… Ⅱ．①朱… Ⅲ．①园林建筑—园林设计
Ⅳ．① TU986.4

中国版本图书馆 CIP 数据核字（2019）第 085640 号

□策划编辑：王春彦

□责任编辑：卢永康　　　□封面设计：优盛文化
□责任校对：肖茜茜　　　□责任印制：张允豪

东北师范大学出版社出版发行
长春市净月经济开发区金宝街 118 号（邮政编码：130117）
销售热线：0431-84568036
传真：0431-84568036
网址·http://www.nenup.com
电子函件：sdcbs@mail.jl.cn
定州启航印刷有限公司印装
2019 年 6 月第 1 版　　2019 年 6 月第 1 次印刷
幅画尺寸：185mm×260mm　印张：14　字数：309 千
定价：59.00 元

近年来，社会各界对生态问题越来越重视，以至"生态"的概念满天飞，生态学的理念似乎深入人心。但实际上，仍存在以下问题：怎样的设计是"生态"的？它具体体现在设计的哪些方面？生态学的科学性应该怎样融入风景园林的艺术性中？

生态是一个宽泛的概念，我们常听到有关生态的各种名目，包括社会生态、文化生态、企业生态，几乎各个领域都能和生态建立联系。实际上，生态是一种客观存在的状态、一种客观现象，而设计是以人为行动主体的、有意识的、有目的的改造活动。那么，究竟生态与设计有多大关系？生态学能为园林设计带来什么，又能如何影响园林设计？生态的园林设计成果能达到什么效果？这些是值得探讨的问题。

事实上，风景园林是一个涉及面广、综合性强的边缘学科，也是一个影响因子众多、成长周期漫长的系统工程。这就要求风景园林师掌握生物学、生态学、社会学、艺术、建筑、美学等方面的综合知识与技能，通过长时间的积累以获得丰富的实践经验。急功近利的思想和片面的认识观点只能加剧行业的复杂性与混乱程度，终将成为行业健康发展的桎梏。

目前，在风景园林学科范畴关于生态设计的理论研究资料非常丰富，但总体上存在几个问题。第一，生态在很多人看来是个比较虚的概念，只能体现为一种指导思想，而不能落到实处。第二，实践中基于生态理念的风景园林设计对其生态含义的表达有偏差，或者形式较为单一，造成了人们产生生态设计就是多种树、多绿化的片面理解。第三，一些理论带有对生态学知识的膜拜色彩，将生态设计理论研究的天平倒向了生态一方，致使设计的存在感消失了。

Contents
目 录

第一章　风景园林设计中的生态学原理

第一节　生态学的形成与发展

一、生态学的概念和研究对象

（一）生态学的概念

生态学是一门较古老的学科，从 1866 年德国动物学家恩斯特·海克尔提出"生态学"概念算起，已有 100 多年的历史。在这 100 多年中，随着生物学、植物学、动物学、化学和环境等学科的实践，生态学已成了一个独立学科。

什么是生态学？海克尔在《有机体普通形态学》一书中，把"生态学"解释为研究生物与其环境之间相互关系的科学。这个定义一直沿用到现在。银颊犀鸟的事例可以很好地说明这个关系。

银颊犀鸟因其嘴呈象牙色，就像犀角一样，故而得名。它栖居于森林中的巨树上。当生殖季节到来的时候，雌鸟伏居于树洞内，雄鸟用泥巴把洞口封住，只留下一个小孔。从生蛋、孵化到育雏，三个多月的时间里，雌鸟都不出窝，由雄鸟喂食，直到雏鸟飞出。

科学家们在研究银颊犀鸟的住所时发现，窝里有 438 只昆虫，分属于 9 个不同的种。这些昆虫有的是专门以吃鸟粪为生的，因为这些昆虫的存在，鸟巢内很清洁，几乎闻不到什么臭味。

在银颊犀鸟的巢内生活着 9 种不同种的 400 多只生物，它们生存所需的全部能量均由雄鸟从外部输入。在雌鸟伏居期间，雄鸟为雌鸟送去 24 000 多个植物种子、果实和昆虫，以满足雌鸟生存的需要。在这样的生物住所里，一些生物体的存在及它们的产物是另一些生物所必需的，进入这个系统的物质被另一种生物利用以后，即转变为另一种生物可以再被利用。这种形式使物质循环和能量转化处于平衡状态，输入系统的物质全被利用了，形成了一个系统动态平衡的过程。

根据以上的分析，可以把生态学归纳为对于生物住所的研究，或者说，"生态学是研究生物以及生物与生存环境之间相互关系的科学"。

（二）生态学的研究对象

生物是呈等级组织存在的，由生物大分子—基因—细胞—个体—种群—群落—生态系统一景观直到生物圈。过去，生态学主要研究个体以上的层次，被认为是宏观生物学，但近年来除继续向宏观方向发展外，还向个体以下的层次渗透，20世纪90年代初期出现了"分子生态学"，并由 Harry Smith 于 1992 年创办了 *Molecular Ecology* 杂志。可见，从分子到生物圈都是生态学研究的对象。生态学涉及的环境也非常复杂，从无机环境（岩石圈、大气圈、水圈）、生物环境（植物、动物、微生物）到人与人类社会，以及由人类活动所导致的环境问题。可以看出，生态学的研究范围异常广泛。

由于生态学研究对象的复杂性，它已发展成一个庞大的学科体系。根据其研究对象的组织水平、类群、生境以及研究性质等可将其进行以下划分。

1. 根据研究对象的组织水平划分

上面谈到生物的组织层次从分子到生物圈，与此相应，生态学也分化出分子生态学、进化生态学、个体生态学或生理生态学、种群生态学、群落生态学、生态系统生态学、景观生态学与全球生态学。

2. 根据研究对象的分类学类群划分

生态学起源于生物学，生物的一些特定类群（如植物、动物、微生物）以及上述各大类群中的一些小类群（如陆生植物、水生植物、哺乳动物、鸟类、昆虫、藻类、真菌、细菌等），甚至每一个物种都可从生态学角度进行研究。因此，可分出植物生态学、动物生态学、微生物生态学、陆地植物生态学、哺乳动物生态学、昆虫生态学、地衣生态学以及各个主要物种的生态学

3. 根据研究对象的生境类别划分

根据研究对象的生境类别划分有陆地生态学、海洋生态学、淡水生态学、岛域生态学等。

4. 根据研究性质划分

根据研究性质划分有理论生态学与应用生态学。理论生态学涉及生态学进程、生态关系的数学推理及生态学建模，应用生态学则是将生态学原理应用于有关部门。例如，应用于各类农业资源的管理，产生了农业生态学、森林生态学、草地生态学、家畜生态学、自然资源、生态学等；应用于城市建设则形成了城市生态学；应用于环境保护与受损资源的恢复则形成了保育生态学、恢复生态学、生态工程学；应用于人类社会，则产生了人类生态学、生态伦理学等。此外，还有学科间相互渗透而产生的边缘学科，例如数量生态学、化学生态学、物理生态学、经济生态学等。

二、生态学的形成与发展

生态学的形成和发展经历了一个漫长的历史过程，大致可分为 4 个时期：生态学的萌芽时期，生态学的建立时期，生态学的巩固时期，现代生态学时期。

（一）生态学的萌芽时期

17 世纪以前，在人类文明早期，为了生存，人类不得不对其赖以饱腹的动植物的生活习性以及周围世界的各种自然现象进行观察。因此，从很久以前开始，人们实际上就已在从事

生态学工作，这为生态学的诞生奠定了基础。

（二）生态学的建立时期

从 19 世纪海克尔首次提出"生态学"这一学科名词，到 19 世纪末为生态学的建立时期。在这个阶段，科学家分别从个体和群体两个方面研究了生物与环境的相互关系。

进入 20 世纪之后，生态学得到发展并日趋成熟。丹麦植物学家 E. Warming 于 1895 年发表了他的划时代著作《以植物生态地理为基础的植物分布学》，1909 年改写为英文出版，改名《植物生态学》。1898 年，波恩大学教授 A.W Schimper 出版《以生理为基础的植物地理学》。这两本书全面总结了 19 世纪末之前生态学的研究成就，被公认为生态学的经典著作，也标志着生态学作为一门生物学的分支科学的诞生。

（三）生态学的巩固时期

到了 20 世纪 30 年代，生态学研究渗透到生物学领域的各个学科，形成了植物生态学、动物生态学、生态遗传学、生理生态学、形态生态学等分支学科，促进了生态学从个体、种群、群落等多个水平展开广泛的研究。这一时期出现了一些研究中心和学术团体，生态学的发展达到一个高峰。

（四）现代生态学时期

自 20 世纪 60 年代以来，工业的高度发展和人口的大幅度增长，带来了许多全球性的问题（如人口问题、环境问题、资源问题和能源问题等），关乎人类的生死存亡。人类居住环境的污染、自然资源的破坏与枯竭以及加速的城市化和资源开发规模的不断增长，迅速改变着人类自身的生存环境，对人类的未来生活产生威胁。上述问题的控制和解决都要以生态学原理为基础，因此引起了社会各界对生态学的兴趣与关心。因此，现在不少国家都提倡全民生态意识，其研究领域也日益扩大，不再限于生物学，而是渗透地理学、经济学以及农林牧渔、医药卫生、环境保护、城乡建设等各个部门。

现代生态学则结合人类活动对生态过程的影响，从纯自然现象研究扩展到"自然—经济—社会复合系统"的研究，在解决资源、环境、可持续发展等重大问题上具有重要作用，因而受到社会的普遍重视。许多国家和地区的决策者在对任何大型建设项目审批时，如缺少生态环境论证则不予批准。因此，研究人类活动下生态过程的变化已成为现代生态学的重要内容。

随着科学的发展，与人类生存密切相关的许多环境问题都成为生态学学科发展中的热点问题，生态学越来越融合于环境科学之中。

三、生态系统及其平衡

（一）生态系统

生态系统就是在一定空间中共同栖居着的所有生物（即生物群落）与其环境之间由于不断地进行物质循环和能量流动过程而形成的统一整体。简言之，生态系统 = 生物群体环境 + 生物群体。生态系统是当代生态学最重要的概念之一，是生态学的研究重心。

1. 生态系统的分类

生态系统依据能量和物质的运动状况及生物、非生物成分，可分为多种类型。

（1）按照生态系统非生物成分和特征，可划分为陆地生态系统和水域生态系统。

陆地生态系统又分为荒漠生态系统、草原生态系统、稀树干草原生态系统、农业生态系统、城市生态系统和森林生态系统。

水域生态系统又分为淡水生态系统（流动水生态系统、静水生态系统）和海洋生态系统。

（2）按照生态系统的生物成分，可划分为植物生态系统、动物生态系统、微生物生态系统、人类生态系统。

（3）按照生态系统结构和外界物质与能量交换状况，可划分为开放生态系统、封闭生态系统、隔离生态系统。

（4）按照人类活动及其影响程度，可划分为自然生态系统、半自然生态系统、人工复合生态系统。

2. 生态系统的组成

组成生态系统的基本组分包括两大部分：生物组分和非生物环境组分。其中，生物组分由生产者、消费者和分解者组成。

生产者是指生态系统中的自养生物，主要是指能用简单的无机物制造有机物的绿色植物，也包括一些光合细菌类微生物。

消费者（大型消费者）是指以初级生产产物为食物的大型异养生物，主要是动物。根据它们食性的不同，可以分为草食动物、肉食动物、寄生动物、腐食动物和杂食动物。草食动物又称一级消费者，以草食动物为食的动物为二级消费者，以二级肉食动物为食的为三级消费者。

分解者（小型消费者）是指以植物和动物残体及其他有机物为食的小型异养生物，主要指细菌、真菌和放线菌等微生物。它们的主要作用是将复杂的有机物分解成简单的无机物归还于环境。

非生物环境主要包括：太阳辐射；无机物质；有机化合物，如蛋白质、糖类等；气候因素。

在以上生态系统的组成成分之中，植被是自然生态系统的重要识别标志和划分自然生态系统的主要依据。

3. 生态系统的结构

生态系统的结构是指生态系统中组成成分相互联系的方式，包括物种的数量、种类、营养关系和空间关系等。生态系统中的生物或非生物成分虽然复杂，且其位置和作用各不相同，但彼此紧密相连，构成一个统一的整体。生态系统的结构包括物种结构、营养结构和时空结构。

（1）生态系统的物种结构（物种多样性）。生态系统的物种结构是生态系统中物种组成的多样性，它是描述生态系统结构和群落结构的方法之一。物种多样性与生境的特点和生态系统的稳定性是相联系的。衡量生态系统中生物多样性的指数较多，如 Simpson 指数、

Shannon-Wiever 指数、均匀度、优势度、多度、频度等。

（2）生态系统的营养结构。生态系统的营养结构以营养为纽带，把生物、非生物有机结合起来，使生产者、消费者和环境之间构成一定的密切关系，可分为以物质循环为基础的营养结构和以能量为基础的营养结构。

（3）生态系统的时空结构。生态系统的外貌和结构随时间的不同而变化，这反映出生态系统在时间上的动态性，一般可分成三个时间尺度，即长时间尺度、中等时间尺度、短时间尺度。另外，任何一个生态系统都有空间结构，即生态系统的分层现象。各种生态系统在空间结构布局上有一定的一致性。在系统的上层，集中分布着绿色植物（森林生态系统）或藻类（海洋生态系统），这种分布有利于光合作用，又称为绿带（或光合层）；在绿带以下为异养层或分解层。这种生态系统的分层能够充分利用阳光、水分和空间。

4.生态系统的基本功能

生态系统的基本功能可以分为生物生产、能量流动、物质循环、信息控制、发展进化等几个方面。地球上一切生命活动的存在完全依赖于生态系统的能量流动和物质循环，这也是生态系统的核心动力。

在生态系统中，各种生物之间取食与被取食的关系，往往不是单一的，常常是错综复杂的。一种消费者可取食多种食物，而同一食物又可被多种消费者取食，于是食物链之间交错纵横、彼此相连，构成了食物网。这也是生态系统中能量流动和物质循环的集中体现。

（二）生态系统的平衡

1.生态平衡的概念

在一定时间内，生态系统中生物各种群之间通过能流、物流、信息流的传递，达到互相适应、协调和统一的状态，即为生态平衡。

当生态系统中某一部分发生改变而引起不平衡时，可依靠生态系统的自我调节能力，使其进入新的平衡状态。生态系统调节能力的大小与生态系统组成成分的多样性有关。成分越多样，结构越复杂，调节能力越强。但是，生态系统的调节能力再强，也有一定限度，超出了这个限度，即生态学上所称的阈值，调节就不再起作用，生态平衡就会遭到破坏。

2.生态平衡的标志

（1）生态系统中物质和能量的输入、输出的相对平衡。

任何生态系统都是不同程度的开放系统，既有物质和能量的输入，也有物质和能量的输出。能量和物质在生态系统之间不断地进行着开放性流动，只有生物圈这个最大的生态系统对物质运动来说是相对封闭的，如全球的水分循环是平衡的，营养元素的循环也是全球平衡的。生态系统中输出多，输入相应也多，如果入不敷出，系统就会衰退；若输入多，输出少，则生态系统有积累，将处于非平衡状态。

（2）在生态系统中，生产者、消费者、分解者应构成完整的营养结构。

对于一个处于平衡状态的生态系统来说，生产者、消费者、分解者都是不可缺少的，否则食物链会断裂，导致生态系统衰退和破坏。生产者减少或消失，消费者和分解者就没有赖以生存的食物来源，系统就会崩溃。消费者与生产者在长期共同发展过程中已形成了相互依存的关系，如生产者靠消费者传播种子、果实、花粉等。没有消费者的生态系统也是一个不稳定的生态系统。分解者完成归还或还原或再循环的任务，也是任何生态系统所不可缺少的。

（3）生物种类和数量的相对稳定。

生物之间通过食物链维持着自然的协调关系，控制物种间的数量和比例。如果人类破坏了这种协调关系和比例，使某种物种明显减少，而另一些物种大量滋生，破坏系统的稳定和平衡，就会带来灾害。例如，大量施用农药使害虫天敌的种类和数量大大减少，从而带来害虫的再度猖獗；大肆捕杀以鼠类为食的肉食动物，会导致鼠害的日趋严重。

（4）生态系统之间的协调。

在一定区域内，一般包括多种类型的生态系统，如森林、草地、农田、江河水域等。如果在一个区域内能根据自然条件合理配置森林、草地、农田等生态系统的比例，它们之间就可以相互促进；相反，就会对彼此造成不利的影响。例如，在一个流域内，陡坡毁林开荒，就会造成水土流失，土壤肥力减退，淤塞水库、河道，农田和道路被冲毁以及抗御水旱灾害能力下降等后果。

3. 生态平衡失调的标志及原因

（1）生态平衡失调的标志。当外界干扰（或自然的或人为的）所施加的压力超过了生态系统自身调节能力和补偿能力后，将造成生态系统结构破坏，功能受阻，正常的生态功能被打乱以及反馈自控能力下降等，这种状态称为生态平衡失调。

在结构上，生态平衡失调表现为生态系统缺损一个或几个组分、结构、不完整，以致整个系统失去平衡，如澳大利亚草原生态系统曾因缺乏"分解者"这一成分，养牛业发展使草原上牛粪堆积如山，后从我国引进蜣螂，促进了生态系统的完整与平衡。

在功能上，生态平衡失调，一方面表现为能量流动在生态系统内某一个营养层上受阻，初级生产者生产力下降和能量转化效率降低，如水域生态系统中悬浮物的增加，水的透明度下降，可影响水体藻类的光合作用，减少其产量；另一方面表现为物质循环正常途径的中断，这种中断有的由于分解者的生境被污染而使其大部分丧失了分解功能，更多的则是由于破坏了正常的循环过程等，如农业生产中作物秸秆被用作燃料、森林草原上的枯枝落叶被用作柴火、森林植被的破坏使土壤侵蚀后泥沙和养分大量地输出等。

（2）生态系统失衡的原因。

① 自然原因。主要是指自然界发生的异常变化，或自然界本来就存在的对人类和生物的有害因素，如火山爆发、水旱灾害、地震、海啸、台风、流行病等自然灾害，都会使生态平衡遭到破坏。这些自然因素对生态系统的破坏是严重的，甚至可使其彻底毁灭，并具有突发性特点。

② 人为原因。人为因素主要是指人类对自然资源不合理的开发利用以及工农业生产所带来的环境污染等。人为因素对生态平衡的影响往往是渐进的、长效性的，破坏性程度与作用

时间、作用强度紧密相关。在人类生活和生产过程中，导致生态系统失去平衡的主要原因有以下几点。

a. 物种改变。人类有意或无意地造成某一生态系统中某一生物消失或向其中引入某一物种，都可能对整个生态系统造成影响，甚至破坏生态系统。例如，菊科杂草紫茎泽兰原产缅甸，大约于 1940 年传入我国云南省南部，近 10 年来，已从云南南部沿纵谷北上向中亚热带地区发展，引起了"生态灾难"。

b. 环境因素的改变。工农业生产的迅速发展使大量污染物质进入自然环境，从而改变了环境因素，影响了整个生态系统，甚至破坏了生态平衡。例如，埃及的阿斯旺水坝，由于修筑时事先没有把尼罗河的入海口、地下水、生物群体等生态系统可能出现的多方面影响充分考虑进去，尽管收到了发电、灌溉的效果，但也带来了农田盐渍化、红海海岸被侵蚀、捕鱼量锐减、寄生血吸虫的蜗牛和传播痢疾的蚊子增加等不良后果，这是生态平衡失调的突出例子。

c. 信息系统的破坏。许多生物在生存过程中，都能释放出某种信息素（一种特殊的化学物质）以驱赶天敌、排斥异种，取得直接或间接的联系以繁衍后代。例如，某些动物在生殖时期，雌性个体会排出一种信息素，靠这种信息素引起雄性个体来繁衍后代。但是，如果人们排放到环境中的某些污染物质与某一种动物排放的性信息素发生反应，使其丧失引诱雄性个体作用时，就会破坏这种动物的繁殖过程，改变生物种群的组成结构，使生态平衡受到影响。

4. 生态学的一般规律

认识和掌握生态学规律，对维持生态平衡，解决当前全球所面临的重大资源与环境问题具有重要作用，在工农业生产、工程建设和环境保护等具体工作中也有着重要的指导意义。生态学的一般规律可归纳为以下几个主要方面。

（1）相互依存与相互制约规律。生态系统中生物与生物、生物和环境相互依存、相互制约，具有和谐协调的关系，是构成生态系统或生物群落的基础，主要分为两类。

普遍的依存与制约关系，亦称"物物相关规律"。系统中不但同种生物，而且异种生物即系统内不同种生物都是相互依存、相互制约的；不同群落或系统之间也同样存在相互依存和制约的关系。

通过食物链而相互联系与制约的协调关系，即"相生相克规律"。每种生物在食物链和食物网中都占有一定位置，并有特定的作用。各种生物因此相互依赖，彼此制约，协同进化。可以说，被捕食者为捕食者提供生存条件，又为捕食者所控制，而捕食者也受制于被食者，彼此相生相克，使整个系统处于协调状态，成为一体。或者说，生物间的相生相克作用使系统中各种生物个体都保持一定数量，它们的大小、数量都存在一定的比例关系，这是生态平衡的重要方面。

（2）物质循环与再生规律。生态系统中植物、动物、微生物和非生物成分，一方面借助能量流动，不断从自然界摄入物质并合成新物质；另一方面又随时分解为原来的简单物质（即所谓的"再生"），重新被植物吸收，进行着不停的物质循环。因此，要严禁有毒物质进入生态系统，以免有毒物质经过多次循环后富集到危害人类的程度。

（3）物质输入与输出动态平衡规律。物质输入与输出平衡又称协调稳定规律。它涉及生物、环境和生态系统三个方面。生物体一方面从周围环境摄取物质；另一方面又向环境排放物质，以补偿环境损失。在一个稳定的生态系统中，无论对生物、对环境、对生态系统，物质输入与输出总是相平衡的。当生物体的输入不足时，如农田肥料不足，农作物生长就不好，产量下降。同样，如果输入污染物，如重金属、难降解的农药及塑料等，生物吸收虽然少，暂时看不出影响，但长时间积累也会危害农作物。

（4）相互适应与补偿的协同进化规律。生物与环境之间存在作用与反作用过程。生物给环境以影响，反过来环境也会影响生物。例如，最初生长在岩石表面的地衣，由于没有土壤可供扎根，获得的水分和营养元素就十分少。但地衣生长过程中的分泌物和地衣残体的分解，不但把水和营养元素归还给环境，而且生成了不同性质的物质，促进了岩石风化。这样，环境保存水分的能力增强，可提供的营养元素也多了，为较高级植物苔藓的生长创造了条件。如此下去，这一环境中便会逐渐出现草本植物、灌木和乔木。这就是生物与环境相互适应和补偿的结果，形成了协同进化。

（5）环境资源的有效极限规律。生态系统中，生物赖以生存的各种环境资源在质量、数量、空间和时间等方面，都有一定的限度，不能无限制地供给，其生物生产力通常都有一个大致的上限。同时每个生态系统对任何外来干扰都有一定的忍耐极限，当外来干扰超过此极限时，生态系统就会被损伤、破坏，甚至瓦解。所以，放牧不能超过草场承载量，采伐森林、捕鱼、狩猎、采集药材等都不应超过使资源永续利用的产量，保护某一物种就必须有足够供它生长和繁殖的地域空间。

（6）反馈调节规律。一个系统的状态能够决定输入，就说明它存在反馈机制。反馈分为正反馈和负反馈。负反馈控制可使系统保持稳定，正反馈则使偏离加剧。例如，在生物的生长过程中，个体越来越大，或在种群的增长过程中个体数量不断上升，这都属于正反馈。正反馈也是有机体生长和存活所必需的。但是，正反馈不能维持稳态，要使系统维持稳态，只能通过负反馈控制。由于生态系统具有负反馈的自我调节机制，所以通常情况下，生态系统会保持自身的平衡。但是，生态系统的这种自我调节功能是有一定限度的，当外来干扰因素（如火山爆发、地震、泥石流、雷击火烧、人类修建大型工程、排放有毒物质、喷洒大量农药、人为引入或消灭某些生物等）超过一定限度时，生态系统的自我调节功能本身就会受到损害，从而引起生态失调，甚至导致生态危机。

5. 生态平衡的保持

保持生态平衡，促进人类与自然界协调，已成为亟待解决的重要课题。事实证明，人类只有在保持生态平衡的条件下，才能求得生存和发展。

当今生态学和生态平衡规律已成为指导人类生产实践的普遍原则。要解决世界五大问题（人口、粮食、能源、自然资源和环境保护），必须以生态学理论为指导，并按生态规律办事；对环境问题的认识和处理，必须运用生态学的理论和观点来分析；环境质量的保持与改善以及生态平衡的恢复和再建，都要依靠人们对生态系统的结构和功能的了解。要做到人类与自然协调发展，应特别注意以下几点。

第一，大力开展综合利用，实现自然生态平衡。运用生态系统中物质循环的规律，在综合开发自然资源时，将生产过程中的废物资源化并进一步利用。

第二，兴建大的工程项目时，必须考虑生态利益。

第三，合理开发和利用自然资源，保持生态平衡。

第二节　与风景园林设计相关的生态学原理

一、园林生态系统

具有自净能力及自动调节能力的城市园林绿地，被称为"城市之肺"，它是城市生态系统中唯一执行自然"纳污吐新"负反馈机制的子系统；是城市生态系统的一个重要组成部分，是以生态学、环境科学的理论为指导，以人工植物群落为主体，以艺术手法构成的一个具有净化、调节和美化环境的生态体系；是实现城市可持续发展的一项重要基础设施。在环境污染已发展为全球性问题的今天，城市园林生态系统作为城市生态系统中主要的生命支持系统，在保护和恢复绿色环境，维持城市生态平衡和改善环境污染，提高城市生态环境质量方面起着其他基础设施无法代替的重要作用。

（一）园林生态系统组成

园林生态系统由园林生态环境和园林生物群落两部分组成。园林生态环境是园林生物群落存在的基础，为园林生物的生存、生长发育提供物质基础；园林生物群落是园林生态系统的核心，是与园林生态环境紧密相连的部分。园林生态环境与园林生物群落互为联系、相互作用，共同构成了园林生态系统。

1.园林生态环境

园林生态环境通常包括园林自然环境、园林半自然环境和园林人工环境三部分。

（1）园林自然环境。园林自然环境包含自然气候和自然物质两类。

自然气候，即光照、温度、湿度、降水、气压、雷电等为园林植物提供生存基础的气候因素。

自然物质是指维持植物生长发育等方面需求的物质，如自然土壤、水分、氧气、二氧化碳、各种无机盐类以及非生命的有机物质等。

（2）园林半自然环境。园林半自然环境是经过人们的适度管理，影响较小的园林环境，即经过适度的土壤改良、适度的人工灌溉、适度的遮风等人为干扰或管理下的仍以自然属性为主的环境。通过各种人工管理措施，使园林植物等受到的各种外来干扰适度减少，在自然状态下保持正常生长发育。各种大型的公园绿地环境、生产绿地环境、附属绿地环境等属于这种类型。

（3）园林人工环境。园林人工环境是人工创建的，并受人类强烈干扰的园林环境。该类环境下的植物必须通过强烈的人工干扰才能保持正常的生长发育，如温室、大棚及各种室内园林环境等都属于园林人工环境。在该环境中，协调室内环境与植物生长之间的矛盾时要采用的各种人工化的土壤、人工化的光照条件、人工化的温湿度条件等都是园林人工环境的组成部分。

2.园林生物群落

园林生物群落是园林生态系统的核心，是园林生态系统发挥各种效益的主体。园林生物群落包括园林植物、园林动物和园林微生物。

（1）园林植物。凡适合于各种风景名胜区、休闲疗养胜地和城乡各类型园林绿地应用的植物统称为园林植物。园林植物包括各种园林树木、草本、花卉等陆生和水生植物。园林植物是园林生态系统的初级生产者，利用光能（自然光能和人工光能）合成有机物质，为园林生态系统的良性运转提供物质、能量基础。

园林植物有不同的分类方法，常用的分类方法如下。

按植物学特性园林植物划分为以下六类。

① 乔木类树高 5 米以上，有明显发达的主干，分枝点高。其中，小乔木树高 5 ~ 8 米，如梅花、红叶李、碧桃等；中乔木树高 8 ~ 20 米，如圆柏、樱花、木瓜、枇杷等；大乔木树高 20 米以上，如银杏、悬铃木、毛白杨等。

② 灌木类树体矮小，无明显主干。其中小灌木高不足 1 米，如金丝桃、紫叶小檗等；中灌木高 1.5 米，如南天竹、小叶女贞、麻叶绣球、贴梗海棠、郁李等；大灌木高 2 米以上，如蚊母树、珊瑚树、紫玉兰、榆叶梅等。

③ 藤本类茎细弱不能直立，需借助吸盘、吸附根、卷须、蔓条及干茎本身的缠绕性部分攀附他物向上生长，如紫藤、木香、凌霄、五叶地锦、爬山虎、金银花等。

④ 竹类属禾本科竹亚科，根据地下茎和地上生长情况又可分为三类。单轴散生型，如毛竹、紫竹、斑竹等；合轴丛生型，如凤尾竹、佛肚竹等；复轴混生型，如茶杆竹、苦竹、箬竹等。

⑤ 草本植物包括一二年生草本植物和多年生草本植物等，既包括各种草本花卉，又包括各种草本地被植物（包含草坪草）。草本花卉类，如百日草、凤仙花、金鱼草、菊花、芍药、小苍兰、仙客来、唐菖蒲、马蹄莲、大岩桐、美人蕉、吊兰、君子兰、荷花、睡莲等；草本地被植物类，如结缕草、野牛草、狗牙根草、地毯草、钝叶草、黑麦草、早熟禾、剪股颖、麦冬、鸭跖草、酢浆草、长春花、长寿花等。

⑥ 仙人掌及多浆植物主要是仙人掌类，还有景天科、番杏科等植物。

按使用用途园林植物可划分为以下五类。

① 观赏植物按照观赏特性又可分为：观形类，如龙爪槐、雪松、龙柏、黄山松等；观枝干类，如白皮橙、红瑞木、梧桐、竹子等；观叶类，如五角枫、鹅掌楸、银杏、枫香、黄栌、红叶李、紫叶小檗等；观花类，如桃、梅、玫瑰、石榴、牡丹、桂花、紫藤等；观果类，如木瓜、罗汉松、紫珠、栾树、火棘、南天竹等。

② 药用植物：牡丹、连翘、杜仲、山茱萸、辛夷、枸杞等。

③ 香料植物：玫瑰、茉莉、桂花、栀子等。

④ 食用植物：石榴、核桃、樱桃、板栗、香椿等。

⑤ 用材植物：松、杉、榆、棕榈、桑等。

按园林使用环境园林植物划分为以下两类。

① 露地植物包括露地生长的乔木、灌木、藤本、草本及切花、切叶、干花的栽培植物等。

② 温室植物包括温室内的热带植物、副热带植物、盆栽花卉及切花、切叶、干花的栽培植物等。

（2）园林动物。园林动物指在园林生态环境中生存的所有动物。园林动物是园林生态系统中的重要组成成分，对于维护园林生态平衡，改善园林生态环境，特别是对于衡量园林环境，有着重要的意义。

园林动物的种类和数量随不同的园林环境有较大的变化。在园林植物群落层次较多、物种丰富的环境中，特别是一些园林区，园林动物的种类和数量较多；而在人群密集、园林植物种类和数量贫乏的区域，园林动物较少。

常见的园林动物主要有各种鸟类、兽类、两栖类、爬行类、鱼类以及昆虫等。由于人类活动的影响，园林环境中大中型兽类早已绝迹，小型兽类偶有出现，常见的有蝙蝠、黄鼬、刺猬、蛇、蜥蜴、野兔、松鼠、花鼠等。

园林环境中昆虫的种类相对较多，以鳞翅目的蝶类、蛾类的种类和数量最多，它们多是人工植物群落中乔灌木的害虫。此外，鞘翅目、同翅目、半翅目的昆虫也很常见。

（3）园林微生物。园林微生物即在园林环境中生存的各种细菌、真菌、放线菌、藻类等。园林微生物通常包括园林环境空气微生物、水体微生物和土壤微生物等。如今，城区内各种植物的枯枝落叶被及时清扫干净，极大地限制了园林环境中微生物的数量，因此城市必须投入较多的人力和物力行使分解的功能，以维持正常的园林生物之间、生物与环境之间的能量传递和物质交换。

（二）园林生态系统的结构

园林生态系统的结构主要指构成园林生态系统的各种组成成分及量比关系，各组分在时间、空间上的分布，以及各组分同能量、物质、信息的流动途径和传递关系。园林生态系统的结构主要包括物种结构、空间结构、营养结构等五方面。

1. 物种结构

园林生态系统的物种结构是指构成系统的各种生物种类以及它们之间的数量组合关系。

园林生态系统的物种结构多种多样，不同的系统类型其生物的种类和数量差别较大。草坪类型物种结构简单，仅由一个或几个生物种类构成。小型绿地，如小游园等由几个到十几个生物种类构成；大型绿地系统，如公园、植物园、树木园、城市森林等，是由众多园林植物、园林动物和园林微生物所构成的物种结构多样、功能健全的生态单元。

2.空间结构

园林生态系统的空间结构指系统中各种生物的空间配置状况。通常包括垂直结构和水平结构。

（1）垂直结构。园林生态系统的垂直结构即成层现象，是指园林生物群落，特别是园林植物群落的同化器官和吸收器官在地上不同高度和地下不同深度的空间垂直配置状况。目前，园林生态系统垂直结构的研究主要集中在地上部分的垂直配置上，主要有以下六种配置状况。

① 单层结构仅由一个层次构成，或草本，或木本，如草坪、行道树等。

② 灌草结构由草本和灌木两个层次构成，如道路中间的绿化带配置。

③ 乔草结构由乔木和草本两个层次构成，如简单的绿地配置。

④ 乔灌结构由乔木和灌木两个层次构成，如小型休闲森林等的配置。

⑤ 乔灌草结构由乔木、灌木、草本三种层次构成，如公园、植物园、树木园中的某些配置。

⑥ 多层结构除乔灌草以外，还包括各种附生、寄生、藤本等植物配置，如复杂的森林或一些特殊营造的植物群落等。

（2）水平结构。园林生态系统的水平结构是指园林生物群落，特别是园林植物群落在一定范围内的水平空间上的组合与分布。它取决于物种的生态学特性、种间关系及环境条件的综合作用，在构成群落的静态、动态结构和发挥群落的功能方面有重要作用。

园林生态系统的水平结构主要具有自然式结构、规则式结构和混合式结构三种类型。

① 自然式结构。园林植物在平面上的分布没有表现出明显的规律性，各种植物的种类、类型以及各自的数量分布都没有固定的形式，常表现为随机分布、集群分布、均匀分布和镶嵌式分布四种类型。

② 规则式结构。园林植物在水平分布上具有明显的外部形状，或有规律性的排列，如圆形、方形、菱形、折线等规则的几何形状，对称式、均匀式等规律性排列，具有某种特殊意义的外部形态等。

③ 混合式结构。园林植物在水平上的分布有自然式结构又有规则式结构，将二者有机地结合。在实践中，有的场地单纯的自然式结构往往缺乏庄严肃穆氛围，而纯粹的规则式结构则略显呆滞，将二者有机地结合，可取得较好的景观效果。

（3）时间结构。园林生态系统的时间结构指由于时间的变化而产生的园林生态系统的结构变化。其主要表现为两种变化。

① 季相变化，是指园林生物群落的结构和景观随季节的更迭依次出现的改变。植物的物候现象是园林植物群落季相变化的基础。在不同的季节会有不同的植物景观出现，如传统的春花、夏叶、秋果、冬态等。随着各种园林植物育种、切花等新技术的大范围应用，人类已能部分控制传统季节植物的生长发育，相信未来的季相变化会更丰富。

② 长期变化，即园林生态系统长时间的结构变化。一方面表现为园林生态系统经过一定时间的自然演替变化，如各种植物，特别是各种高大乔木经过自然生长所表现出来的外部形

态变化等，或由于各种外界（如污染）干扰使园林生态系统所发生的自然变化；另一方面是通过园林的长期规划所形成的预定结构表现，这以长期规划和不断的人工抚育为基础。

3. 营养结构

园林生态系统的营养结构是指园林生态系统中的各种生物以食物为纽带所形成的特殊营养关系。其主要表现为由各种食物链所形成的食物网。

园林生态系统的营养结构由于人为干扰严重而趋向简单，特别在城市环境中表现尤为明显。园林生态系统的营养结构简单的标志是园林动物、微生物稀少，缺少分解者。这主要是由于园林植物群落简单，土壤表面的各种动植物残体，特别是各种枯枝落叶被及时清理造成的。园林生态系统营养结构的简单化使既为园林生态系统的消费者，又为控制者和协调者的人类不得不消耗更多的能量以维持系统的正常运行。

按生态学原理，增加园林植物群落，为各种园林动物和园林微生物提供生存空间，既可以减少管理投入，维持系统的良性运转，又可营造自然氛围，为当今缺乏自然空间的人们，特别是城市居民提供享受自然的空间。

地球表面生态环境的多样性和植物种类的丰富性是植物群落具有不同结构特点的根本原因。在一个植物群落中，各种植物个体的配置状况主要取决于各种植物的生态生物学特性和该地段具体的生境特点。

（三）园林生态系统的建设与调控

园林生态系统的建设已成为衡量城市现代化水平和文明程度的标准。如何建设好园林生态系统并维持其稳定性以充分发挥各种效益是园林工作者必须关注的问题。

1. 园林生态系统的建设

园林生态系统的建设是以生态学原理为指导，利用绿色植物特有的生态功能和景观功能，创造出既能改善环境质量，又能满足人们生理和心理需要的近自然景观。在大量栽植乔、灌、草等绿色植物，发挥其生态功能的前提下，根据环境的自然特性、气候、土壤、建筑物等景观的要求进行植物的生态配置和群落结构设计，达到生态学上的科学性、功能上的综合性、布局上的艺术性和风格上的地方性，同时要考虑人力、物力的投入量。因此，园林生态系统的建设必须兼顾环境效应、美学价值、社会需求和经济合理的需求，确定园林生态系统的目标以及实现这些目标的步骤等。

（1）园林生态系统建设的原则。园林生态系统是一个半自然生态系统或人工生态系统，在其营建的过程中只有从生态学的角度出发，遵循以下生态学的原则，才能建立起满足人们需求的园林生态系统。

① 森林群落优先建设原则。在园林生态系统中，如果没有其他的限制条件，应适当优先发展森林群落。因为森林群落结构能较好地协调各种植物之间的关系，最大限度地利用各种自然资源，是结构最为合理、功能健全、稳定性强的复层群落结构，是改善环境的主力军。同时，建设、维持森林群落的费用较低。因此，在建设园林生态系统时，应优先建设森林群落。在园林生态环境中，乔木高度在 5 米以上、林冠覆盖度在 30% 以上的类型为森林。如果

特定的环境不适合建设森林或不能建设森林，也应适当发展结构相对复杂、功能相对较强的植物群落类型，在此基础之上进一步发挥园林的地方特色和高度的艺术欣赏性。

② 地带性原则。任何一个群落都有其特定的分布范围，同样特定的区域往往有特定的植物群落与之适应。也就是说，每一个气候带都有其独特的植物群落类型，如高温、高湿地区的热带典型的地带性植被是热带雨林，季风亚热带主要是常绿阔叶林，四季分明的湿润温带是落叶阔叶林，气候寒冷的寒温带则是针叶林。园林生态系统的建设要与当地的植物群落类型相一致，即以当地的主要植被类型为基础，以乡土植物种类为核心，这样才能最大限度地适应当地的环境，保证园林植物群落的成功建设。

③ 充分利用生态演替理论。生态演替是指一个群落被另一个群落所取代的过程。在自然状态下，如果没有人为干扰，演替次序为杂草—多年生草本和小灌木—乔木等，最后达到顶极群落。生态演替可以达到顶极群落，也可以停留在演替的某一个阶段。园林工作者应充分利用这种理论，使群落的自然演替与人工控制相结合，在相对小的范围内形成多种多样的植物景观，既丰富了群落类型，满足人们对不同景观的观赏需求，又可为各种园林动物、微生物提供栖息地，增加生物种类。

④ 保护生物多样性原则。生物多样性通常包括遗传多样性、物种多样性和生态系统多样性三个层次。物种多样性是生物多样性的基础，遗传多样性是物种多样性的基础，而生态系统多样性则是物种多样性存在的前提。保护园林生态系统中的生物多样性，就是要对原有环境中的物种加以保护，不要按统一格式更换物种或环境类型。另外，应积极引进物种，并使其与环境之间、各生物之间相互协调，形成一个稳定的园林生态系统。当然，在引进物种时要避免盲目性，以防生物入侵对园林生态系统造成不利影响。

⑤ 整体性能发挥原则。园林生态系统的建设必须以整体性为中心，发挥整体效应。各种园林小地块的作用相对较弱，只有将各种小地块连成网络，才能发挥较大的生态效应。另外，将园林生态系统建设为一个统一的整体，才能保证其稳定性，增强园林生态系统对外界干扰的抵抗力，从而大大减少维护费用。

（2）园林生态系统建设的一般步骤。园林生态系统的建设一般可按照以下几个步骤进行。

① 园林环境的生态调查。园林环境的生态调查是园林生态系统建设的重要内容之一，是关系到园林生态系统建设成败的前提。特别是在环境条件比较特殊的区域，如城市中心、地形复杂、土壤质量较差的区域等，往往会限制园林植物的生存。因此，科学地对预建设的园林环境进行生态调查，对建立健康的园林生态系统具有重要意义。具体来说，园林环境的生态调查主要包括以下几个方面。

a. 地形与土壤调查。地形条件的差异往往影响其他环境因子的改变。因此，充分了解园林环境的地形条件，如海拔、坡向、坡度、小地形状况、周边影响因子等，对植物类型的设计、整体规划具有重要意义。土壤调查包括土壤厚度、结构、水分、酸碱性、有机质的含量等方面，特别是在土壤比较瘠薄的区域，或土壤酸碱性差别较大的区域更应详细调查。在城市地区，要注意土壤堆垫土的调查，对是否需要土壤改良、如何进行改良要制定合适的方案。

b. 小气候调查。特殊小气候一般因局部地形或建筑等因素形成，城市中较常见，要对其温度、湿度、风速、风向、日照状况、污染状况等进行详细调查以确保园林植物的成活、成林、成景。

人工设施状况调查。对预建设的园林环境范围内，已经建设的或将要建设的各种人工设施进行调查，了解其对园林生态系统造成的影响。如各种地上、地下管理系统的走向、类别、埋藏深度、安全距离等，在具体施工过程中要严格按照规章制度进行，避免各种不必要的事件或事故的发生。

② 园林植物种类的选择与群落设计。

a. 园林植物种类的选择。园林植物种类的选择应根据当地的具体状况，因地制宜地选择各种适生的植物类型。一般要以当地的乡土植物种类为主，并在此基础上适当增加各种引种驯化的类型，特别是已在本地经过长期种植取得较好效果的植物类型。同时，要考虑各种植物之间的相互关系，保证选择的植物不出现相克现象。当然，为营造健康的园林生态系统，还要考虑园林动物与微生物的生存，可选择一些当地小动物比较喜欢栖息的植物或营造其喜欢栖居的植物群落类型。

b. 园林植物群落的设计。园林植物群落的设计首先强调群落的结构、功能和生态学特性相互结合，保证园林植物群落的合理性和健康性。其次要注意与当地环境特点和功能需求相适应，突出园林植物群落对特殊区域的服务功能，如工厂周围的园林植物群落要以改善和净化环境为主，应选择耐粗放管理、抗污吸污、滞尘、防噪的树种、草皮等；而在居住区范围内应根据居住区内建筑密度高、可绿化面积有限、土质和自然条件差以及人接触多等特点选择易生长、耐旱、耐湿、树冠大、枝叶茂密、易于管理的乡土植物构成群落，且要避免选用有刺、有毒、有刺激性的植物等。

（3）种植与养护园林植物的种植方法可简单分为三种：大树搬迁、苗木移植和直接播种。大树搬迁一般是在一些特殊环境下为满足特殊的要求而进行的，该种方法虽能起到立竿见影的效果，满足人们及时欣赏的需求，但绿化费用较为昂贵，技术要求较高且风险较大，从整体角度来看，效果不甚显著，通常情况不宜采用；苗木移植在园林绿化中应用最广，该方法能在较短的时间内形成景观，且苗木抗性较强，生长较快，费用适中；直接播种是在待绿化的地面上直接播种，其优点是可以为各种树木种子提供随机选择生境的机会，一旦出苗就能很快扎根，形成合适根系，可较好地适应当地生境条件，且施工简单，费用低，但成活率较低，生长期长，难以迅速形成景观，因此在粗放式管理特别是大面积绿化区域使用较多。养护过程是维持园林景观不断发挥各种效益的基础。园林景观的养护包括适时浇灌、适时修剪、补充更新、防治病虫害等。

2. 园林生态系统的调控

（1）园林生态系统的平衡。园林生态系统的平衡指系统在一定时空范围内，在其自然发展过程中，或在人工控制下，系统内的各组成成分的结构和功能均处于相互适应和协调的动态平衡。

园林生态系统的平衡通常表现为以下三种形式。

第一种是相对稳定状态。主要表现为各种园林植物、园林动物的比例和数量相对稳定，物质和能量的输出大体相当。各种复杂的园林植物群落，如各种植物园、树木园、各种风景区等基本上属于这种类型。

第二种是动态稳定状态。系统内的生物量或个体数量随着环境的变化、消费者数量的增减或人为干扰过程会围绕环境容纳量上下波动，但变动范围一般在生态系统阈值范围以内。因此，系统会通过自我调控处于稳定状态。但如果变动超出系统的自我调控能力，系统的平衡状态就会被破坏。各种粗放管理的简单类型的园林绿地多属于该种类型。

第三种是"非平衡"的稳定状态。系统的不稳定是绝对的，平衡是相对的，特别是在结构比较简单、功能较小的园林绿地类型，物质的输入、输出不仅不相等，甚至不围绕一个饱和量上下波动，而是输入大于输出，积累大于消费。要维持其平衡必须不断地通过人为干扰或控制外加能量，如各种草坪以及各种具有特殊造型的园林绿地类型，必须进行适时修剪管理才能维持该种景观。

（2）园林生态失调。园林生态系统作为自我调控与人工调控相结合的生态系统，不断地遭受各种自然因素的侵袭和人为因素的干扰。在生态系统阈值范围内，园林生态系统可以保持自身的平衡；如果干扰超过生态阈值和人工辅助的范围，就会导致园林生态系统本身自我调控能力下降，甚至丧失，最后导致生态系统的退化或崩溃，即园林生态失调。造成园林生态失调的因素很多，大致可分为以下两个方面。

① 自然因素。环境中的自然因素，如地震、台风、干旱、水灾、泥石流、大面积的病虫害等，都会对园林生态平衡构成威胁，导致生态失调。自然因素的破坏具有偶发性、短暂性，如果不是毁灭性的侵袭，通过人工保护，再加上后天精细管理补偿，仍能很好地维持平衡。另外，园林生态系统内部各生物成分的不合理配置，如生物群落的恶性竞争，也会削弱系统的稳定性，导致生态失调。

② 人为因素。人们特别是决策者生态意识的淡漠往往是导致生态失调的重要原因。各种园林生物资源，包括园林植物、园林动物与园林微生物，对维护园林生态平衡具有重要的作用。但实际中，它们的作用常常被忽略，且被作为一种附属品随意处置。例如，在城市建设中，建筑物大面积占用园林用地，使园林植物资源日趋变少，造成整个园林植物群落支离破碎，使园林生态系统的整体性不能很好地发挥，导致园林生态失调；任意改变园林植物种类，甚至盲目引进各种未经栽培试验的植物类型，为植物入侵提供了可能，往往也对园林生态系统带来潜在威胁。同时，作为各种无机资源的转化和还原者——园林微生物，由于没有合适的空间，数量极少，其作用的发挥大打折扣，使园林生态系统的物质循环出现入不敷出的现象，整体上处于退化状态。

人们对园林环境的恶意干扰是导致园林生态失调的另一个重要原因。对各种植物、动物、微生物缺乏热爱，仅以己之好恶对待环境，没有认识到环境的好坏直接影响到人类本身，更有甚者对各种园林生物，特别是对园林植物任意摘叶折枝甚至肆意破坏，将各种园林植物群落当作垃圾场，随意倾倒垃圾、污水等行为，都会直接危害园林生态系统，导致其生态失调。为了获得某种收益破坏园林的行为更为多见，如扒树皮，摘叶子，砍大树，挖取植物根系，捕获树体中的昆虫，也是造成园林生态失调的重要因素之一。

（3）园林生态系统的调控。园林生态系统作为一个半自然与人工相结合或完全的人工生态系统，其平衡要依赖于人工调控。通过调控，不仅可保证系统的稳定性，还可增加系统的生产力，促进园林生态系统结构趋于复杂等。当然，园林生态系统的调控必须按照生态学的原理来进行。

① 生物调控。园林生态系统的生物调控是指对生物个体，特别是对植物个体的生理及遗传特性进行调控，以增加其对环境的适应性，提高其对环境资源的转化效率。主要表现在新品种的选育上。

我国的植物资源丰富，通过选种可大大增加园林植物的种类，而且可获得具有各种不同优良性状的植物个体，经直接栽培、嫁接、组培或基因重组等手段产生优良新品种，使之既具有较高的生产能力和观赏价值，又具有良好的适应性和抗逆性。另外，从国外引进各种优良植物资源，也是营建稳定健康的园林植物群落的物质基础。

但应该注意，对于各种新物种的引进，包括通过转基因等技术获得的新物种，一定要慎重使用，以防止各种外来物种的入侵对园林生态系统造成冲击，进而导致生态失调。

② 环境调控。环境调控是指为了促进园林生物的生存和生产而采取的各种环境改良措施。具体表现为用物理（整地，剔除土壤中的各种建筑材料等）、化学（施肥、施用化学改良剂等）和生物（施有机肥、移植菌根等）的方法改良土壤，通过各种自然或人工措施进行小气候调节，通过引水、灌溉、喷雾、人工降雨等进行水分调控等。

③ 合理的生态配置。充分了解园林生物之间的关系，特别是园林植物之间、园林植物与园林环境之间的相互关系，在特定环境条件下进行合理的植物生态配置，形成稳定、高效、健康、结构复杂、功能协调的园林生物群落。

④ 适当的人工管理。园林生态系统是在人为干扰较为频繁的环境下的生态系统，人们对生态系统的各种负面影响必须通过适当的人工管理来加以弥补。有些地段特别是城市中心区环境相对恶劣，对园林生态系统的适当管理更是维持园林生态平衡的基础；而在园林生物群落相对复杂、结构稳定时可适当减少管理投入，通过其自身的调控机制来维持。

⑤ 大力宣传，增加人们的生态意识。大力宣传，提高全民的生态意识，是维持园林生态平衡，乃至全球生态平衡的重要基础。只有让人们认识到园林生态系统对人们生活质量、人类健康的重要性，才能从我做起，爱护环境，保护环境，并在此基础上主动建设园林生态环境，真正维持园林生态系统的平衡。

（四）园林生态规划

1.园林生态规划的含义

园林生态规划即生态园林和生态绿地系统的规划，其含义包括广义和狭义两方面。从广义上讲，园林生态规划应从区域的整体性出发，在大范围内进行园林绿化，通过园林生态系统的整体建设，使区域生态系统的环境得到进一步改善，特别是人居环境的改善，促使整个区域生态系统向着总体生态平衡的方向转化，实现城乡一体化、大地园林化。从狭义上讲，园林生态规划主要是在以城市（镇）为中心的范围内，特别是在城市（镇）用地范围内，根据各种不同功能用途的园林绿地，合理进行布置，改善城市小气候，改善人们的生产、生活环境条件，改善城市环境质量，营建出卫生、清洁、美丽、舒适的城市。

在城市（镇）范围内，园林生态规划必须与城市总体规划保持一致，在此基础上，通过园林生态规划使园林绿地与城市融合为一个有机的整体，并用艺术性的手法，既保证园林绿地的结构协调和功能完善，又要使其具有高度的观赏性和艺术性。同时，园林生态规划可为城市总体规划提供依据，保证城市总体规划的合理性。

园林生态规划应确定城市各类绿地的用地指标，选定各项绿地的用地范围，合理安排整个城市园林生态系统的结构和布局方式，研究维持城市生态平衡的绿地覆盖率和人均绿地等，合理设计群落结构、选配植物，并进行绿化效益的估算。

2. 园林生态规划的步骤

制定一个城市或地区的园林生态规划，先要对该城市或地区的园林绿化现状有一个充分的了解，并对园林生态系统的结构、布局和绿化指标做出定性和定量的评价，在此基础上，根据以下步骤进行园林生态规划。

① 确定园林生态规划原则。

② 选择和合理布局各项园林绿地，确定其位置、性质、范围和面积。

③ 根据该地区生产、生活水平及发展规模，研究园林绿地建设的发展速度与水平，拟定园林绿地各项定量指标。

④ 对过去的园林生态规划进行调整、充实、改造和提高，提出园林绿地分期建设及重要修建项目的实施计划，规划出需要控制和保留的园林绿化用地。

⑤ 编制园林生态规划的图纸及文件。

⑥ 提出重点园林绿地规划的示意图和规划方案，根据实际工作需要，提出重点园林绿地的设计任务书，内容包括园林绿地的性质、位置、周围环境、服务对象、估计游人量、布局形式、艺术风格、主要设施的项目与规模、建设年限等，作为园林绿地详细规划的依据。

3. 园林生态规划的布局形式

（1）园林绿地一般布局的形式。城市园林绿地的布局主要有八种基本形式：点状（或块状）、环状、放射状、放射环状、网状、楔状、带状和指状。从与城市其他用地的关系来看，可归纳为四种：环绕式、中心式、条带式和组群式。下面主要介绍四种城市园林绿地的布局形式。

① 块状绿地布局。这类绿地多出现在旧城改造中，如上海、天津、武汉、大连、青岛等。块状绿地的布局方式可以做到均匀分布，接近居民。但如果面积太小，则对改善城市环境质量和调节小气候作用不显著，对构成城市整体景观艺术面貌作用也不大。

② 带状绿地布局。这种布局形式多数利用河湖水系、城市道路、旧城墙等，形成纵横向绿带、放射性绿带与环状绿地交织的绿地网，如哈尔滨、苏州、西安、南京等地。带状绿地的布局有利于组织城市的通风走廊，也容易表现城市景观艺术面貌。

③ 楔形绿地布局。城市中由郊区深入市中心的由宽到狭的绿地称为楔形绿地。一般是利用河流、起伏地形、放射干道等结合市郊农田、防护林形成，如合肥市。它的优点是可以改善城市小气候和环境质量，也有利于城市景观艺术面貌的表现。

④ 混合式绿地布局。是指前三种形式的综合利用，可以做到城市绿地点、线、面的结合，形成较完整的体系。其优点是可以使生活居住区获得最大的绿地接触面，方便居民游憩，有利于改善小气候，有助于改善城市环境卫生条件，丰富城市景观艺术面貌。

（2）园林生态绿地规划布局的形式。实践证明，"环状＋楔形"式的城市绿地空间布局形式是园林生态绿地规划的最佳模式，并已经得到普遍认可。

"环状＋楔形"式的城市绿地系统布局有如下优点：首先，利于城乡一体化建设，拥有大片连续的城郊绿地，既保护了城市环境，又将郊野的绿意引入城市；其次，楔形绿地还可将清凉的风、新鲜的空气，甚至远山近水都借入城市；再次，环状绿地功不可没，最大的优点是便于形成共同体，便于市民到达，而且对城市的景观有一定的装饰性。

二、园林植物种群与群落生态

种群是生物物种存在的基本单位。植物种群的基本特征包括数量特征、性比、年龄结构、空间特征和构件组成特征。

生物群落是指在特定的空间或特定生境下，具有一定的生物组成、结构和功能的生物聚合体。生物群落可以根据其组成的生物类群的不同，分为植物群落、动物群落和微生物群落三大类群，也可以根据其受人为干扰的程度分为自然（天然）群落、人工群落和半自然（人工）群落。城市园林植物群落属于典型的人工群落，原始森林属于典型的自然群落。

（一）种群的概念及其结构

1.种群的概念

种群是在一定空间中的同一物种的个体总和。其定义为在一定空间中，能相互进行杂交的，具有一定结构、一定遗传特性的同种个体总和。植物种群则是在植物群落中的同一种植物的个体总和，如某一块低山丘陵上的马尾松纯林，可以叫马尾松种群。

2.种群的结构

（1）种群的年龄结构。种群年龄结构指种群内个体的年龄分布状况。林业生产中将林木种群年龄结构分为同龄林和异龄林。同龄林是组成种群的林木年龄基本相同，如果有差异，其差异范围在一个龄级之内。异龄林是组成种群的林木年龄差异较大，超过一个龄级。异龄林是中性或耐阴树种连续更新的结果。

不仅同一群落中不同植物种之间种群的年龄结构不同，不同群落中或同一群落中的同一个植物种种群的年龄结构也不同。因此，如果调查清楚了形成群落的每个种群的年龄结构就可以在这个基础上比较准确地分析判断该群落过去的变迁、现在的状况和将来的发展趋向。

（2）种群的性比结构。性比是一个种群的所有个体或某个龄级的个体总数中雌性与雄性的个体数目的比例。它是种群结构的一个重要因素，对种群的发展具有很大影响。如果两性个体的比例相差悬殊，将极不利于种群增殖，从而影响种群的结构及其动态。

（二）种群的特征

1.种群密度

种群密度通常以单位面积上的个体数目或种群生物量表示。

植物群落研究通常较重视全部个体的密度和平均面积，并在此基础上得到相对密度以及个体间的平均距离。

当种群中的个体大小或经济价值相差悬殊时，为经营上的方便，常分层次统计种群密度。如森林经营中，林分密度一般仅指检尺直径以上的林木种群密度，不包括幼苗和幼树的密度，有时还单独统计幼苗密度和幼树密度，因为幼苗和幼树长成林木的可能性不同。

2.多度、盖度

森林中下木和草本植物因呈丛生多分枝或个体矮小，不易查数，通常不以单位面积上植株个体数计量种群密度，多采用多度（调查样地上个体的数目）或盖度（植物枝叶覆盖地面的百分数）反映种群密度。多度和盖度等级的划分标准较多，一般常用德鲁捷的等级标准，把多度和盖度结合在一起。

与多度和盖度相关的概念是频度，频度是指某一个种在样地上分布的均匀性。当种群数量很大时，密度和多度较大，个体均匀分布的可能性大，频度也较大，密度或多度很小时，频度也很小；密度或多度中等时，频度变幅可能很大。

3.种群数量

种群数量是指一个种群内个体数目的多少。种群的数量是经常变化的，影响其变化的因素是种群的特性（如繁殖特性、性别比例和年龄结构等）、种内种间关系和外界环境条件。

种群数量的变化主要取决于出生率和死亡率的对比关系。在单位时间内，出生率与死亡率之差为增长率，也就是单位时间内种群数量增加百分数。因此，种群的数量大小，也可以说是由增长率来调整的。当出生率超过死亡率，种群数量增长；当死亡率超过出生率，种群数量减少；而当出生率与死亡率相平衡时，种群数量就保持相对稳定。

（三）植物群落的特征和组成

1.植物群落的概念及特征

（1）植物群落的概念。植物群落为特定空间或特定生境下植物种群有规律的组合，它们具有一定的植物种类组成，与环境之间彼此影响、相互作用，具有一定的外貌及结构，并具有一定的功能。简单地说，就是在一定的地段上，群居在一起的各种植物种群构成的一种集合体就是植物群落。

（2）植物群落的基本特征。一个具体存在的植物群落具有以下基本特征：

①具有一定的物种组成，每个植物群落都是由一定的植物种群组成的。

② 物种之间有序的共存。组成群落的各个物种不是随意组合在一起的，而是一种有序的共存。这种有序性是由群落中各种各样的种间和种内关系决定的。相互有利、相互促进的植物种倾向于生长在一起，而相互抑制、相互干扰和相互竞争的植物种会在空间和时间上产生分异，从而产生貌似松散、实则有序的组合。

③ 具有一定的外貌。植物种本身的色彩、质地以及植物在不同的季节中表现出的不同物候期会通过叶片、花朵、果实的色彩变化来体现。因而，植物群落都有一定的外貌特征。

④ 具有一定的结构。构成植物种群的植物种的高低错落构成了群落的垂直结构，不同的植物种群在群落水平空间上的分布格局构成了群落的水平结构。

⑤ 形成特有的群落环境。植物的存在可以改变群落所在地的环境，如光照、温度、湿度、土壤结构、土壤肥力等，并且与群落外围的环境具有显著的差异，形成特有的群落环境。例如，高大的植物体会产生强烈的遮光、降温和增湿等效应，使一片森林中的小环境与周围裸地相比，具有阴凉湿润的特点，这就是森林群落的小环境，也是园林植物群落所追求的环境效益。另外，群落的各组成种对自身所处的小环境也具有高度的适应性，乔木层下的阴性种需要其他树种为它们遮阴，如果直接暴露在强光下会产生灼伤，甚至死亡。因此，外界环境变化或者群落内环境的改变都会影响群落中物种的生长，最终导致一些不能适应变化的物种的消失，另一些高度适应变化的新物种的定居，从而改变了群落的组成成分。

⑥ 具有随着时间的推移而发生变化的动态特征。构成植物群落的是活的植物体，植物生、老、病、死的交替使群落随着时间的推移不断发生变化。

⑦ 具有一定的分布范围。一个具体的群落必然分布在地球上的某个地段，不同的群落分布在不同的生境中。地球上的植物群落分布具有一定的规律。

2.群落的种类组成

（1）种类组成的概念。种类组成在一定程度上反映出群落的性质，是决定群落性质最重要的因素，也是鉴别不同群落类型的基本特征，它是群落形成的基础，任何植物群落都是由一定的植物种类组成的。每一种植物的个体都有一定的形状和大小，它们对周围的生态环境各有一定的要求和反应，它们在群落中各处于不同的地位和起着不同的作用。因此，要了解某一个植物群落，就要先了解它的种类组成。

植物群落的种类组成的确定常常因研究对象和目的等的不同而有所侧重。通常植物群落的种类组成仅仅是对于该群落的高等植物、维管束植物或种子植物而言的，因为在某种意义上讲，高等植物是群落的最重要的组成者，它能反映该群落的结构、生态、动态等基本特征，揭示群落的基本规律。

（2）种的饱和度和多度。种的饱和度是指群落最小面积内出现的种类的最大数目，或者说是种—面积曲线趋于稳定时拥有的种类数目。也就是说在这个最小的面积内包含了组成该群落的绝大多数植物种类。种的饱和度随植物群落类型的不同而不同，植物群落结构复杂，群落的种的饱和度就大；反之则小。

植物种群多度（个体数）或密度指的是在单位面积（样地）上某个种的全部个体数，或者叫作群落的个体饱和度。

根据群落中种类数目的多少通常把群落划分为单种群落、寡种群落和多种群落。单种群落通常指由一个高等植物组成的群落，如杉木人工林群落。寡种群落是由少数几个高等植物组成的群落。多种群落则是由几十个甚至几百个高等植物组成的群落，自然界大多数群落都属于多种群落。

（3）群落特征的最小面积、表现面积和最小点数。最小面积是指对一个特定群落类型能提供足够的环境空间，或能保证展现出该种群落类型的种类组成和结构的真实特征的最基本的面积。表现面积是指某一群落的一切重要特征都能充分表现出来的最基本的面积。最小点数是应用无样地法进行调查时获得某群落类型的种类组成和结构的真实特征所需的最基本的样点数目。

植物群落调查的最小面积、表现面积和最小点数随植物群落类型的不同而异。通过比较群落特征的最小面积可以发现：组成群落的植物种类越多，群落最小面积越大；环境条件越优越，组成群落的植物种类也就越多。

（4）群落成员型。群落成员型是根据植物种在群落中的各种特征、作用和地位划分的植物种类群。根据种在植物群落中各类植物的重要性和数量可以将植物种划分为优势种与建群种、亚优势种、伴生种、偶见种（稀见种）四类。

3. 群落的种间关系

一个生物群落的特征主要取决于物理因素，但也取决于生物种之间的相互作用。种与种之间的关系从总的效果来说可分为三种情况，即有利的作用（+）、有害的作用（-）和没有明显效果的作用（0）。这种种间作用可能发生于动物与植物间、动物与动物间和植物与植物间。种间相互作用的方式主要可分为共生和对抗两大类，共生是发生关系的双方均有肯定的效果或者对一方有利而对另一方无害；对抗是指仅对一方有利而对另一方有害或者对双方均有害的情况。其中，对抗又分为非消费性的物理掠夺、消费性的物理掠夺（包括寄生、捕食和植食等）、抗生（包括异株克生）和竞争4类。这种分类是相对的，实际上很多关系是介于各类之间的并且可以彼此转化。

（1）互利共生。共生原来是用来描述如藻类和真菌某些种共同生活并紧密结合的一类种间关系。目前，这个术语已扩大到对双方有利或对其中一方最低限度无害的种间关系上，而不管结合形式及参加的种究竟属于哪种范畴。

共生可分为两种类型：互利共生和偏利共生。互利共生又可分为两个亚型：连体互利共生和非连体互利共生。

（2）偏利共生。偏利共生这种相互作用是对一种有机体有利而对另一种有机体无害。附生植物在树木上的生长是偏利共生的例子之一。附生植物可能是多年生草本植物，如兰花、蕨类、仙人掌等，也可能是低等植物，如藓类、藻类或地衣等。在任何情况下，附生植物都不从宿主获取任何食料，只利用它作为寄居场所。每一种附生植物都占据树冠的不同部位，这反映了不同的光照条件，同时反映了宿主的分枝状况、树皮粗糙度等。

附生关系很容易过渡为其他类型的相互作用，如互利共生和寄生。如果附生植物产生的营养物质被雨水淋溶到树干下面并进入宿主周围的土壤中，则会转变为互利共生关系。如果附生植物的根扎入树皮下面的韧皮部和木质部中并发育出吸收器官，则会转变成寄生关系。在纯附生和纯寄生之间可存在各种过渡状态。如果附生植物的大小和重量对宿主压力过大，最后也会变成寄生。例如，榕树可在一个宿主的树冠中萌发，最初可作为典型的附生植物生活，以后气根向土壤中发展，达到地面并变粗，结果使宿主的树干的生长受到严重的阻碍。同时，榕树的树冠日益在宿主上面扩展，剥夺了它的光线，最后导致宿主死亡。

（3）非消费性的物理掠夺。至低限度一方受到不利影响的种间关系称为对抗。这种相互作用在决定种群的多度和分布上起着主要作用，在种的特征进化上亦属重要因素。在非消费性的物理掠夺中，藤本或攀缘植物即是例子。一般的木本植物为了建造强大的树干以支持叶子能够得到阳光并抵抗强风，要消耗大量的能量。藤本或攀缘植物则靠其他树支持自己。开始时藤本和支持者之间可能为偏利共生关系，但后来由于支持者的叶子所需要的日光局部或全部被藤本剥夺了，它们就会生长削弱甚至死亡。有时藤本植物甚至会紧缠支持者的茎部，使其因水分和营养运输受阻而死亡。这种藤本植物因而被称为绞杀植物。攀缘植物的发达程度与气候关系很大，在寒温带的北方森林中很少有，温带略多，而在热带南亚热带森林中则非常发达，发育良好，木质藤本的直径有时可达 20 ～ 30 厘米，如风车藤、刺果藤。

（4）消费性的物理掠夺。

① 寄生。危害林木的寄生植物主要是桑寄生科、菟丝子科和列当科。寄生性的种子植物对寄主的依赖和寄生活动有所不同。桑寄生科植物（包括桑寄生属和槲寄生属等）均具有正常的绿色叶片或绿色茎，可自行进行光合作用，制造碳水化合物，但它们缺少正常的根系，所需的水分和无机盐类必然取自寄主，这类植物称为半寄生植物。菟丝子科和列当科植物不具叶绿素和正常的根系，生长发育所需要的一切物质均靠寄主供给，称为全寄生性植物。除高等植物外，真菌、细菌、类菌质体等亦为寄生物而与寄主发生寄生关系。

② 捕食。捕食关系中双方的位置是相对的。各类草食者对于初级肉食者而言是被捕食者，而初级肉食者反过来又成为次级肉食者的被捕食者。一般公众认为捕食者是凶残的，是不合乎人类要求的，这实际上是一种误解。捕食者一般清除掉的仅是有病的、弱小的个体，这可使被捕食者的种群维持在环境容纳量之下。当然，也有被捕食者惨遭捕食者大肆虐杀的实例。这一般是由于捕食者和被捕食者之间的正常适应关系被人类活动或其他环境因素打乱造成的。

③ 草食。植物和草食动物之间的关系广泛存在于自然界。在各种生境上，草食动物造成的植物死亡率可在 0 ～ 100% 之间变动。一般来说，动物对种子和幼苗死亡的影响大于对成年植物的影响。成年植物对动物危害的抵抗力较大，因为大多数草食动物吃掉的仅是该植物的一部分或吸取其部分汁液，而留下的其他部分仍可以进行繁殖。草食动物对成年植物死亡的影响常是间接的，受到冻害、旱害及其他逆境因素危害的植物最易受虫害的侵袭。

草食动物对植物的作用有多种方式，如通过咬食或咀嚼（如野兔、蜗牛），由个别细胞或植物的维管系统吮吸汁液（如蚜虫）、在宿主内部挖孔。草食动物一般不会威胁到某种植物的生存。草食动物本身的多度还受到捕食者和寄生物的限制，并且相对来说草食动物是较稀少的，而植物是较丰富的。但是，当自然平衡受到破坏时，某种草食动物由于捕食者或寄生物的缺乏而多度大增，就会对某种植物造成重大损害，如我国林业上的松毛虫、天牛。

（5）抗生作用。很多有机体彼此间在化学上都可能有着相互作用，如在微生物之间，在植物和动物之间，在不同种的植物之间以及在不同种的动物之间。很多植物含有的化学物质使其对草食动物不适口。冬蛾幼虫只食年幼橡树的叶子，因为老橡树单宁含量高，不适口。由于昆虫摄食而受伤的植物可产生能抑制该种昆虫种群增长的多酚类物质。受到巨蜂的侵袭后，欧洲松的多酚代谢会发生改变。越来越多的证据说明抗生作用可能比较普遍。当一种草食动物的活动促进了植物的防御机制，而摄食同一种植物的其他草食动物则可能受到不利的影响，这可能导致它们在种群变动上的同步性。最近的研究表明，一些植物种受到草食动物的攻击后，可产生挥发性化学物质，促进相邻植物的化学防御，这可称为植物的早期警报系统。

异株克生是植物之间发生的抗生作用。植物的代谢是极端复杂的，包括大量的有机物质。多种次生化学物虽然对自己没有价值，但对其他植物的发芽、生长和繁殖则有抑制作用。人们将这种化学物称为异株克生物，将这种植物之间的抗生作用称为异株克生作用。异株克生是进化过程中形成的一种普遍现象，它存在于各种气候下的各种群落中。异株克生化学物以挥发气体的形式释放出来或者以水溶物的形式渗出、淋出或被分泌出来。

树木异株克生最著名的例子是黑胡桃树对其他植物生长的抑制作用。早在1881年，就观察到黑胡桃树下植被稀少的现象，并且指出这种树下及其附近均不能栽植农作物，后来确认黑胡桃树产生的异株克生物是胡桃醌，它在叶子、果实和其他组织中以可溶于水的、无毒的形态存在（水合胡桃醌），一旦被雨水冲到土壤中，就被氧化成能抑制其他种植物发芽和生长的胡桃醌。

（6）竞争。当两个不同的种利用相同的资源而这种资源的供应又受到限制时，则会发生种间竞争。

当资源虽不短缺而两种发生彼此直接干涉时，亦可发生种间竞争。竞争可发生于不同层的及同层不同种的植物之间。竞争可导致一个种被另一个种排挤。

一个种竞争能力的大小常取决于它的一系列生物学特性和生态学特性，如种子的萌发速度、早期生长速度、生长高度、对光热和水分的要求等。在森林群落中，各树种的竞争结局常是各种因素综合作用的结果。在最近遭受干扰的土地上，种子的繁殖能力和方式，对裸地不良环境的适应能力以及对干扰的抵抗能力等因素起的作用更人些。在比较稳定的条件下，耐阴性超出其他植物生长的最长寿命和最大高度，常使树木具有更强的竞争力。

4. 物种多样性

物种多样性又称物种丰富度，是指一个群落中的物种数目、各物种的个体数目及其均匀程度。

Whittaker 在 1972 年进一步提出了 3 类物种多样化的概念：a 多样性，即群落或生境内的种的多度；P 多样性，即在一个梯度上从一个生境到另一个生境所发生的种的多度变化的速率和范围；Y 多样性，即在一个地理区域内一系列生境中的种的多度，是这些生境的 a 多样性和生境的 P 多样性两者的结合。在这三类多样性中，a 和 P 多样性都可以用纯量来表示，而 Y 多样性不仅有大小变化，还有方向变化，因此是个矢量。3 类多样性的关系为 $P=Y/a$。

（四）植物群落结构

群落结构是群落中相互作用的种群在协同进化中形成的，其中生态适应和自然选择起着重要作用。因此，群落外貌及其结构特征包含了重要的生态学信息。群落的结构可以是表现在空间上的（垂直结构和水平结构），也可以是表现在生活型上的。

1. 群落的垂直结构

群落的垂直结构主要指在垂直方向上的配置，其最显著的特征是成层现象，即在垂直方向上分成若干层次的现象。这是由于植物群落在其形成的过程中，群落内小环境的变化导致群落中的不同生态习性的植物、不同高度的植物分别位于不同的层次，形成群落的垂直结构。

群落的成层现象包括地上成层现象和地下成层现象。

植物群落中森林群落的垂直结构层次最为明显，其地上部分的垂直结构一般从上到下依次为：乔木层、灌木层、草本层、活地被物层四个基本层次，各层中又按照植株的高度划分亚层。乔木层由高大的乔木组成，位于森林群落的最上层，一般高度按照乔木的划分标准在 3 米以上，也叫林冠层。乔木层的高差超过平均高度 20% 以上的群落，乔木层可以划分亚层。具有一个乔木层次的群落称为单层林，具有多个亚层乔木层的群落称为复层林。灌木层由所有灌木和在当地气候条件下不能达到乔木层高度的乔木种组成，也叫下木层。草本层由草本植物组成，不具有多年生的地上茎。活地被物层位于群落的最下层，一般由苔藓、地衣、菌类等非维管束植物组成。

群落的成层性保证了植物对环境和空间资源的更充分利用。在森林群落中，上层的乔木可以充分利用阳光，而下层的乔木幼树、幼苗以及灌木能够有效利用主林冠层下的弱光，草本层能够利用更微弱的光线，苔藓和地表更耐阴。所以，成层结构是自然选择的结果，它显著提高了植物利用环境资源的能力，缓解了生物间对营养空间的竞争。群落的分层结构愈复杂，对环境利用愈充分，提供的有机物质也愈多，群落分层结构的复杂程度也是群落环境优劣的标志。

2. 群落的水平结构

群落的水平结构通常是指群落内的水平结构，但有时也指多个群落一起构成的群落间的交错与过渡。

（1）群落内的水平结构。群落内的水平结构指群落各组成种在水平空间上的配置状况或分布格局，主要表现为均匀性和镶嵌性。

均匀性是指组成群落的各个植物种在水平方向上分布均匀。单个种群的分布格局属于均匀分布。这种水平结构一般多出现在人工群落，如人工种植的果园、农田和一些城市园林植物群落，具有均匀的株行距。自然群落中的草本植物群落有这种均匀结构，但是森林群落很少具有。

镶嵌性，即组成群落的各个种群在水平方向上的不均匀配置，也就是具有典型的成群分布的格局，使群落在外观上表现为斑块相间的现象，具有这种特征的群落叫作镶嵌群落。在镶嵌群落中，每个斑块就是一个小群落，由习性和外貌相似的骨干树种组成。例如，在森林群落中，潮湿地带分布的沼泽植物和湿生植物就是典型的小斑块。

（2）群落的交错与过渡。

群落交错区又称生态交错区或生态过渡带，是两个或多个群落之间（或生态地带之间）的过渡区域。例如，森林和草原之间有森林草原地带，两个不同森林类型之间或两个草本群落之间也都存在交错区。北亚热带的常绿落叶阔叶群落被认为是亚热带常绿阔叶群落和暖温带落叶阔叶群落的交错带。地球上呈连续性的自然植物群落往往具有典型的交错与过渡现象。这种过渡带有的宽、有的窄，但是在人工植物群落间往往没有这种交错与过渡，而是变化突然，或者群落间由其他景观要素如道路等人为分隔开。群落交错区种的数目及一些种的密度增大的趋势称为边缘效应。例如，我国大兴安岭森林边缘具有呈狭带分布的林缘草甸，每平方米的植物种数达 30 种以上，明显高于其内侧的森林群落与外侧的草原群落。

3. 影响群落结构的因素

不同的群落具有不同的结构，同一个群落随着时间的推移，结构也会发生变化，影响群落结构的主要因素有以下几种：

（1）环境因素。一般来说，群落结构与群落所在地的环境有很大的关系。环境温暖潮湿更容易形成垂直结构复杂的群落；相反，寒冷干旱的环境易形成垂直结构简单的群落。在土壤和地形变化频繁的地段容易形成复杂的镶嵌结构，而在地形和土壤高度一致的地段倾向于形成均质的结构。

（2）生物因素。竞争被认为是影响群落结构的重要生物因素。竞争导致生态位分离，从而也导致不同的物种在对空间和资源的利用方式上出现更大限度的分隔。植物种群往往表现为高度的分化、生长期的差异以及根系在土壤中的分层。最终使单位空间能够容纳更多的物种，形成更复杂的结构。

（3）干扰。干扰对群落某些层次的影响很大，如森林群落郁闭后，下层光照的迅速降低会使灌木层和草本层的种类减少、盖度降低，从而使群落垂直结构趋向简单化，干扰可以延缓或阻止乔木层郁闭度的增加，从而维持灌木层和草本层物种的多样性，并使群落保持较复杂的结构。

同时，有些干扰可以在群落中形成一些缺口，缺口又将被新的植物填充，不断形成和被填充的缺口在水平结构上具有更复杂的镶嵌性。

（五）植物群落变化

群落的动态按照变化的性质和特征可以分为 3 个层面：群落的外貌变化、群落的内部变化和群落的演替。

1.植物群落的外貌变化——季相

植物群落外貌常随时间的推移而发生周期性的变化，这是群落动态中最直观的一种。随着气候的季节性交替，群落景观不同外貌的现象就是季相。

形成群落季相的原因是群落各组成种在不同季节的不同物候期，也就是各植物种在不同的季节处于不同的生长发育阶段，而这些不同发育阶段在外貌上会有不同的色彩、质感等特征，如新春萌芽的嫩绿、夏季满眼的浓绿、秋季的金黄和冬季的深褐或枯黄；又如垂柳的柔软、松柏的刚硬。群落的季相直接决定着群落的景观效果，因此群落的季相是园林植物群落设计中必须考虑的要素，而且是很多设计者需要考虑的首要要素。

影响群落季相的主要因素是群落的优势种和季节变化。不同的植物种具有不同的外貌特征，优势种是群落中数量、盖度和优势度最高的种类，因此对群落的外貌有决定性作用。同一个地区、同一个季节，不同的群落具有不同的季相，就是由于这些群落的组成种的不同，尤其是优势种差异引起的。例如，在亚热带地区的秋季，常绿针叶林呈现墨绿的季相，而落叶阔叶林呈现色彩斑斓的季相。不仅是优势层的优势种，还包括其他层次的优势种，如同样在亚热带地区的马尾松群落，马尾松—杜鹃群落在春季花开时呈现杜鹃花的绚烂色彩，而马尾松—樫木群落则为一片白色，林下优势种樫木和杜鹃花的色彩的差异导致了这两个群落的春季季相的差异。

同一个群落在同一地区不同季节呈现出的季相就是季节变化的结果。比如，我国中部长江流域常见的湿地植物群落——池杉群落在春季、夏季、秋季和冬季均有不同的季相。

另外，不同气候带一年中的季节变化程度不同，也会使不同气候带的植物群落的季相存在差异，一般地，四季分明地区的群落季相变化明显；相反，四季不分明的热带地区群落的季相变化不明显。温带地区四季分明，群落的季相变化十分明显，如在温带草原群落中，一年可有四个或五个季相。早春气温回升，植物开始发芽、生长，草原出现春季返青季相；盛夏初至，水热充沛，植物生长繁盛，百花盛开，出现夏季季相；秋季植物开始干枯休眠，呈红黄相间的秋季季相；冬季季相则是一片枯黄。

2.植物群落的内部变化——群落波动

群落的波动是指群落物种组成、各个组成种的数量、优势种的重要值、生物量等在季节和年度间的变化。比如，干旱和寒冷年份，群落生长量下降，在降水充沛的年份，群落生长量上升；一些偶见种可能次年消失，也可能又出现新的种；或者优势种的重要值在年度间也会产生或高或低的波动；等等。这些都属于群落的内部变化，被认为是短期的可逆的变化，其逐年的变化方向常常不同，一般不会使群落发生根本性的改变。有些波动会带来外貌上的变化，但是大多数的群落波动在外貌上不会产生明显的变化。

波动的原因主要有以下3种情况：①环境条件的波动，如温度、降水的年度变化，突发性灾害；②生物的活动周期，如植物种子的大小年、虫害的爆发周期等；③人为活动的影响，如放牧强度的改变等。

每一个群落类型都有其特定的波动特点。一般说来，森林群落较草原群落要稳定些，常绿阔叶群落较落叶阔叶群落稳定。在群落内部，定性的特征（如种类组成、种间关系、成层现象等）较定量特征（如密度、盖度、生长量等）稳定。

虽然群落波动具有可逆性，但是这种可逆性是不完全的，一个群落经过波动后的复原通常不是完全恢复到原来的状态，而只是向原来的状态靠近。有时候这种波动变化相当大，而且在波动的过程中环境或者其他干扰因子的变化逐渐加剧，则可能导致波动加剧并且成为不可逆转的变化，从而引起群落性质发生改变，即群落的演替。

3. 群落性质的改变——群落演替

群落演替（succession）是指在一定地段上，一种群落被另一种群落替代的过程，也就是随着时间的推移，生物群落内一些物种消失，另一些物种侵入，群落组成及其环境向一定方向产生有顺序的变化。演替是群落长期变化积累的结果，其主要标志是群落在物种组成上发生质的变化，使优势种或全部物种发生变化。一般认为，群落的优势种的改变就可以作为群落发生演替的主要判断依据。

演替和波动的区别在于演替是一个群落代替另一个群落的过程，而波动一般不发生优势种的定向代替。而且一般的波动是可逆的，群落的演替是不可逆的，往往朝着一个方向连续进行。

因为群落的演替主要是群落的物种组成尤其是优势种发生了改变，所以任何导致原有优势种衰退的因素都可以引起群落的演替，可以分为内因和外因两大类。

（1）内因。内因通常指群落内部组成种的某些变化或者原有的格局被打破引起的群落演替。内因包含如下几个方面：

① 群落内种间种内关系发展的结果。群落内各种种间种内关系，特别是优势种和其他物种间的竞争他感作用导致优势种成为失败的一方后，原有的优势种就被竞争和他感的胜利方代替了。另外，原有优势种种群内的激烈竞争也会削弱自身在其他种间竞争中的竞争力，从而导致自身的衰退及群落的演替。

② 群落组成种特别是优势种为自己的生长发育创造了不利条件，导致在新的竞争中失去优势，从而被代替。一些由典型的先锋种组成的先锋群落被中性和耐阴种代替的演替过程就是属于这一类。例如，马尾松群落是典型的先锋群落，特别适应南方的荒山，耐瘠薄、耐干旱，但是随着时间的推移，群落郁闭度增加、群落小环境逐渐变得潮湿、温度变化幅度逐渐减小、土壤逐渐变得肥沃、群落内光照逐渐减弱，这种小环境的改变为中性和耐阴的阔叶种的进入提供了条件，但是马尾松幼苗由于缺乏足够的阳光，无法在林下存活，最终导致马尾松群落被中性的耐阴的阔叶群落代替。

③ 外来种的入侵。外来种中的部分适应性极强的物种一旦进入本地群落，经过一段时间的适应、定居和繁殖后，其竞争能力会迅速增强，最终使本地群落原有的优势种衰退。例如，我国华南地区引进的观赏地被澎蜞菊和入侵我国西南地区的紫茎泽兰都已经迅速蔓延成为林下的绝对优势种。外来种的入侵导致本地群落的衰退和消亡在国内外都非常常见。尤其是现在园林观赏植物的引种越来越频繁，越来越随意，可能会带来无穷后患。这是需要引起重视的。

④ 其他原因导致的原有优势种的衰退，如病虫害、火灾等引起的原有优势种的衰退导致了群落演替。

（2）外因。外因是指群落组成种以外的因素，包括群落外环境的改变和人为的干扰。

① 环境的改变。外环境的改变会引起群落物种的重新适应和调整，从而导致一些不能适应环境变化的物种或者本身适应性较差的物种的消失，出现一些新的适应物种。

② 人为干扰。人为的干扰可以在极短的时间内让原有的群落面目全非，也可以长时间缓慢地影响群落，引起群落的演替。例如，人为砍伐森林，人为让原有群落消失，然后再人为培植另外一种人工群落，农田的开垦、人工林的形成以及城市园林植物群落都属于此类。

内因演替实际上是群落自身的生命活动使群落小环境发生改变，然后被改变了的环境又反作用于群落本身，如此使群落发生演替；外因最终是通过影响群落组成种的生长发育改变群落性质的，因此外因是通过内因起作用的。

三、园林植物与生态环境

（一）植物与生态环境的生态适应

1. 植物与环境关系所遵循的原理

（1）最小因子定律。1840 年利比希在研究各种生态因子对作物生长的作用时发现，作物的产量往往不是受其大量需要的营养物质（如 CO_2 和水）所制约，因为这些营养物质在自然环境中的贮存量是很丰富的，而是取决于那些在土壤中较为稀少，而且又是植物所需要的营养物质，如硼、镁、铁等。后来进一步的研究表明，利比希提出的理论同样适用于其他生物种类或生态因子。因此，利比希的理论被称为最小因子定律。定律的基本内容是任何特定因子的存在量低于某种生物的最小需要量是决定该物种生存或分布的根本因素。

为了使这一定律在实践中得以运用，奥德姆等一些学者对定律进行了两点补充。

① 该定律只能用于稳定状态下。如果在一个生态系统中，物质和能量的输入和输出不是处于平衡状态的，那么植物对各种营养物质的需要量就会不断变化，在这种情况下，该定律就不能应用。例如，人为活动使污水流入水体中，由于富营养化作用造成水体的不稳定状态，出现严重的波动，即藻类大量繁殖，然后死亡，再大量繁殖。在波动期间，磷、氮、二氧化碳和许多其他成分可以迅速互相取代而成为限制因子。解除限制的根本措施是要控制污染，减少有机物的输入，尽管有机物产生二氧化碳，促进植物生长。

② 应用该定律时，必须要考虑各种因子之间的关系。当一个特定因子处于最小量时，其他处于高浓度或过量状态的物质可能起着补偿作用。例如，当环境中缺乏钙但有丰富的锶时，软体动物就会部分地用锶弥补钙的不足。

（2）耐性定律。利比希定律指出了因子低于最小量时会成为影响生物生存的因子，实际上因子过量时，同样会影响生物生存。1913 年，美国生态学家谢尔福德提出了耐性定律，即任何一个生态因子在数量或质量上的不足或过多都会影响该种生物的生存和分布。生物不仅受生态因子最低量的限制，还受生态因子最高量的限制。生物对每一种生态因子都有其耐受的上限和下限，上下限之间就是生物对这种生态因子的耐受范围，称为生态幅。在耐受范围中包含一个最适区，在最适区内，该物种具有最佳的生理或繁殖状态，当接近或达到该种生物的耐受性限度时，就会使该生物衰退或不能生存。耐性定律可以形象地用一个钟形耐受曲线表示。

（3）限制因子。耐受性定律和最小因子定律相结合便产生了限制因子的概念。在诸多生态因子中，使植物的生长发育受到限制甚至死亡的因子称为限制因子。任何一种生态因子只要接近或超过生物的耐受范围，就会成为这种生物的限制因子。

如果一种生物对某生态因子的耐受范围很广，而且这种因子又非常稳定，那么这种因子就不可能成为限制因子。相反，如果一种生物对某一生态因子的耐受范围很窄，而且这种因子易于变化，那么这种因子就值得特别研究，因为它很可能是一种限制因子。比如，氧气对陆生植物来讲，数量多、含量稳定而且容易获得，因此一般不会成为限制因子。但氧气在水体中的含量是有限的，而且经常波动，因此常成为水生植物的限制因子。限制因子概念的主要价值是使人们掌握认识生物与环境关系的钥匙，一旦找到了限制因子，就意味着找到了影响生物生长发育的关键因子。在园林植物的栽培与养护中，掌握限制因子知识尤其重要。

2. 植物的生态适应

生物有机体在与环境的长期相互作用中形成了一些具有生存意义的特征，依靠这些特征，生物能免受各种环境因素的不利影响和伤害，同时能有效地从其生境获取所需的物质能量，以确保个体生长发育的正常进行，这种现象称为生态适应。生物与环境之间的生态适应通常可分为两种类型：趋同适应与趋异适应。

（1）趋同适应。不同种类的生物生存在相同或相似的环境条件下，常形成相同或相似的适应方式和途径，称为趋同适应。这些生物在长期相同或相似的环境作用下常形成相同或相似的习性，并从生物体的形态、内部生理和发育上表现出来。比如，在长期干旱的环境条件下，不同的生物往往具有抵抗干旱的形态、行为或生理适应。

（2）趋异适应。亲缘关系相近的生物体由于分布地区的间隔，长期生活在不同的环境条件下，因而形成了不同的适应方式和途径，称为趋异适应。趋异适应常在变化的环境中得到不断发展和完善，从而构成了生物分化的基础。

3. 植物生态适应的类型

植物由于趋同适应和趋异适应而形成了不同的适应类型：植物的生活型和植物的生态型。

（1）植物的生活型。长期生活在同一区域或相似区域的植物由于对该地区的气候、土壤等因素的共同适应，产生了相同的适应方式和途径，并从外貌上反映了出来，这些植物属于同一生活型。植物的生活型是植物在同一环境条件或相似环境条件下趋同适应的结果，它们可以是同种，也可以是不同种。趋同适应范围可大可小。在荒漠地区，植物种类较少，对该环境的适应结果是形成了相同的生活型；在复杂的森林群落内，生物环境复杂，物种繁多，植物对该环境的适应形成了不同的生活型，表现为成层现象，即在每层的小范围内形成相同的生活型，如乔木、灌木、藤本、草本等属于不同的生活型。

（2）植物的生态型。同种植物的不同种群分布在不同的环境里，由于长期受到不同环境条件的影响，在生态适应的过程中，发生了不同种群之间的变异与分化，形成不同的形态、生理和生态特征，并且通过遗传固定下来，这样在一个种内就分化出不同的种群类型，这些不同的种群类型称为"生态型"。显然，生活型是不同植物对相同环境条件趋同适应的结果，生态型是同种植物的不同种群对不同环境条件趋异适应的结果。

"生态型"一词是由瑞典学者 Turesson 于 1922 年提出的，他指出生态型是一个种对某一特定生境发生基因型反应的产物。Turesson 对多种分布很广的欧亚大陆性植被（主要是多年生草本）进行了生态型的研究后，指出来自不同地区和生境的同种植株表现出某些稳定的差异，如开花早迟、株高、直立与否、叶子厚度等。这种差异与它们生存的生境有明显的关系，如有的只限于高山地区，有的只限于低地，有的只限于滨海地区等。由此表明，在分类学上，种不是一个生态单元，而可能是由一个到许多个在生理上和形态上具有稳定性差异的生态型组成。因此，他认为生态型是植物对生态环境条件相适应的基因型类群。

生态型是植物种内遗传基础的生态分化，其分化程度通常与种的地理分布幅度呈正相关。也就是说，生态分布广的植物比生态分布窄的植物所形成的生态型相应地多一些。当然，生态型多少也与该种对环境的适应能力呈正相关关系，生态型多的植物种必然能够适应大范围的环境变化，而生态型少的植物种对环境的变化适应性相对较弱。

生态型的形成有很多原因，如地理因素、气候因素、生物因素、人为因素等，通常按照形成生态型的主导因子将其划分为气候生态型、土壤生态型、生物生态型和人为生态型四类。

① 气候生态型。气候生态型是植物长期受气候因素影响所形成的生态型。气候生态型在全球非常普遍，表现为形态上的差异、生理上的差异或二者兼而有之。

② 土壤生态型。由于长期受不同土壤条件的作用而产生的生态型叫作土壤生态型。例如，地处河洼地和碎石堆上的牧草鸭茅由于土壤水分的差别而形成了两个明显的生态型：长在河洼地上的生长旺盛、高大、叶厚、色绿、产量高；长在碎石堆上的植株矮小、叶小、色淡、萌发力微弱，产量低等。又如，对土壤中矿质元素的耐性不同也会形成不同的生态型：羊茅有耐铅的生态型，细弱剪股颖有耐多种金属的生态型等。

③ 生物生态型。主要由于种间竞争、动物的传媒以及生物生殖等生物因素的作用所产生的生态型叫作生物生态型。

④ 人为生态型。由于人类的影响而形成的生态型。人类对生态型的影响伴随科技发展日渐扩大，人类利用杂交、嫁接、基因重组、组织培养等手段培育筛选的生态型能更好地适应光照、水分、土壤等一个或几个生态因子。

4. 植物生态适应的方式及其调整

（1）植物生态适应的方式。植物的生态适应方式取决于植物所处的环境条件以及与其他生物之间的关系。在一般逆境时，生物对环境的适应通常并不限于一种单一的机制，往往要涉及一组（或一整套）彼此相互关联的适应方式，甚至存在协同和增效作用。这一整套协同的适应方式就称为适应组合。比如，沙漠植物为适应沙漠环境，不但表皮增厚、气孔减少、叶片卷曲（这样，气孔的开口就可以通向由叶卷缩形成的一个气室，从而在气室中保持很高的湿度），而且有的植物形成了贮水组织等特性，同时具有减少蒸腾（只有在温度较低的夜晚才打开气孔）的生理机制，运用适应组合来维持（有的植物在夜晚气孔开放期间吸收环境中的二氧化碳并将其合成有机酸贮存在组织中，在白天该有机酸经过脱酸作用将二氧化碳释放出来，以维护低水平的光合作用）低水分条件下的生存，甚至达到了干旱期不吸水也能维持生存的程度。

在极端环境条件下，植物通常采用一个共同的适应方式——休眠。因为休眠植物的适应性更强，如果环境条件超出了植物生存的适宜范围而没有超过其致死点，植物往往通过休眠方式来适应这种极端逆境，休眠是植物抵御暂时不利环境条件的一种非常有效的生理机制。有规律的季节性休眠是植物对某一环境长期适应的结果，如热带、亚热带树木在干旱季节脱落叶片进入短暂的休眠期，温带阔叶树则在冬季来临前落叶以避免干旱与低温的威胁，等等。植物种子通过休眠度过不利的环境条件并可延长其生命力，如埃及睡莲历经 1 000 年仍可保持 80% 以上的萌芽能力。

（2）植物生态适应的调整。植物对某一环境条件的适应是随着环境变化而不断变化的，这种变化表现为范围的扩大、缩小和移动，使植物的这种适应改变的过程就是驯化的过程。

植物的驯化分为自然驯化和人工驯化两种。自然驯化往往是由于植物所处的环境条件发生明显的变化而引起的，被保留下来的植物往往能更好地适应新的环境条件，所以说驯化过程也是进化的一部分。人工驯化是在人类的作用下使植物的适应方式改变或适应范围改变的过程。人工驯化是植物引种和改良的重要方式，如将不耐寒的南方植物经人工驯化引种到北方，将不耐旱的植物经人工驯化引种到干旱、半干旱地区，将不耐盐碱的植物经人工驯化引种到耐盐碱地区，等等。

（二）生态因子对园林植物的生态作用

1. 环境因子和生态因子的概念

组成环境的因素称为环境因子。在环境因子中，对生物个体或群体的生活或分布起影响作用的因子统称为生态因子，如岩石、温度、光、风等。在生态因子中，生物的生存所不可缺少的环境条件称为生存条件（或生活条件）。各种生态因子在其性质、特性和强度方面各不相同，但各因子之间相互组合、相互制约，构成了丰富多彩的生态环境（简称生境）。

2. 环境中生态因子的生态分析

虽然环境是由各种生态因子的相互作用和相互联系所形成的一个整体，但各个生态因子本身环境具有各自的特点，因此认识环境要注意环境中生态因子的生态分析。

（1）生态因子的不可替代性和可补偿性。在生态因子中，光、热、水、氧气、二氧化碳及各种矿质养分都是生物生存所必需的，它们对生物的作用不同，生物对它们的数量要求也不同，但它们对生物来说同等重要，缺一不可。缺少其中任何一个因子，生物就不能正常生长发育，甚至会死亡。任何一个生态因子都不能由其他因子代替。当水分缺乏到足以影响到植物的生长时，不能通过调节温度、改变光照条件或矿质营养等条件来解决，只能通过灌溉去解决。不仅光、热、水等大量因子不能被其他因子代替，生物需要量非常少的微量元素也不能缺少，如植物对锌元素的需要量极少，但当土壤中完全缺乏锌元素时，植物生命活动就会受到严重影响。从根本上说，生态因子具有不可替代性，但在一定程度上具有可补偿性，即如果某因子在量上不足，可以由其他因子补偿，以获得相似的生态效应。当光照强度不足时，光合作用减弱，通过提高光强度或增加二氧化碳浓度，都可以达到提高光合作用的效果，如林冠下生长的幼树能够在光线较弱的情况下正常生长发育，就是因为近地表二氧化碳浓度较大补充了光照不足的结果。显然，这种补偿作用是非常有限的，而且不是任何因子间都有这种补偿作用。

（2）生态因子的主导作用。众多因子中有一个对生物起决定作用的生态因子为主导因子。不同生物在不同环境条件下的主导因子不同。例如，生长在沙漠中的植物的主导因子为水因子，水的多少决定了植物的生长形态及数量，水分充足的地方为绿洲，植物生长茂盛，水分十分缺乏的地方则植物稀少。又如，在光线较暗的环境中生长的植物的主导因子为光照，光照的强度决定了植物能否生存。还有许多其他因子在特定情况下会成为生物的主导因子，如高海拔地区的氧气成为限制动物生存的主导因子。在高纬度地区，水由于从液态变成了固态，土壤中虽然有大量的水，但是植物根系吸收不到水而成了限制主导因子，在这些地区分布的植物往往都是一些浅根系的植物，深根性的植物往往不能生存。

（3）生态因子的阶段性。植物在整个生长发育过程中对各个生态因子的需求会随着生长发育阶段的不同而有所变化，也就是说，植物对生态因子的需求具有阶段性。

最常见的例子就是温度，通常植物的生长温度不能太低，如果太低往往会对植物造成伤害，但在植物的春化阶段低温又是必需的。同样，在植物的生长期，光照长短对植物影响不大，但在有些植物的开花、休眠期间，光照长短是至关重要的。比如，在冬季低温来临之前仍维持较长的光照时间，植物就不能及时休眠而容易造成低温伤害。

（4）生态因子的直接作用和间接作用。生态因子对于植物的影响往往表现在两个方面：一是直接作用；二是间接作用。

直接作用的生态因子一般是植物生长所必需的生态因子，如光照、水分、养分元素等，它们的大小、多少、强弱都直接影响着植物的生长甚至生存。

间接作用的生态因子一般不是植物生长过程中所必需的因子，但是它们的存在间接影响着其他必需的生态因子，进而影响到了植物的生长发育，如地形因子，地形的变化间接影响着光照、水分、土壤中的养分元素等生态因子，进而影响到了植物的生长发育。

3.光因子对园林植物的生态作用

（1）光因子的生态作用。太阳辐射能是生命的主要能源，但太阳辐射的生态作用并不只限于对能量的供应，由于太阳辐射能会引发其他生态因子的变化，所以它在确定全球温度、气候和天气类型等方面有重要作用。另外，太阳辐射的信息功能也在逐渐引起人们的注意。因此，太阳辐射是大多数生命之源，也是大多数生物的生理、形态、行为及其生活史的主要决定因子。

实验表明，红光有利于糖的合成；蓝光有利于蛋白质的合成；蓝紫光与青光对植物的生长及幼芽的形成有很大的作用，能抑制植物的伸长生长而使植物形成矮粗的形态，也是支配细胞的分化最重要的光线，还影响着植物的向光性。生活在高山上的植物的茎、叶富含花青素，这是因为短波光较多的缘故，是避免紫外线伤害的一种保护性适应。另外，高山的植物茎干粗短、叶面缩小、茸毛发达也是短波光较多所致。

（2）光照强度。光照强度是指生物体被可见光照明的强度。光照强度对生物生长发育和形态都有重要影响。

①光照强度即通过植物的光合作用影响植物的生长发育。当光照强度由弱到强，植物的光合作用速度加快，表现在叶子对二氧化碳的吸收量随光照强度增加而按比例提高，但在光照强度达到一定数值后，二氧化碳吸收量趋于最大，光合作用速度开始稳定下来，此时的光照强度称为光饱和点。若光强达到光饱和点后仍继续增加，则光合作用的速度反而减慢。光合作用不断固定二氧化碳，呼吸作用又不断放出二氧化碳，当光照强度比较弱时，光合作用固定的二氧化碳恰好等于呼吸作用释放的二氧化碳，这时的光照强度称为光补偿点。光合作用速率可用固定二氧化碳的速度表示，呼吸作用速率也可用释放二氧化碳的速度表示，光补偿点即光合作用生产的有机物和呼吸作用消耗的有机物相抵消，净光合等于零，植物只是维持基本生命活动而没有生长时的光照强度。

喜光植物是指在全光照或强光下生长发育良好，在遮阴或弱光下生长发育不良的植物。阳性植物需光量一般为全日照的70%以上，在自然群落中为上层乔木，多数露天散生植物也属于该类。树种中的落叶松、杨树、柳树、槐树、马尾松、桦树、樟子松、油松、侧柏、栓皮栎、杨、柳、银杏、泡桐等，花卉中的郁金香、芍药、蒲公英等，一般草原和沙漠植物以及先叶开花植物都属于阳性植物。这类植物的光饱和点和补偿点较高，光合速率和呼吸速率也都比较高，它们多生长在旷野、路边和阳坡，其生境没有任何遮阴。喜光植物很容易识别，通常树冠枝叶稀疏，树梢散开，阳光很容易透进来，几乎所有的叶片都在阳光中暴露，生长非常快。喜光植物特别不耐阴，如果光照减少到全光照的3/4时就生长不良。因此，在引种栽培植物时，千万不要把喜光植物种到北坡或阴湿的地方。

耐阴植物是指在较弱的光照条件下比强光下生长良好的植物。阴性植物能较好地忍耐庇荫，需光量一般为全日照的5%～20%。在自然群落中常处于中下层或生长在潮湿背阴处，常见的树种有云杉、冷杉、铁杉、红豆杉等，文竹、杜鹃花、人参、三七、黄连、酢浆草、连钱草、观音座莲等草本以及花卉中的杜鹃、地锦、兰草、中华常春藤等都属于阴性植物。这类植物的光饱和点和光补偿点都较低，其光合速率和呼吸速率也比较低。与喜光植物相反，它们在弱光下才能正常生长发育，阴暗湿润、北坡、密林底下都是耐阴植物的"家"。耐阴植物也很容易识别，它们的茎细长，叶薄，细胞壁薄，机械组织不发达，但叶绿素颗粒大，叶片呈深绿色。它们都具有耐阴能力，以森林群落而言，林下仅有很微弱的阳光，可是林下的耐阴植物哪怕只有5%的光照也能顽强地生长。

中生植物是介于阳性植物与阴性植物之间的植物。一般对光的适应幅度较大，在全日照下生长良好，也能忍耐适当的庇荫，或在生育期间需要较轻度的遮阴，大多数植物属于此类，如红松、水曲柳、元宝槭、椴树、罗汉松、杉木、侧柏、榕树、香梅等，花卉中的月季、珍珠梅等。这类植物在全光照下生长较好，但能忍耐一定程度的庇荫，或是在生长发育期间，随株龄与环境不同，表现出不同程度的偏阳性或偏耐阴的特征，如红松幼苗较耐阴，20年后比较喜光。

光饱和点和光补偿点，除受植物种类影响外，还随环境条件、生理状况和株龄的变化而变化。植物的发育、花芽的形成和分化、落叶时机的选择、休眠状态的交替均受很多复杂因素的影响，但首先要有体内的养分积累，当光照不足时，同化量减少，养分不足，花芽形成减少，即使已形成的花芽也将因养分不足而发育不良或早期死亡。在开花期或幼果期如光照不足，还将引起果实发育不良，甚至落果。

植物对太阳辐射的适应能力常用耐阴性来表示。因此，阳性植物的耐阴性最差，阴性植物的耐阴性强。我国北方地区常见树种的耐阴性由弱到强的次序大致为落叶松、柳、山杨、白桦、刺槐、臭椿、枣、油松、栓皮栎、白蜡树、辽东栎、红桦、白榆、水曲柳、华山松、侧柏、椴树、青杆等。

一般来说，阳性植物生长发育快，开花结实相对较早，寿命也较短，阴性植物正好与此相反。从植物的生境看，阳性植物一般耐干旱瘠薄，抗高温、抗病虫害能力较强；而阴性植物则需要比较湿润、肥沃的土壤条件，抗高温、抗病虫害能力较弱。

植物的耐阴性一般相对固定，但外界因素如年龄、气候、纬度、土壤等条件的变化，会使植物的耐阴性发生些微的变化，如幼苗、幼树的耐阴性一般高于成年树木，随着年龄的增加，耐阴性有所降低；湿润温暖的条件下的植物耐阴性较强，而干旱寒冷环境中的植物则趋向于喜光；在土壤肥沃的环境下生长的植物耐阴性强，而长于瘠薄土壤的植物则趋向喜光。

② 太阳辐射强度对园林植物生长发育的影响。太阳辐射是植物进行光合作用的能量来源，而光合作用合成的有机质是植物生长发育的物质基础，因此，太阳辐射能促进细胞的增大与分化，影响细胞分裂和伸长；植物体积的增大、重量的增加都与太阳辐射强度有紧密的联系，太阳辐射还能促进植物组织和器官的分化，制约器官的生长发育速度，植物体内各器官和组织保持发育上的正常比例与太阳辐射强度直接相关。

太阳辐射对种子发芽有一定影响。植物种子的发芽对太阳辐射强度的要求各不相同，有的种子需要在光照条件下才能发芽，如桦树；有的植物需要在遮阴的条件下才能发芽，如百合科的植物。

太阳辐射影响植物茎干和根系的生长。控制植物生长的生长素对光是很敏感的，在强光照下，大部分现成的激素被破坏，因此在高光强下，幼苗根部的生物量增加，甚至可以超过茎部生物量的增加速度，表现为节间变短、茎变粗、根系发达，很多高山植物节间强烈缩短成矮态或莲座状便是很好的例证。而在较弱的光照条件下，激素未被破坏，净生物量多用于茎的高生长，表现为幼茎的节间充分延伸，形成细而长的茎干，而根系发育相对较弱。同种同龄树种，在植物群落中生长的植株由于光照较弱，因而茎干细长而均匀，根量稀少，而散生的植株由于光照充足，茎干相对较矮且尖削度大，根系生物量较大。大多数树种在水分和温度适宜的情况下，可进行全光育苗，以获得高质量苗木。

太阳辐射影响植物的开花和品质。光照充足能促进植物的光合作用，使植物积累更多的营养物质，有助于植物开花。同时，由于植物长期对光照强弱的适应不同，开花时间也因光照强弱而发生变化，有的要在光照强时开花，如郁金香、酢浆草等，有的需要在光照弱时才能开花，如牵牛花、月见草和紫茉莉等。在自然状况下，植物的花期是相对固定的，如果人为地调节光照，改变植物的受光时间，则可控制花期，以满足人们造景的需要。太阳辐射的强弱还会影响植物茎叶及开花的颜色，冬季在室内生长的植物的茎叶皆是鲜嫩淡绿色，春季移至直射光下，茎叶产生紫红或棕色色素。

③ 光照强度对植物形态的影响。植物在暗处生长，由于不能生成叶绿素，就会产生黄化现象，表现为叶子不发达、形体小，侧枝不发育，机械组织分化差等特征，黄化植物经阳光照射后，可恢复正常形态。处于不同光照条件下的叶子会产生适应变态，如阳生叶和阴生叶。强光对植物胚轴的延伸有抑制作用，并能促进组织分化和木质部的发育，使苗木幼茎粗壮低矮，节间较短，还能促进苗木的根系生长，形成较大的根茎比率。利用强光对植物茎生长的抑制作用，可培育出矮化的更具有观赏价值的园林植物个体。林缘树木由于各方向所受光照强度不同，会使树冠向强光方向生长旺盛，向弱光方向生长不良，形成明显的偏冠现象。城市的行道树也会因受光不均，产生偏冠现象。

（3）光周期

在不同的地区，日照时间长短随季节的更替而产生周期性的变化，这种周期性的变化称为光周期。生长在不同地方的生物通过进化已适应了日照时间长短的这种变化，称为光周期现象或植物的光周期性。

植物的光周期反应主要表现在诱导花芽的形成和开始休眠。根据植物对日照时间长短的反应，可将植物分成四类。

① 长日照植物。长日照植物在生长过程中需要发育的某一阶段每天有较长的光照时数，即日照必须大于某一时数（这个时间称为临界光期，通常为 14 小时）才能形成花芽，日照时间越长，开花时间越早。这类植物的原产地在长日照地区，即北半球高纬度地带。例如，北方体系植物中的小麦、大麦、天竺葵、唐菖蒲、紫茉莉、甜菜等都属于长日照植物。它们的开花期通常是在全年光照最长的季节里，如果人工施光，延长光照时间，就可使其提前开花，如果光照时数不足，植物停留在营养生长阶段，则不开花。

② 短日照植物。与长日照植物相反，要求光照短于临界光期（通常需 14 小时以上黑暗）才能开花的植物称为短日照植物。暗期越长，开花越早，这种植物在长日照下是不会开花的，只能进行营养生长。我国南方体系的植物，如一品红、菊花、麻、烟草、蟹爪兰等，均属于短日照植物，它们多在深秋或早春开花，人工缩短日照时数，则可提前开花。

③ 中日照植物。这类植物要求日照与黑暗各半的日照时间才能开花。甘蔗是具有代表性

的中日照植物，要求每天 12.5 小时的日照，否则不能开花。

④ 日照中性植物。对光照时间长短不敏感，只要温度、湿度等生长条件适宜，就能开花的植物。如月季、仙客来、蒲公英、大丽花、紫薇等，这类植物受日照长短的影响较小。

研究证明，在光周期现象中，对植物开花起决定作用的是暗期的长短，也就是说，短日照植物必须超过某一临界暗期才能形成花芽，长日照植物必须短于某一临界暗期才能开花。如果在暗期中间给予植物短暂的光照，即使光期总长度短于临界日长，由于临界期遭到中断，也使花芽分化被抑制，因此短日照植物不开花，而同样情况却可促使长日照植物开花。光周期不仅对植物的开花有影响，对植物的营养生长和休眠也有明显的作用。一般来说，延长日照能使植物生长期延长，缩短日照则使其生长减缓，促进芽的休眠。了解植物的光周期现象对植物的引种驯化工作非常重要，引种前必须特别注意植物开花对光周期的需要。园艺工作中也常利用光周期现象人为控制开花时间，以满足观赏需要。

①光周期对植物开花的影响。Garner 和 AUard 于 1920 年最早提出光周期现象，他们认为日照长度对植物从营养生长期到花原基形成这段时间的长短往往有决定性的影响。事实上，对诱发花原基形成起决定作用的是暗期的长短，因为有试验证明，用短暂暗期打断光期，并不影响光周期诱导的结果。闪光试验进一步证明了暗期的重要性：在暗期给予植物短暂的光照（用闪光打断），即使光期总长度短于其临界日长，短日照植物也不开花，引起临界暗期的间断致使花芽分化受到抑制；同样情况却可以促进长日照植物开花。由此可见，在光周期诱导中暗期比光期更重要。但光期过短也会影响花芽分化，如短日照植物在日照短于 2 小时就不开花。而有事实证明，在连续光照条件下，长日照植物不但开花，而且可以提前开花。

生产实践中对植物进行光周期诱导要视不同植物分别对待，有的诱导时间可能很短，一到几次不太强的闪光就能完成，有的可能需要较长时间才能完成。研究表明，波长在 640 ~ 660 纳米的红光对中断黑夜所起的诱导作用最有效，用它进行光间断处理，能明显抑制短日照植物的花芽形成，而促进长日照植物的花芽形成。

值得注意的是，植物的开花不仅受日照长短的影响，还受其他生态因子的影响，如温度、水分等，生产实践中在人为控制光照时间长短的同时，还要协调其他生态因子，才能真正达到控制植物花期的目的。

②光周期对植物休眠的影响。光周期对植物的休眠有重要影响。一般短日照促进植物休眠，而长日照打破或抑制植物休眠。北方深秋落叶多与短日照诱导有关，短日照诱导使植物停止生长，进入休眠，有效地适应冬季即将到来的低温影响。如果在植物自然休眠期到来前进行短日照诱导，可促进植物及早休眠。但不同植物所需的诱导时间有所不同，如美国鹅掌楸每天 8 小时的短日照诱导，10 小时就能进入休眠；而锦带每天 12 小时的短日照诱导，2 周后方可休眠，落叶松、刺槐、柳、槭等对短日照也有类似的反应。同样，如果在自然休眠前进行长日照诱导，则植物可保持生长状态而不进入休眠。

有些植物对短日照反应比较迟钝，如苹果树、李树、月桂树等；还有的树木只有在长日照下才能引起休眠，如夏休眠的常绿植物和原产于夏季干旱地区的多年生草本花卉（水仙、百合、仙客来、郁金香），都是夏季的长日照促其休眠。

长日照诱导是解除植物休眠的常用方法之一，只要不是处在深休眠阶段，利用长日照诱导并配合适宜的温度便可解除植物的休眠。当然，对于夏休眠的植物应用短日照诱导予以解除。植物的休眠与光敏色素有关。休眠芽的形成受暗期中断的影响，红光促进生长而抑制休眠，远红光则抵消红光的效应，抑制生长而促进休眠。

③ 光周期对植物其他方面的影响。光周期影响植物的生长。短日照植物置于长日照下，常常长得高大；而把长日照植物置于短日照下，则节间缩短，甚至呈莲座状，如北美黄杉为长日照植物，在光照 12 小时后处于停止生长状态，如果在另外 12 小时的黑夜中增加 1 小时的光照，则其与光照 20 小时的植物生长非常接近。

光周期对植物的花色性别也有影响。比如，苎麻在温州生长是雌雄同株，在 14 小时的长日照下则是仅形成雄花，而在 8 小时的短日照下则形成雌花。又如，瓜类中的南瓜、黄瓜在长日照下雄花居多，短日照下雌花居多。

光周期对有些植物的地下贮藏器官的形成和发育有影响，如短日照植物菊芋，在长日照下仅形成地下茎，但并不加粗；而在短日照下，则形成肥大的块茎。二年生植物白香草木樨，在进入第二年生长以前，由于短日照影响，能形成肉质的贮藏根，但如果给予连续的长日照处理，则不能形成肥大的肉质根。

4. 温度因子对园林植物的生态作用

温度是一个无时无处不对生物起作用的重要的生态因子，它直接影响生物的新陈代谢、生长发育、繁殖、行为和分布等，而且还通过影响其他环境因子，如湿度、土壤肥力和空气流动，而对生物产生间接作用。

温度对植物具有重要作用。植物的一系列生理过程都必须在一定的温度条件下才能进行。在适宜的温度范围内，植物能正常生长发育并完成其生活史，温度过高或过低，都会对植物产生不利影响甚至致其死亡。因此，温度是植物生长发育和分布的限制因子之一。温度对植物的影响还表现在温度的变化能影响环境中其他因子的变化，从而间接地影响植物的生长发育。

植物各项生理活动都有一定的温度范围，通常用温度三基点即最低温度、最适温度和最高温度来说明其关系。最低温度是指某一生理过程开始时的温度；最适温度是指该生理过程最旺盛时的温度；最高温度是指某一生理过程停止时的温度。低于最低温度或高于最高温度都会引起植物生理活动中止；从最低温度开始到最适温度，生理活动强度逐渐加强；最适温度之后生理活动强度又逐渐减弱；直至最高温度时，生理活动停止。不同的生理活动的温度三基点不同，呼吸作用的温度范围要比光合作用的幅度大，最适温度也比光合作用高。

植物的生长也有温度三基点，一般陆生植物在 -5 ~ 55℃能维持生命，但只有在 5 ~ 40℃才能正常生长，在 0 ~ 30℃的温度范围内，随温度的增加，生长加快，如橡胶苗，在月平均温度 20℃以下时，茎生长缓慢，28 ~ 29℃时生长最快，31℃稍有下降。在一定温度范围内，温度上升，细胞膜透性增大，植物生长所必需的水分、二氧化碳、养分吸收增多，酶活性增强，促进了细胞分裂、伸长，故能促进植物生长。温度是影响生产力的主要因素之一，怀梯克认为，沿温度梯度，生产力从热带向北极降低，但不是直线关系。

植物的种子只有在一定温度下才能萌发，温带树木的种子在 0 ~ 5℃开始萌发，大多数萌发的最适温度为 25 ~ 30℃，最高温度为 35 ~ 40℃，如油松、侧柏、刺槐的种子发芽最适温度为 23 ~ 25℃。

温度对发育的影响主要反映在有效积温法则上。有效积温法则是指在生物的生长发育过程中，必须从环境中摄取一定的热量才能完成某一阶段的发育，而且各个阶段所需要的总热量是一个常数，可用公式 $K=N(T-T_0)$ 表示。其中：K 为该生物发育所需要的有效积温，它是一个常数；T 为当地该时期的平均温度；T_0 为该生物生长发育所需的最低温度（生物学零度）；N 为生长发育所经历的时间（天）。例如，某温带树种生长发育的起始温度为 5℃，当日平均温度达到 5℃到开始开花共需 30 天，这段时期内的日平均温度为 15℃。将数据代入公式可计算出，该树种开始开花所需的有效积温是 300℃。不同的植物在整个生长发育期内，要求的温度总量不同，如柑橘需要有效积温 4 000 ~ 5 000℃，椰子需要 5 000℃以上，杉木需要 2 558℃，根据各植物生长期内需要的积温量和当地的温度条件，可指导引种育种。

温度因子对植物在地球上的分布起决定性的作用。年平均温度达到 24 ~ 30℃，最冷月份平均温度在 18℃以上，属于热带雨林气候，这里分布着橡胶、可可、椰子等热带植物；冬季温暖、夏季炎热，最冷月平均在 2℃以上，属于亚热带气候，这里是柑橘、马尾松、楠木、毛竹的故乡；最冷月平均气温在 −20℃以下，最热月平均气温 20 ~ 25℃，属于温带季风气候，这里分布着落叶阔叶树，是桃、李、梨、苹果的故乡；7 月平均温度在 10 ~ 12℃，年平均温度在 0℃左右，属于寒温带，这里的地带性植被是红松阔叶混交林；最热月平均温度不超过 12℃，但高于 0℃，属于寒带苔原气候，这里生物稀少，只有一些地衣和散生灌木。

温度对动物的分布也有一定限制作用，若一个地区有效积温少于昆虫发育所需积温，则不能完成其生活史，如玉米螟不能迁飞到一年中 15℃以上天数少于 70 天的地方；苹果蚜的北界是 1 月温度 3 ~ 4℃以上的地区。

植物在长期进化的过程中，适应温度的季节性和昼夜变化，而形成相适应的生长发育、行为方式等周期性变化节律，称为物候。在自然界，温度随昼夜和季节而发生有规律的变化称为节律性变温。生物由于长期适应这种温度的周期性变化，使这种节律性变温成为一些生物生长发育所不可缺少的特性。较低的夜温和适宜的昼温，对植物种子发芽、生长发育和产品质量都有利。

（1）变温能提高种子发芽率。对于一些发芽比较困难的种子如果给予昼夜有较大温差的变温处理后，则可以大大提高种子的发芽率。例如，百部的种子在恒温条件下，浸种 14 ~ 30 小时只有个别种子发芽；而同样是浸种 14 ~ 30 小时，在变温 19 ~ 22℃的条件下，发芽率则是 68.5%。

变温能提高种子的发芽率，主要是由于降温后可增大氧在细胞中的溶解度，改善萌发的通气条件，同时，温度的交替变化也能提高细胞膜的透性，促进种子的萌发。

（2）变温能促进植物生长发育。昼夜变温对植物生长有明显的促进作用。实验表明，在不同昼夜温度组合下培育火炬树苗，在一定温度范围内发现昼夜温差最大时生长最好，恒温时生长最差。

昼夜温差大对植物生长有利，是因为白天温度高有利于植物光合作用，光合作用合成的有机物多，夜间适当低温使呼吸作用减弱，消耗的有机物减少，使得植物净积累的有机物增多。光合作用净积累的有机物越多，对花芽形成越有利，开花就越多。

（3）变温对园林植物开花结实的影响。变温有利于园林植物的开花结实，一般温差大，开花结实相应增多。有些花卉在开花前需要一定时间的低温刺激，才具有开花的潜力，如金盏菊、雏菊、金鱼草等，这种经过低温处理促使植物开花的作用称为春化作用（vernalization）。有些花卉经春化作用不仅会提早花芽分化，而且每一花序着生的花朵数往往增多。此外，植物花粉母细胞减数分裂期和孕蕾开花期更需要变温。变温在促进生长、开花的同时，也同样促进结实。

（4）变温能改善植物产品品质。昼夜温差大，有利于提高植物产品品质，如吐鲁番盆地在葡萄成熟季节，昼夜温差在10℃以上，所以葡萄果实含糖量高达22%以上；而烟台地区受海洋气候影响，昼夜温差小，葡萄果实含糖量在18%左右。

动物也有类似的温周期反应。蝗虫卵和蛹在变化的温度中，比恒温条件下发育快，分别加快38%和12%；苹小卷叶蛾幼虫和蛹的发育，在昼夜变温条件下可加速7%～8%。

温度是园林植物生长发育的重要生态因子，在实践中，如何调控温度，使其适于园林植物的生长发育，是最大限度地发挥园林植物作用的重要基础。

温度调控与引种。引种（introduction）是园林中重要的植物来源，不仅可以增加园林植物的种类多样性，满足人们对各种植物种类的需求，而且对于北方城市来讲，还能改善冬季缺绿的园林景观，减轻重工业城市冬季的大气污染等。

引种会受到很多因素的限制，而气候相似性则是引种成功的决定因素。气候相似性包括温度、光照、水分、湿度等因素，其中对引种限制最明显的当数温度因子。因此，在温度相似的区域引种的成功率最大。同时，植物种从高温区向低温区引种比从低温区向高温区引种要困难，因为高温区向低温区引种会遇到低温伤害的困扰，或面临越冬的困难，当然低温区向高温区引种也要面临植物生长质量差的现实。

对于一些引种跨度较大，一次引种难以成功的植物可采取"三级跳"的引种方法，即在引种区和被引种区的中间寻求一个或几个过渡地带，先将引种的植物引种到过渡区，使其逐渐适应后，再逐步引种到目的区域。

引种植物体本身经过一定的锻炼适应后，可以逐渐适应新的环境保持正常的生长状态，但应看到引种植物往往要比乡土植物具有相对较弱的抗性，要精心管理以保证其正常成长。同时还应看到，植物对新环境的适应性具有潜在的范围，植物的引种驯化是将这种潜在的适应性充分发挥的结果，如果超出这个范围，引种必然失败。因此，引种要有一种理性的态度，不能盲目地对任何喜欢的植物种类进行引种。

温度调控与种子的萌发及休眠。种子发芽需要一定的温度，因为种子内部营养物质的分解与转化，都要在一定的温度范围内进行。温度过低或过高会造成种子伤害，甚至致死，大部分种子萌发的适温是 15 ~ 22℃。一般来讲，播种时，土壤的温度最好保持相对稳定，变化幅度不宜太大，但一些仙人掌类植物则适宜用大温差育苗。

种子的温度处理可以促使种子早发芽，出苗整齐。由于各种园林植物种子大小、种皮的厚薄、本身的性状不同，应采用不同的处理方法区别对待。

冷温水处理比较容易发芽的种子，可加快出苗速度。比较容易发芽的种子，可直接进行播种，但如果用冷水、温水处理，则会促进种子的萌发。例如，万寿菊、羽叶茑萝、一些仙人掌类种子，可用冷水（0 ~ 30℃）浸种 12 ~ 24 小时，温水（30 ~ 40℃）浸种 6 ~ 12 小时，以缩短种子膨胀时间，加快出苗速度。

变温处理出苗比较缓慢的种子，可加快出苗速度，提高苗木的整齐度。珊瑚豆、文竹、君子兰、金银花等，在播种前应进行催芽。催芽前先用温水浸种，待种子膨胀后，平摊在纱布上，然后盖上湿纱布，放入恒温箱内，保持 25 ~ 30℃的温度，每天用温水连同纱布冲洗一次，待种子萌动后立即播种。

温度调控与园林植物的开花。温度对园林植物的生长发育尤其是开花有着极为重要的影响。有的花卉在低温下不开花，有的则要经过一个低温阶段（春化作用）才能开花，否则处于休眠状态，不开花。所以，应根据不同植物的开花习性，采取相应措施以促进或延迟园林植物的开花期。

升高温度能促进部分园林植物开花。一些多年生花卉如在入冬前放入高温或中温温室培养，一般都能提前开花，如月季、茉莉、米兰、瓜叶菊、旱金莲、大岩桐等常采用这种方法催花；正在休眠越冬但花芽已形成的花卉，如牡丹、杜鹃、丁香、海棠、迎春、碧桃等一些春季开花的木本花卉，经霜雪后，移入室内，逐渐加温打破休眠，温度保持在 20 ~ 35℃，并经常喷雾，就能提前开花，可将花期提前到春节前后；其他还有非洲菊、大丽花、美人蕉、象牙红、文殊兰等，都可用加温方法来延长花期。

降低温度，延长休眠期，可推迟园林植物开花的时间。一些春季开花的较耐寒、耐阴的晚花品种花卉，春暖前将其移入 5℃的冷室，减少水分的供应，可推迟开花。在冷室中存放时间的长短，要根据预定的开花时间和花卉习性来定。一般需提前 30 天以上移到室外，出室后注意避风、遮阴，逐渐增加光照。同时，防暑降温也可使不耐高温的花卉在夏季开花。大部分花卉盛夏进入缓慢生长发育阶段，处于休眠、半休眠状态，因此多不开花，为此可从气温上改变，以使其夏季开花。

对于植物开花，温度只是其中的一个方面，仅有部分花卉通过单纯的调温处理可提前或延后开花。大部分花卉，要采取综合措施才能调整花期。如对一些含苞待放或开始进入初花期的花卉可采用较低的温度、微弱的光照、减少水分等来延迟开花，这在菊花、月季、水仙、八仙花、天竺葵等花卉上应用较为广泛，也可结合花卉的各种栽培措施，利用各种花卉不同时期播种、扦插、修剪、控水等措施来控制花期，如 1 ～ 2 年生草花分期播种，就可做到四季开花。

温度调控与贮藏。低温贮藏是园林实践中常用的一种方法，主要用于待售花卉等的保鲜；使种子在贮藏期不萌发但保持萌发力，又可提高种子播种后的发芽率，如百合、银杏等种子，可与湿沙混合堆放，温度保持在 1 ～ 10℃进行低温贮藏，保持苗木活力。在秋天起苗后，一般在排水良好的地段挖窖，然后在窖内放一层苗木，铺一层细沙，窖温保持在 3℃左右进行贮藏，秋季采下接穗后，打成捆直接放入温度在 –5 ～ 0℃的窖中，这样可使接穗生活力保持 8 个月，从而确保嫁接成功。

（1）低温贮藏的机制。

① 低温减缓呼吸作用。植物的呼吸作用消耗有机物。当周围温度上升时，呼吸速率提高，加速植株的衰老，如观赏植物在 30℃时，其呼吸速率是 0℃时的 145 倍。鲜花在冷环境中，代谢过程显著减缓，可延迟衰老。快速冷却及适合的冷环境可延长观赏期。通常大多数切花贮藏的温度为 0℃时，每天花的衰败率很小，而在 30℃时，只能贮藏 3 ～ 4 天。

② 低温减少水分损失。温度低，植物的蒸腾作用慢，因而可减少水分损失，植株不易萎蔫，利于园林植物的保鲜。

③ 低温减少疾病传播。低温抑制了微生物的活动，可减少疾病的传播。

④ 低温抑制不利的生长。植株采收后仍有生命活动，低温抑制了不利的生长活动，保持植株采收时状态。

⑤ 低温抑制乙烯的产生。低温下乙烯的产生受抑制，从而延缓衰老，同时还可避免切花变色、变形。

（2）低温贮藏的程序。虽然低温贮藏有如上优点，但一定要控制好低温的温度，以免使植株接近其冷冻点而产生冻害及冷害。大多数花的最佳贮藏温度为 0 ～ 5℃，而热带花的最佳贮藏温度为 8 ～ 12℃。

① 低温贮藏首先要经过一定的预冷处理，逐步达到冷藏保鲜等效果。预冷是为了在运输或贮藏前快速去除田间热。对高度易腐的作物，如切花，预冷是必要的。温度越高，衰败发生越迅速，植物在低温下蒸腾速率较慢，因此，进行包装、贮运前的预冷，除去田间热和呼吸热，可大大减少运输中的腐烂、萎蔫。产品在收获后越快地放入理想的贮藏温度环境中，它的保存期就越长。

预冷的方法有很多，最简单的是在田边设立冷室，冷室内不包装花枝也不封闭包装箱，使花枝散热，直到理想的温度。预冷的温度为 0 ～ 1℃，相对湿度 95% ～ 98%。预冷的时间随花的种类、箱的大小和采用预冷的方法不同而不同，预冷后，花枝应始终保持在冷凉处，使花保持恒定的低温。生产上的预冷方法还有水冷（让冰水流过包装箱而直接吸收产品的热，达到冷却的目的。最好在水中加入杀菌剂）和气冷（让冷气通过未封盖的包装箱以降低温度，预冷后再封盖）。

② 放入冷藏地点预冷处理后，然后将其放入冷藏室或装入冷藏车。如果是就地贮藏，可

用"房间制冷"以达到冷藏效果。"房间制冷"是简单、有效、普遍使用的制冷方法，原理是释放冷空气进入房间，通常是水平进入天花板下方。冷空气通过在地板上需制冷的产品。这种方法普遍适用，有如下优点：一是在同一地方产品制冷、贮藏，可减少操作过程；二是制冷设计、操作简单，且制冷系统在贮藏高峰时，能较快制冷。为了获得最好的制冷效果，必须遵循下列原则：必须要有足够的制冷空气容量以确保房间各处处于低温环境；必须要有足够的空气快速穿过及围绕被制冷的容器；容器堆放设计要保证有足够的空气在其中流动。空气流动适度，通风良好的容器制冷速度比封闭容器快 2 倍。

（3）影响低温贮藏效果的因素。

① 贮藏温度。据观察，在相对湿度 85% ~ 90%、贮藏温度为 0℃时，菊花切花可保鲜 30天，2℃保鲜 14 天，20 ~ 25℃保鲜 7 天。各种花卉的贮藏温度不同。一般来说，起源于温带的花卉低温贮藏的适宜温度为 0 ~ 1℃，起源于热带及亚热带的花卉适宜的冷藏温度分别为7 ~ 15℃和 4 ~ 7℃，适宜的湿度为 90% ~ 95%。

② 贮运方式。在贮运过程中，花卉的生命活动和衰老尚未停止，致使花卉在贮运过程中发生变化。新鲜园林植物的运输方法包括铁路、卡车、飞机和船运及几种运输方法共用，船运时应尽可能避免将几种产品混运。运输时应尽可能保持植物处于稳定的冷环境，使植物在采收后始终处于"冷链"环境。同时应注意通风，保持空气循环。

③ 运输期的长短。不同植物品种对运输期的长短有不同的要求。一般来说，开花植物在黑暗中放置几天，就会丧失其品质，比观叶植物对长期运输的耐性更小，因此不适于远程运输。

④ 防冻防寒。冬季，多数盆栽花卉进室内，管理时要注意对其温度等环境条件的满足。花卉的生长习性不同，对温度要求也不同，一般根据对温度的要求可将其分为四种：冷室花卉，如棕竹、蒲葵等，冬季在 1 ~ 5℃的室内可越冬，低温温室花卉，如瓜叶菊、海棠等，最低温度在 5 ~ 8℃才能越冬；中温温室花卉，如仙客来、倒挂金钟等，最低温度 8 ~ 15℃才能越冬；高温温室花卉，如气生兰、变叶木等，最低温度在 15 ~ 25℃才能越冬。因此，对不同的花卉类型，采取不同的温度配置，使其安全越冬。

北方地区冬季温度较低，室外园林植物要采取行之有效的防寒措施以防止各种低温带来的伤害。由于低温下的强烈太阳辐射，树干的受光面和背光面接受辐射不同而引起的冻裂现象，可用石灰水加盐或石硫合剂将树干涂白；已遭受冻害的树干或枝条，可用稻草或草绳将其包扎起来，一些小灌木或比较柔软的大灌木，可将其枝条推倒并覆土以保证越冬。树木的根系没有休眠期，容易遭受低温伤害而表现出树皮与形成层变成褐色、腐烂或脱落，特别是冻土层较深地区易遭受冻害的植物种类，可在封冻前浇一次透水，然后在根茎处用松土堆40 ~ 50 厘米，拍实；比较矮的幼苗，可采取覆土、盖草帘子或覆膜等方式处理以免遭冻害。

5. 水因子对园林植物的生态作用

水是生命存在的先决条件，生命起源于水体环境，生物的一切代谢活动都必须以水为介质。水是光合作用的原料，生物体内的营养运输、废物排出、生理生化反应等过程都是在水溶液中进行的；水能维持细胞和组织的膨胀状态，使生物各器官保持一定的形状和功能；水对陆生生物的热量调节和能量代谢具有重要意义，蒸发散热是所有陆生生物降低体温的重要手段。

6. 大气因子对园林植物的生态作用

（1）氮。氮是生物体生命活动不可缺少的成分，它不仅是蛋白质的主要成分，也是叶绿素、核酸、酶、激素等许多代谢有机物的组成成分，它是生命的物质基础。大气中氮的含量最多，生物体中的氮主要来源于大气，但大气中的氮却不能被大部分生物直接利用，只有少数有根瘤的植物可利用根瘤固定大气中的游离氮。生物与大气中氮的关系，就像人在大海中，周围都是水，但却不能喝。

植物主要靠根系从土壤中吸收氮，土壤中氮素主要来自土壤有机物质的转化和分解；其次是生物固氮，土壤中的固氮微生物把空气中的氮转化为含氮化合物的过程，称生物固氮，生物固氮可补充一定数量的无机氮化合物，供植物吸收。据摩尔估计，每年自生固氮菌的固氮量为 20 ~ 100 千克 / 公顷，豆科植物共生固氮量为 50 ~ 280 千克 / 公顷，园林植物中的罗汉松等能固氮。空中闪电时，高温高压能将大气中的氮转化为氨，随雨水进入土壤，但数量很少，每年只有 5 千克 / 公顷，不足植物需氮量的 1/10。虽然土壤中氮的来源很多，但土壤中氮素往往不足，当氮素缺乏时植物生长不良甚至叶黄枝死，所以在生产中人们还常常通过施氮肥补充土壤中的氮。在一定范围内增加土壤氮素，能明显促进植物生长。

（2）氧。氧是生物呼吸作用所必需的。植物光合作用释放出氧气，呼吸作用则要消耗氧，但植物白天光合作用放出的氧要比呼吸作用所消耗的氧气大 20 倍。因此，大气中的氧气主要来源于植物的光合作用，少量的氧来源于大气层中的光解作用，即在紫外线照射下，大气中的水分子分解成氧气和氢气。

有研究表明，大气中氧浓度降低，有些植物光合作用会增强，如豆科植物叶子周围的氧气降低 5% 时，光合速率可增加 50%。氧气对陆地动物影响很大，在 1 000 米以下的大气层中的氧完全能满足动物呼吸需要，随着海拔的升高，空气越来越稀薄，动物种类减少。在高山缺氧条件下生活的动物都有特殊的适应能力，如血液中所含的红细胞的数目和血红蛋白数量较多。

在土壤中，由于土壤含水量过高或土壤结构不良等原因，往往会导致植物根系缺氧，甚至死亡。例如，城市土壤往往由于过于板结，通气不良，影响园林植物的生长；土壤中氧气不足还对需氧微生物起限制作用，有机物分解速率下降，影响植物生长；氧是种子萌发的必需条件，氧气不足时种子内部呼吸作用缓慢，休眠期延长，当种子深埋在土下时，往往会因缺氧使萌发受阻。

水中的溶解氧往往是水生动物的限制因子，水中含有充足的溶解氧是保证鱼类生长、繁殖的必要条件。只有极少数的鱼类（如鳝鱼、泥鳅等）可利用空气中的氧，大部分鱼类只能用鳃呼吸水中的溶解氧维持生命。当有机物污染水体时，水中溶解氧就会减少，溶解氧减少至 1 毫升 / 升时，大部分鱼类就会窒息而死。

（3）二氧化碳

二氧化碳是植物光合作用的原料，并且对维持地球表面温度的相对稳定有极为重要的作用。二氧化碳来源于矿物（如煤、石油）燃烧、生物呼吸作用及死亡有机物的分解。地球上的生物和环境之间不断地进行着二氧化碳交换，大气中的二氧化碳因时间和空间不同而稍有变化，一般是冬季比夏季多，夜间比白天多，阴天比晴天多，室内比室外多，城市比农村多。目前，空气中二氧化碳的含量平均约为 0.036%，并且有不断上升的趋势。

植物光合作用对二氧化碳的需要和对光的需要一样，也有一个补偿点和饱和点。在一定条件下，当二氧化碳浓度降到一定程度时，植物净光合率等于零，这时的二氧化碳浓度称作二氧化碳补偿点；光合作用随着二氧化碳浓度的增加而加快，当二氧化碳浓度不再增加，这时的二氧化碳浓度称作二氧化碳饱和点。不同植物二氧化碳的补偿点和饱和点不同，在实验室的条件下，二氧化碳浓度增大 5 ~ 8 倍时，光合强度达到最高峰。欧洲山毛榉、云杉、赤松等由于二氧化碳浓度过大，迫使气孔关闭，光合强度开始下降，但银杏光合强度仍较高。与二氧化碳浓度的光合饱和点相比，大气中的二氧化碳浓度很低，因此大气中的二氧化碳浓度是限制植物生产力的因素之一，在生产上可通过二氧化碳施肥来提高植物的生产力。例如，用干冰、工业废气、废液和液化石油燃烧等增加二氧化碳浓度。由于空气中二氧化碳含量和变化都较小，一般对动物直接影响不大，但通过植物的变化会间接影响动物的食物量和质量，进而影响动物的生长发育。

（4）风的生态作用

空气的水平流动形成风，风不是生物生活必需的因子，但对生物的生长、发育、繁殖和形态都有一定的影响。

风对植物蒸腾作用影响非常显著，风速为每秒钟 0.2 ~ 0.3 米时，能使蒸腾作用增加 3 倍，当风速过大时，蒸腾作用过大，植物根系吸收不到足够的水分，叶片气孔便会关闭，抑制光合作用。微风能把叶片表面二氧化碳浓度小的空气吹走，带来含二氧化碳多的空气，有利于植物光合作用，因此适当速度的风能促进植物生长。有研究表明，温室中植物长得细弱与缺乏风引起的机械运动有关。多风的环境会引起植物叶面积减小，节间缩短，变得低矮、平展，如生长在高海拔地区的树木往往低矮弯曲，这是常年遭受大风造成的。盛行一个方向的强风常形成"旗形树"，这是因为树木向风面的芽受风作用常干枯死亡，背风面的芽成活较多，枝条生长较好，如黄山迎客松。大风还常常对植物造成机械损伤，表现为风倒、风折，吹落枝叶、花果。风对植物繁殖的影响主要体现在"风播"和"风媒"上，有许多植物主要靠风来传播花粉，称为"风媒"，如松科植物。还有许多植物靠风把它们的种子传播到远方，称为"风播"，如菊科、杨柳科、榆属、槭属等，它们都有适合空中长途旅行的构造，如冠毛、翅翼等。

8.土壤因子对园林植物的生态作用

土壤是指能够生产植物收获物的地球陆地疏松表层。它是由土壤水分、土壤养分、土壤空气及温度等单项因子组成的复合环境因子。土壤作为一种重要的环境因子，对所有生物都产生很大的影响。

土壤是陆地生物生活的基底。它除了对植物起支持固定作用外，更重要的是为植物生长发育提供必需的生活条件（水、肥、气、热）。植物根系与土壤之间有巨大的接触面，植物和土壤之间发生着频繁的物质交换，彼此有着强烈的影响，因此通过控制土壤等因素可影响植物的生长发育。

土壤是生态系统中物质与能量交换的重要场所。生态系统中许多重要过程都是在土壤中进行的，特别是分解作用、硝化作用和固氮过程，这三个过程缺少任何一种，整个生物圈将不复存在。

土壤结构是土壤颗粒排列状况，如团粒状、片状、柱状、块状、核状等。团粒结构是林木生长最好的土壤结构形态，它使土壤水分、空气和养分关系协调，改善土壤理化性质，是土壤肥力的基础。林地死地被物形成的腐殖质可与矿物颗粒互相黏结成团聚颗粒，能促进良好土壤结构的形成。

土壤水分影响土壤养分的溶解、迁移和吸收。可溶性盐只有溶于水形成离子，才能有效地被植物吸收。远离根毛的养分会随着水的流动迁移到根毛附近。土壤水分不足，不能满足植物代谢需要，会产生旱灾。土壤水分过多会使营养物质流失，并引起嫌气性微生物缺氧分解，产生大量还原物质和有机酸，对植物根系生长不利。土壤水分适宜，有利于各种营养物质的溶解、移动及有效程度的提高，并调节土壤温度，有利于微生物分解。

土壤空气的成分与大气基本相同，但所含各种气体的数量不同，一般氧气含量为 10% ~ 12%，低于大气，二氧化碳含量为 0.1%，高于大气，土壤空气的量和成分不稳定，因季节、昼夜、深度等因素而变化。土壤结构决定土壤的通气性，土壤水分和空气同时存在于土壤孔隙中，水多则气少，水少则气多，只有土壤结构良好，水气协调，才有利于植物生长。土壤温度影响种子的萌发、根的吸收、呼吸、生长，影响微生物和动物的活动强度。较高的土温有利于土壤微生物的活动和有机物分解，促进植物生长。

土壤的化学性质主要包括土壤酸碱度、土壤有机质含量和土壤中的矿物质元素。

土壤酸碱度：土壤受母岩、降水、地形、植被等影响，有酸、碱和中性反应（用 pH 值表示）。湿润地区多数森林土壤呈弱酸到中性反应，沼泽土酸性较强，干旱地区的盐碱土则为碱性。为确切表示 pH 值与林木生长的关系，需要测定整个土壤剖面不同层次尤其是根系密布区的 pH 值，还要注意季节变化。

pH 值影响土壤的理化性质和微生物的活动，进而影响土壤肥力和植物生长。化学风化作用在酸性条件下最强。腐殖化作用和生物活性在微酸和中性条件下最强。在酸性较强的土壤里，许多养分元素被淋湿，其有效性降低。土壤 pH 值小于 6，固氮菌活性降低，pH 大于 8，硝化作用受抑制，使有效氮减少。

土壤 pH 值还直接影响植物的生活力。土壤 pH 值低于 3.5 和高于 9，多数植物根细胞的原生质受到损害，不能生长。微生物适宜生长的土壤 pH 值范围窄，细菌以中性、微酸性为宜，而真菌适宜酸性条件。大多数针叶树种能适应土壤 pH 值为 3.7 ~ 4.5，大多数阔叶树种能适应土壤 pH 值为 5.5 ~ 6.9，土壤 pH 值大于 8.5 时，多数树种难以生长。

土壤有机质：土壤有机质包括非腐殖质和腐殖质两大类。非腐殖质是动植物的死组织和部分分解组织；腐殖质是土壤微生物分解有机质时，重新合成的具有相对稳定性的多聚体化合物。腐殖质可占土壤有机质的 80% ~ 90%。土壤有机质对植物十分重要，是植物矿质营养的重要来源，并可增加元素的有效性；土壤有机质还可改善土壤物理、化学性质，促使土壤团粒结构形成，改善水、肥、气、热条件，促进植物的生长和养分吸收；土壤腐殖质还是异养微生物的重要养料和能源，所以能活化微生物，土壤微生物的旺盛活动对植物营养是十分重要的。一般土壤有机质的含量越多，土壤动物的种类和数量也越多，因此森林土壤中土壤动物的种类和数量很多，而沙漠中土壤动物的种类和数量很少。

土壤中的矿物质元素：植物中所含的元素都是植物从周围环境中吸收的。其中，碳和氧主要来源于二氧化碳，是植物叶片通过光合作用吸收的；氢来源于水，是植物根系吸收的；其他营养元素均是植物从土壤环境中吸收的，包括七种大量元素（氮、磷、钾、钙、镁、硫、铁）和六种微量元素（锰、铜、锌、钼、硼、氯），这些营养元素均来自矿物质和有机质的矿化分解，称为矿物质元素（除氮外）。这些营养元素也是动物正常生长发育所必需的，动物所需的元素来源于食物、饮水和直接取食矿物质（如盐）。生物对元素的需求量有最适范围，缺少和过多均会造成生物生长发育不良。例如，当土壤中钴离子含量过低时，牛、羊等动物就会生病；氟含量过高的地区人畜常易患克山病等地方病，并能造成死亡。澳大利亚的大面积草地以前缺乏硒，几乎寸草不生，施肥后成为水草肥美的牧场。另外，生物需求的不仅是某种元素绝对的量，还在于各种元素的相对关系，即比例，各种元素比例合适时，植物的生长发育最好。

（1）园林植物对土壤酸碱性和盐渍土的适应。植物对长期生活的土壤会产生一定的适应特性，因此形成了各种以土壤为主导因素的植物生态类型。根据植物对土壤酸度的反应，可以把植物划分为酸性土植物（pH<6.5）、中性土植物（pH=6.5 ~ 7.0）、碱性土植物（pH>7.5）；根据植物对土壤中矿质盐类（如钙盐）的反应，可把植物划分为钙土性植物和嫌钙植物；根据植物对土壤含盐量的适应，可划分出盐土植物和碱土植物；根据植物对风沙基质的适应，可划分出沙生植物，并可再划分为抗风蚀、抗沙埋、耐沙割、抗日灼、耐干旱、耐贫瘠等一系列生态类型。

盐土对植物生长发育不利，由于盐土中含有过多的可溶性盐类，这些盐类提高了土壤溶液的渗透压，从而引起植物的生理干旱，使植物根系及种子萌发不能从土壤中吸收足够的水分，甚至导致水分从根细胞外渗，使植物在整个生长发育过程中受到生理干旱危害，导致植物枯萎，甚至死亡。土壤含盐分太多时，会伤害植物组织，尤其在干旱季节，盐类积聚在表土时，常伤害根、茎交界处的组织，在高 pH 值下，还会导致对植物的直接伤害。由于土壤盐分浓度过大，植物体内积聚的大量盐类往往会使原生质受害，蛋白质的合成受到严重阻碍，导致含氮的中间代谢产物积累，使细胞中毒。

碱土则是另一种类型的盐碱土，它的主要成分是碳酸钠、碳酸氢钠和硫酸钾。碱土是强碱性的，其 pH 值一般在 8.5 以上，碱土上层的结构被破坏，下层常为坚实的柱状结构，通透性和耕作性能极差。碱土在我国分布在东北、西北的一部分地区。碱土对植物生长的不利影响主要表现在土壤的强碱性能毒害植物根系；碱土物理性质恶化，土壤结构受到破坏，质地变劣，尤其是形成了一个透水性极差的碱化层次，湿时膨胀黏重，干时坚硬板结，使水分不能渗滤进去，根系不能透过，种子不易出土，即使出土后也不能很好地生长。

一般植物不能在盐碱土上生长，但是有一类植物却能在含盐量很高的盐土或碱土里生长，具有一系列适应盐、碱生境的形态和生理特性，这类植物统称为盐碱土植物。盐碱土植物多矮小、干瘦、叶子退化或无叶，有的肉质变红，有特殊储水细胞，该细胞不受盐分的伤害而能进行正常的同化作用。此外，盐碱土植物还有许多类似旱生植物的特点，如蒸腾面积缩小，气孔下陷，常有灰白色茸毛，细胞间隙缩小，栅栏组织发达。在生理上，这类植物也具有适应性特征。根据植物对盐碱的适应特征将盐碱土植物分成三类：聚盐性植物、泌盐性植物和不透盐性植物。

① 聚盐性植物是指能在强盐碱化土壤上生长，能从土壤里吸收大量可溶性盐类，并把这些盐类聚集在体内而不受伤害的植物，如盐角草、碱蓬、滨黎等。

② 泌盐性植物：盐分能够通过植物根系而被吸入体内，但是盐分不在植物体内积累，而由茎、叶表面分布的盐腺将所吸收的过多盐分排出体外，这种作用也称为泌盐作用，如柽柳、海滨的大米草和各种红树植物。

③ 不透盐性植物：该类植物的根系对盐类的透过性非常小，它们虽然生长在轻度盐碱化的土壤中，但几乎不吸收或很少吸收土壤中盐类，如蒿属植物、盐地凤毛菊、田菁等。

（2）园林植物对土壤其他特性的适应。园林植物所处的土壤环境各异，土壤特性差别较大。通常在园林绿化环境下，不易使植物在短期内适应土壤条件，所以应选择适应特定土壤条件的园林植物。

① 植物对土壤通气性的适应。不同植物对土壤通气性的适应力不同。有些植物能在较差的通气条件下正常生长，土壤水分含量增多，造成土壤空气含量减少，只适于耐水湿、耐低氧植物的生存，如挪威云杉在土壤5%的容气量时可旺盛生长，有的植物要在15%以上的土壤容气量条件下才能生长良好，如美国白蜡、美国椴等。一般来讲，土壤容气孔隙占土壤总容积的10%以上时，大多数植物能较好地生长。较好的通气性有助于植物根系的发育和种子萌发，因此在园林苗圃中经常用砂质土进行幼苗培育。

② 植物对土壤紧实度的适应。土壤紧实度是指土壤紧实或疏松的程度，一般用土壤容重和土壤硬度来表示。植物对土壤的紧实度有一定要求，紧实度过小，不能充分保持土壤中的养分和水分等，植物难以生长。紧实度过大，对植物生长同样不利。

首先，土壤过于紧实会抑制根系的生长和发育。从根系的发育可以看出植物对土壤的适应状况。城市土壤紧实度的提高往往会改变树木根系的分布特性，使许多深根树种变为浅根树种，且根量明显减少，这将减小树木的物理抗性。例如，1985年7月27日，大风将北京地区1 000多株树木刮倒，部分甚至被连根拔起，而在郊区仅有部分树木的树干被吹折，很少有连根拔起的现象。

其次，紧实度大的土壤通透性较差，下渗水量较少，容易造成地表径流，如果地势较低，很容易积水，而在干旱时由于毛细管畅通，失水也较快，因此对植物水分的供给减少。同时，土壤过于紧实会减少土壤微生物的数量，特别是其与根系的共生体系的减少使养分的提供和对养分的吸收都受到严重影响，造成植物缺乏养分，使生长受到抑制，甚至长势衰弱而死。

花卉需要紧实度小的土壤，而草坪适于土壤紧实度大的条件，所以草坪耐践踏。常见草种的耐践踏性大致为结缕草 > 狗牙根 > 斑点雀稗 > 钝叶草 > 地毯草 > 假俭草（暖地型草种），高羊茅 > 多年生黑麦草 > 草地早熟禾 > 细叶羊茅 > 匍匐剪股颖 > 细弱剪股颖（寒地型草种）。

③ 植物对土壤质地的适应。植物对土壤质地的适应范围有宽有窄，有的植物适合质地较黏重的土壤，如云杉、冷杉、桑等，有的植物生长需要较良好的土壤质地，如红松、杉木等。同时，土层厚度也是植物生长的重要条件，虽然没有固定的标准，但一般根系较短的草本植物适应上层较薄的土壤，而一些根系发育较长的乔木则需要土层相应厚一些。

总之，植物对土壤的适应取决于土壤的理化性质、微生物活动、土壤生物的影响等。植物对土壤某一方面的适应必须和其他方面相结合，如一般植物要求排水良好和比较疏松的土壤条件，往往忌水分过多造成的涝害，也不适合黏质土壤，不耐土壤紧实度大、透气性差的条件，如红松、樟子松、胡桃楸、黄檗、丁香、杉木、雪松、香樟、夹竹桃、海棠花、大岩桐等。有些植物可在排水不良或比较黏重紧实的土壤上生长，对透气性要求不高，如云杉、糖槭、柳树、湿地松、月季、常春藤等。

在园林绿化过程中，要结合不同的土壤条件选择适宜的园林植物，同时要兼顾各种土壤条件之间的交叉组合状态，并结合其他生态因子来考虑，这样才能提高园林植物的适应性。

（三）园林植物的生态效应

城市绿化植物是构成园林风景的主要材料，也是发挥园林功能的主要植物。园林树木是指城市植物中的木本植物，包括乔木、灌木和藤本植物。有人比喻说，乔木是园林风景中的"骨架"或主体，灌木是园林风景中的"肌肉"或副体，藤木是园林风景中的"筋络"或支体。从宏观来讲，城市园林绿化工作的主体是城市植物，其中又以园林树木所占比重最大，从园林建设的趋势来讲，必定是以植物造园（景）为主体。城市园林树木在城市环境建设和园林绿化建设中占有非常重要的地位。充分地认识、科学地选择和合理地应用城市植物，对提高城市园林绿化水平，绿化、美化、净化以及改善城市自然环境，保持自然生态平衡，充分发挥园林的综合功能和效益，都具有重要意义。

1.园林植物的净化作用

（1）吸收有毒气体，降低大气中有害气体浓度。

由于环境污染，空气中各种有害气体增多，主要有二氧化硫、氯气、氟化氢、氨、汞、铅蒸气等，尤其是二氧化硫是大气污染的元凶，在空气中数量最多、分布最广、危害最大。在污染环境条件下生长的植物都能不同程度地拦截、吸收和富集污染物质。园林植物是最大的"空气净化器"，植物通过叶片能够吸收二氧化硫、氟化氢、氯气和致癌物质。有毒物质被植物吸收后，并不是完全积累在体内，植物能使某些有毒物质在体内分解、转化为无毒物质，或使其毒性减弱，避免有毒气体积累到有害程度，从而达到净化大气的目的。

二氧化硫被叶片吸收后，在叶内形成亚硫酸和毒性极强的亚硫酸根离子，后者能被植物氧化，转变为硫酸根离子，硫酸根离子的毒性相对较小，比亚硫酸根离子的毒性小97%，因此起到解毒作用而不受害或受害减轻。有的硫和氮的氧化物被植物吸收后，经过植物生理活动能转化为有机物，构成植物的一部分。

研究表明，臭椿吸收二氧化硫的能力特别强，超过一般树木的20倍，夹竹桃、罗汉松、大叶黄杨、槐树、龙柏、银杏、珊瑚树、女贞、梧桐、泡桐、紫穗槐、构树、桑树、喜树、紫薇、石榴、菊花、棕榈、牵牛花、广玉兰等植物都有极强的吸收二氧化硫的能力。

银柳、赤杨、花曲柳都是净化氯气的较好的树种。此外，银桦、悬铃木、柽柳、女贞、君迁子等均有较强的吸收氯气能力；构树、合欢、紫荆、木槿等具有较强的吸氯和抗氯能力。

氟化氢对人体的毒害作用比二氧化硫大20倍，但不少树种都有较强的吸收氟化氢的能力。据国外报道柑橘类可吸收较多的氟化物而不受害。而女贞、泡桐、刺槐、大叶黄杨等有较强的吸氟能力，其中女贞的吸氟能力比一般树木高100倍以上。经观测，桑树林叶片中氟的含量可达到对照区的512倍；氟化氢气体在通过40米宽的刺槐林带后，浓度比通过同距离的空气降低50%。

喜树、梓树、接骨木等树种具有吸苯能力；樟树、悬铃木、连翘等具有良好的吸臭氧能力；夹竹桃、棕榈、桑树等能在汞蒸气的环境下生长良好，不受危害；每公顷臭椿每年可吸收46克与0.105克的铅和汞，桧柏则分别为3克与0.021克；大叶黄杨、女贞、悬铃木、榆树、石榴等在铅蒸气条件下都未有受害症状。因此，在产生有害气体的污染源附近，选择与其相应的具有吸收能力和抗性强的树种进行绿化，对于防止污染、净化空气是十分有益的。

另外，大片的树林不仅能够吸收空气中的有害气体，还能降低温度，与周围地区空气产生温度差，促进有害气体扩散，从而降低下层空气中有害气体的浓度。

（2）净化水体。城市和郊区的水体常受到工厂废水及居民生活污水的污染而影响环境卫生和人们的身体健康。植物有一定的净化污水的能力。研究证明，树木可以吸收水中的溶解质，减少水中的细菌数量。例如，在通过30~40米宽的林带后，1升水中所含的细菌数量比不经过林带的减少1/2。

许多植物能吸收水中的毒质而在体内富集起来，富集的程度可比水中毒质的浓度高几十倍至几千倍，因此水中的毒质降低，得到净化。在水中毒质低浓度条件下，有些植物在吸收毒质后，可在体内将毒质分解，并转化成无毒物质。

不同的植物以及同一植物的不同部位对毒质的富集能力是不同的。例如，对硒的富集能力，大多数禾本科植物的吸收和积聚量均很低，约为30毫克/千克，但是紫云英能吸收并富集硒达1 000~10 000毫克/千克。一些在植物体内转移很慢的毒质，如汞、氰、砷、铬等，在根部的积累量最高，在茎、叶中较低，在果实、种子中最低。所以，在上述物质的污染区应禁止栽培根菜类作物，以免人们食用受害。至于镉、硒等物质，在植物体内很易流动，根吸入后很少贮存于根内，而是迅速运往地上部，贮存在叶片内，亦有一部分存于果实、种子之中。镉是骨痛病的元凶，所以在硒、镉污染区应禁止栽种菜叶种类和禾谷类作物，如稻、麦等，以免人们长期食用造成危害。水中的浮萍和柳树均可富集镉，可以利用具有较强富集作用的植物来净化水质。但在具体实施时，应考虑到食物链问题，避免人类受害。

许多水生植物和沼生植物对净化城市的污水有明显的作用。每平方米土地上生长的芦苇一年内可积聚 6 千克污染物，还可以消除水中的大肠杆菌。在种有芦苇的水池中，悬浮物减少 30%，氯化物减少 90%，有机氮减少 60%，磷酸盐减少 20%，氨减少 60%，总硬度减少33%。水葱可吸收污水池中有机化合物，水葫芦能从污水里吸收银、金、铅等金属物质。

（3）净化土壤。植物的地下根系能吸收大量有害物质，具有净化土壤的能力。有的植物根系分泌物能使进入土壤的大肠杆菌死亡；有植物根系分布的土壤的好气性细菌比没有根系分布的土壤多几百倍至几千倍，故能促使土壤中有机物迅速无机化，既净化了土壤，又增加了肥力。此外，研究证明，含有好气性细菌的土壤有吸收空气中一氧化碳的能力。

（4）减轻放射性污染。绿化植物具有吸收和抵抗光化学烟雾污染物的能力，能过滤、吸收和阻隔放射性物质，减少光辐射的传播和冲击波的杀伤力，并对军事设施等起隐蔽作用。

美国近年发现酸木树具有很强的吸收放射污染的能力，如果种于污染源的周围，可以减少放射性污染的危害。此外，用栎属树木种植成一定结构的林带，也有一定的阻隔放射性物质辐射的作用，它们可起到一定程度的过滤和吸收作用。一般来说，落叶阔叶树林具有的净化放射性污染的能力与速度比常绿针叶林大得多。在多风雪地区可以用树林形成防雪林带，以保护公路、铁路和居民区。

2. 园林植物的滞尘除尘作用

城市空气中含有大量的尘埃、油烟、碳粒等。除有毒气体外，灰尘、粉尘等也是大气的主要污染物质。这些微尘颗粒虽小，但在大气中的总重量却十分惊人。尘埃中除含有土壤微粒外，还含有细菌、金属性粉尘、矿物粉尘、植物性粉尘等，它们会影响人体健康。

城市园林植物可以起到滞尘和减尘作用，是天然的除尘器。树木之所以能够减尘，一方面由于枝叶茂密，具有降低风速的作用，随着风速的降低，空气中携带的大颗粒灰尘便下降到地面，另一方面由于叶子表面是不平滑的，有的多褶皱，有的多绒毛，有的还能分泌黏性的油脂和汁浆，当被污染的大气吹过植物时，植物能对大气中的粉尘、煤烟及铅和汞等金属微粒有明显的阻拦、过滤和吸附作用。蒙尘的植物经过雨水淋洗，又能恢复其吸尘的能力。植物能够吸附和过滤灰尘，使空气中灰尘减少，也减少了空气中的细菌含量。

植物除尘的效果与植物种类、种植面积、密度、生长季节等因素有关。一般高大、枝叶茂密的树木较矮小、枝叶稀少的树木吸尘效果好。另外，植物滞尘量的大小与叶片形态结构、叶面粗糙度、叶片着生角度以及树冠大小和疏密度等因素有关。一般叶片宽大、平展、硬挺且叶面粗糙的植物能吸滞大量的粉尘，如山毛榉林吸附灰尘量为同面积云杉林的 8 倍，而杨树林的吸尘量仅为同面积榆树林的 1/7。

北京曾测定当绿化覆盖率为 10% 时，采暖期总悬浮颗粒下降 15.7%，非采暖期为 20%；当绿化覆盖率为 40% 时，采暖期总悬浮颗粒下降 62.9%，非采暖期为 80%。由于绿色植物的叶面积远远大于它的树冠的占地面积，如森林叶面积的总和是其占地面积的 60 ~ 70 倍，其吸滞烟尘的能力很强。所以，园林植物被称为"空气的绿色过滤器"。

不同园林植物各自叶面粗糙性、树冠结构、枝叶密度和叶面倾角不同，它们滞留粉尘的能力也不同。

各种树木滞尘力差别很大，如桦树比杨树的滞尘力大 2.5 倍，比针叶树大 30 倍。一般树冠大而浓密、叶面多毛或粗糙以及分泌有油脂或黏液的树木有较强的滞尘力。例如，北京市环境保护研究所用体积重量法测定粉尘污染区的圆柏和刺槐，得知单位体积的蒙尘量圆柏为 20 克，刺槐为 9 克。据南京市的资料，水泥厂中的测量结果表明：绿化林带比无树空旷地带的降尘量（较大颗粒的粉尘）减少 23% ~ 52%，飘尘量（较小的颗粒）减少 37% ~ 60%。据广州市测定，在居住区墙面爬有植物五爪金龙的室内空气含尘量与没有绿化地区的室内相比少 22%；在用大叶榕绿化地区，空气含尘量少 18.8%。

植物个体之间滞尘能力有很大的差异。按滞尘能力大小归类，滞土能力较强的有旱柳、榆树、桑树、加拿大杨；一般的有刺槐、山桃、花曲柳、枫杨、阜角；较弱的为美青杨、桃叶卫矛、臭椿等。此外，树木对粉尘的阻滞作用在不同季节有所不同。植物吸滞粉尘的能力与叶量多少成正比，即冬季植物落叶后，其吸滞粉尘的能力不如夏季。据测定，在树木落叶期间，其枝干、树皮能滞留空气中 18% ~ 20% 的粉尘。

草坪也有明显的减尘作用，可减少重复扬尘污染。有草坪的足球场上空气中的含尘量仅为裸露足球场上空气中含尘量的 1/6 ~ 1/3。

对城市常见的草坪植物的滞尘能力进行测定的结果表明：草坪植物滞尘能力的大小依据草的种类不同而有很大的差异，滞尘量随着草叶的叶面积的增大而增加。

园林植物个体间滞尘能力差异很大，单位绿地面积上的滞尘量主要取决于单位绿地面积上的绿量，以乔木为主的复层结构绿地能够最有效地增加单位绿地面积上的绿量，从而提高绿地的滞尘效益。据北京园林所研究，不同结构绿地的除尘作用以乔、灌、草型减尘率最高，灌、草型次之，草坪较差。

一般叶片积尘多不影响生长，易被大风、大雨和人工大水冲刷干净，便于重新恢复滞尘能力的植物是较为理想的滞尘植物。

3. 园林植物的降温增湿和通风防风作用

园林植物是城市的"空调器"。园林植物通过对太阳辐射的吸收、反射和透射作用以及水分的蒸腾，调节小气候，降低温度，增加湿度，减轻了城市热岛效应，还能降低风速，在无风时还可以引起对流，产生微风。园林植物的降温增湿作用特别是在炎热的夏季，起着改善城市小气候，提高城市居民生活环境舒适度的作用。

小气候主要指地层表面属性的差异造成的局部地区气候。其影响因素除太阳辐射和气温外，还包括地形、植物、水面等，特别是植被对地表温度和温度影响较大。人类对气候的改造实质上目前仅限于对小气候条件进行改造，在这个范围内最容易按照人们需要的方向进行改造。

植物叶面的蒸腾作用能降低气温，调节湿度，吸收太阳辐射，对改善城市小气候有着积极的作用。城市郊区大面积的森林和宽阔的林带、道路上浓密的行道树和城市其他各种公园绿地对城市各地段的温度、湿度和通风均有良好的调节效果。

（1）降低温度。综合国内外研究情况，绿化能使局部气温降低 3 ~ 5℃，最大降低 12℃，增加相对湿度 3% ~ 12%，最大可增加 33%。据在广州测定，城市中的公园绿林区日平均气温比未绿化居民区低 2.1℃，日最高气温低 4.2℃。

一般人感觉最舒适的气温为 18 ~ 20℃，相对湿度以 30% ~ 60% 为宜。在夏季，人在树荫下和在阳光直射下的感觉差异是很大的。这种温度感觉的差异不仅是 3 ~ 5℃气温的差异，主要是太阳辐射温度决定的。阳光照射到树林上时，有 20% ~ 25% 被叶面反射，有 35% ~ 75% 被树冠吸收，有 5% ~ 40% 透过树冠投射到林下。也就是说，茂盛的树冠能挡住 50% ~ 90% 的太阳辐射。经测定，夏季树荫下与阳光直射的辐射温度可相差 30 ~ 40℃之多。不同树种遮阳降低气温的效果不同。树林遮阴能力愈强，降低辐射热的效果愈显著。行道树中，银杏、刺槐、悬铃木与枫杨的遮阴降温效果最好，垂柳、槐、旱柳、梧桐较差。

通过对不同场地的温度进行观测，结果表明：绿地有明显的降温作用，不同群落结构的绿地对改善局部小气候的作用存在较显著的差异，具有复层结构的绿地林下温度比无绿地的空地日平均温度可降低 3.2℃，单层林荫路下的温度比空地低 1.8℃。由此可知，绿化植物对市区环境的改善，夏季降温效应显著，尤其是乔、灌、草型复层结构绿地的降温效应明显优于群落结构单一的单层乔木结构形式的绿地。

另外，立体绿化也可以起到降低室内温度和墙面温度的作用。对人体健康最适宜的室内温度是 18℃。当室温在 15 ~ 17℃时，人的工作效率达到最高值。室温超过 23℃，人容易疲劳和精神不振，从事脑力劳动者还会出现注意力不集中。例如，上海闸北区某中学一幢三层砖混结构实验楼的西山墙从底层到二层长满了爬山虎，连续 6 天测定该实验楼西端外墙有爬山虎和无爬山虎的两间 20 平方米内室的温度所得数据表明：在最高气温达 31.0℃时，无爬山虎的墙外表面的最高温度达 49.9℃，有爬山虎的外墙表面最高温度是 36.1℃，相差 13.8℃，室内温度相差 15 ~ 20℃。这充分说明，植物遮阴的墙面不但阳光直接辐射减弱，而且大面积叶面的蒸腾作用有显著的降温效果。

此外，园林植物能减轻城市热岛效应。形成城市热岛的主要原因是人类对自然下垫面的过度改造，混凝土、沥青等热容量很大，白天充分吸收热能，夜间又放出热能，具有阻碍最低气温降低的作用，加之建筑物林立使城市通风不良，不利于热量扩散，使城市气温比郊区高。树木和其他植被能够利用蒸腾作用将水蒸气散到大气中去，由于耗费热能，叶面温度与周围的气温均有所降低，结果使气温降低。Akbari 用计算机模拟预测加利福尼亚州萨克拉门托市和亚利桑那州凤凰城在绿化覆盖率达到 25% 时，夏季（7 月）下午 2 点的气温能下降 6 ~ 10 T（1 T=17.2℃）。地矿部 1991—1992 年测定绿化覆盖率在 20% 以下的地段，植被蒸腾消耗能量低于所得到的太阳辐射能；绿化覆盖率达到 37.38% 时，植物蒸腾所耗能量高于所获太阳辐射能，开始从环境中吸收能量，对环境发挥作用。

（2）调节湿度。绿色树木不断向空中蒸腾水汽，使空中水汽含量增加，增大了空气相对湿度。种植树木对改善小环境内的空气湿度有很大作用。一株中等大小的杨树在夏季白天每小时可由叶部蒸腾 25 千克水至空气中，一天即达 0.5 吨。如果在某个地方种 1 000 株杨树，则相当于每天在该处洒 500 吨水的效果。不同的树种具有不同的蒸腾能力。

研究表明，每公顷树林每年可蒸腾 8 000 吨水，同时吸收 40 亿千卡热量。因此，园林绿地能提高空气相对湿度 4%～30%。一般来说，大片绿地调节湿度的范围可达绿地周围相当于树高 10～20 倍的距离，甚至扩大到半径 500 米的邻近地区。

据测定，树林在生长过程中要形成 1 千克的干物质，需要蒸腾 300～400 千克的水。在北方地区，春季树木开始生长，从土壤中吸收大量水分，然后蒸腾散发到空气中，绿地内相对湿度增加 20%～30%，可以缓解春旱，有利于生产及生活。夏季森林中的空气湿度要比城市高 38%。秋季树木落叶前，树木逐渐停止生长，但蒸腾作用仍在进行，绿地中空气湿度仍比非绿化地带高。冬季绿地里的风速小，蒸发的水分不易扩散，绿地的相对湿度也比非绿化区高 10%～20%。

陈自新等研究表明，一株胸径为 20 厘米的槐树（国槐）总叶面积为 209.33 平方米，在炎热的夏季每天的蒸腾放水量为 439.46 千克，蒸腾吸热为 83.9 千瓦时，约相当于 3 台功率为 1 100 瓦的空调工作 24 小时所产生的降温效应。这种温湿度效应在很大程度上受绿化树木种类、树冠形态、枝叶特征、林木高、径生长量、绿化栽植密度及郁闭度等多种因素影响。合理的植物配植可充分发挥其增湿、降温、调节环境小气候的作用，有利于人体健康，可减少过多使用空调的能耗及带来的不利影响。因而，在城市绿化植物种类选择上，一方面要根据"适地适树"的原则，合理选择适宜本地区的气候、土壤条件的乡土树种，另一方面要依据不同树木的生物学特性，选择枝叶茂密、树冠丰满浓郁、遮阴效果好的常绿或落叶树种，以充分发挥林木调节气候、降温增湿的作用，维护城市环境生态系统的平衡。

此外，在过于潮湿的地区，如在半沼泽地带，大面积种植蒸腾强度大的树种，有降低地下水位而使地面干燥的功效。因此，舒适、凉爽的气候环境与植物调节湿度的作用是分不开的。

（3）通风防风。城市绿地不仅能降低林内的温度，增加湿度，对空气流动也有一定影响。而且由于林内、林外的气温差而形成对流的微风，即林外的热空气上升而由林内的冷空气补充，这样就使降温作用影响到林外的周围环境了。从人体对温度的感觉而言，这种微风也有降低皮肤温度，使人们感到舒适的作用。Robinette 认为，植物能够阻碍、引导、偏转、过滤空气流动。对于灾害性的风，可以利用垂直于主风向的林带形成屏障。对风速的影响主要取决于林带的密度以及林带的高度。利用滨江滨湖绿地可以将风引入城市内部，促进空气对流。

城市带状绿化（如城市道路与滨水绿地）是城市气流的绿色通道，特别是带状绿地与本地夏季主导风向一致时，可将城市郊区的气流趁风势引入城市中心地区，为炎夏城市的通风创造良好的条件。在冬季，大片树林可以减低风速，发挥防风作用，因此在垂直于冬季的寒风方向种植防风林带，可以减少风沙，改善气候。

3. 园林植物的减噪作用

城市园林植物是天然的"消声器"。城市植物的树冠和茎叶对声波有散射、吸收的作用，树木茎叶表面粗糙不平，其大量微小气孔和密密麻麻的绒毛就像凹凸不平的多孔纤维吸音板，能把噪声吸收，减弱声波传递，因此具有隔音、消声的功能。

不同绿化树种、不同类型的绿化布置形式、不同的树种绿化结构以及不同树高、不同冠幅、不同郁闭度的成片成带的绿地对噪声的消减效果不同。有研究指出，森林能更强烈地吸收和优先吸收对人体危害最大的高频噪声和低频噪声。

在树林防止噪声的测定中，普遍认为① 乔、灌、草组成的绿化带降噪的效果最好，乔、灌、草结合的多层次的40米宽的绿地能减低噪声10～15分贝；宽30米以上的树林防止噪声效果特别好，宽50米的公园，可使噪声衰减20～30分贝。② 树林幅度宽阔，树身高，噪声衰减量增加。研究显示，20米宽的林带可使车辆噪音降低8～9分贝；44米宽的林带可降低噪声6分贝；100米宽的片林可降低汽车噪声30%。据日本测定，40米宽的绿化带可降低噪声10～15分贝；噪声越过50米的草坪，附加衰减量为11分贝，越过100米草坪后，附加衰减量为17分贝。③ 树林密度大，减音效果强，密集和较宽（19～30米）的林带结合松软的土壤表面可降低噪声50%以上。④ 阔叶树减噪效果最明显，其树冠能吸收其上面声能的26%，反射和散射74%。⑤ 树林靠近噪声源时，噪声衰减效果好。

消减噪声能力强的树种有美青杨、白榆、桑树、加拿大杨、旱柳、复叶槭、梓树、日本落叶松、桧柏、刺槐、油松、桂香柳、紫丁香、山桃、东北赤杨、黄金树、榆树绿篱、桧柏绿篱。

4.园林植物的杀菌作用

空气中的灰尘是细菌的载体，植物具有滞尘作用，减少了空气病原菌的含量和传播。另外，许多植物还能分泌杀菌素。据调查，闹市区空气里的细菌含量比绿地高7倍以上。

城市中人口众多，空气中悬浮着大量对人体有害的细菌，而有绿化植物存在的地方，空气、地下和水体中的细菌含量都会减少。城市园林植物是"卫生防疫消毒站"，可以减少空气中的细菌数量。

城市中有绿化的区域与没有绿化的街道相比，每立方米空气中的含菌量减少85%以上。例如，天津闹市区的百货商店内每立方米空气中的含菌量达400万个，而林荫道为58万个，水上公园仅1 000个。各类林地和草地的减菌作用有差别。

园林植物之所以具有杀菌作用，一方面是由于有园林植物的覆盖使绿地上空的灰尘减少，因而也减少了附在其上的细菌及病原菌；另一方面是由于城市植物能分泌出酒精、有机酸和萜类等强烈芳香的挥发性物质（植物杀菌素），这些物质能把空气和水中的杆菌、球菌、丛状菌等多种病菌、真菌及原生动物杀死。

很多植物能分泌杀菌素，如桉树、肉桂、柠檬等树木体内含有芳香油，它们具有杀菌力。桦木、梧桐、冷杉、毛白杨、臭椿、核桃、白蜡等都有很好的杀菌能力。据计算，1平方公里圆柏林一昼夜分泌出30～60千克植物杀菌素，在2平方公里内可杀灭空气中的白喉、结核、伤寒、痢疾等细菌和病毒，形成一个天然的抗菌地带，对人类身心健康非常有益。白皮松、柳杉、悬铃木、地榆、冷杉等都有强烈的杀菌能力，并能灭蝇驱蚊。

松树杀菌素为半油脂性物质，是一种脂肪溶剂，也能溶于水中，具有长效性，不会失效，且无副作用，也不会产生抗药性，是极好的净化环境物质。苏联一些学者认为，幼龄松林的空气中基本上是无菌的。因此，在松林中建疗养院或在医院周围多植杀菌力强的植物有利于治疗肺结核等多种传染病。

许多研究证明：景天科植物的汁液能消灭流行性感冒一类的病毒，其效果可与成品药物媲美；樟树、桉树的分泌物能杀死蚊虫，驱走苍蝇，杀死肺炎球菌、痢疾杆菌、结核菌和流感病毒。植物的一些芳香性挥发物质还具有使人们精神愉快的效果，如蜡梅科、唇形科、芸香科。

植物的挥发性物质除了有杀菌作用外，对昆虫亦有一定影响，例如，有一个有趣的试验：采 3 片稠李的叶子，尽快捣碎后放入试管中。如果立刻放入苍蝇，将管口用透气棉絮塞住，那么苍蝇在 5 ～ 30 秒内，最多在 5 分钟内即死亡。

杀菌力较强的植物主要有黑胡桃、柠檬桉、大叶桉、苦椿、臭椿、悬铃木、茉莉花、梧桐、毛白杨、白蜡、桦木、核桃及樟科、芸香科、松科、柏科等植物。

5. 园林植物的环境监测评价作用

许多植物对大气中有毒物质具有较强抗性和吸收净化能力，这些植物对园林绿化有很大的作用。但是一些对毒质没有抗性和解毒作用的敏感植物对环境污染的反应比人和动物敏感得多。这种反应在植物体上以各种形式显示出来，可作为境已受污染的信号。利用它们作为环境污染指示植物，既简便易行，又准确可靠。例如，当大气被二氧化硫污染时，有些植物叶脉之间会出现点状或块状的伤斑；悬铃木树皮变浅红色，叶子变黄就是煤气中毒的症状，在其地下往往能找到煤气漏点。雪松、葡萄等是氟化氢的监测植物，桃树是氯化氢的监测植物。我们可以将它们对大气中有毒物质的敏感性作为监测手段，以确保人们能生活在合乎健康标准的环境中。

（1）对二氧化硫的监测。SO_2 的浓度达到 1 ～ 5 毫克 / 千克时，人才能感到其气味，当浓度达到 10 ～ 20 毫克 / 千克时，人就会有受害症状，如咳嗽、流泪等。但是敏感植物在 SO_2 的浓度为 0.3 毫克 / 千克时，经几小时就可在叶脉之间出现点状或块状的黄褐斑或黄白色斑，而叶脉仍为绿色。监测植物有地衣、紫花苜蓿、菠菜、胡萝卜、凤仙花、翠菊、四季秋海棠、天竺葵、锦葵、含羞草、茉莉花、杏、山荆子、紫丁香、月季、枫杨、白蜡、连翘、杜仲、雪松、红松、油松。

（2）对氟及氟化氢的监测。氟（F_2）是黄绿色气体，有恶臭，在空气中迅速变为 HF；后者易溶于水变成氟氢酸。慢性氟中毒症状为骨质增生、骨硬化、骨疏松、脊椎软骨的骨化，肾、肠胃、肝、心血管、造血系统、呼吸系统、生殖系统也受影响。氟及氟化氢的浓度在 0.002 ～ 0.004 毫克 / 千克时对敏感植物即可产生影响，叶子的伤斑最初多表现在叶端和叶缘，然后逐渐向叶的中心部扩展，浓度高时会使整片叶子枯焦而脱落。监测植物有唐菖蒲、玉簪、郁金香、大蒜、锦葵、地黄、万年青、萱草、草莓、翠菊、榆叶梅、葡萄、杜鹃、樱桃、杏、李、桃、月季、复叶槭、雪松。

（3）对氯及氯化氢的监测。氯（Cl_2）是黄绿色气体，有臭味，比空气重。HCl 可溶于水变成强酸，氯气有全身吸收性中毒作用，5 ~ 10 毫克 / 千克时即可产生刺激作用，由呼吸道进入体内后，溶解于黏膜上，从水中夺取 H，变成 HCl 而有烧灼作用，同时从水中游离出的 Cl_2，对组织也有很强的作用。氯中毒可引起黏膜炎性肿胀、呼吸困难、肺水肿、恶心、呕吐、腹泻等，即使急性症状消失后，也能残留经久不愈的支气管炎，对结核患者易引起病变加剧。Cl_2 及 HCl 可使植物叶子产生褐色点斑或块斑，但斑点不明显，严重时会使叶褐色而脱落。监测植物有波斯菊、金盏菊、凤仙花、天竺葵、蛇目菊、硫华菊、锦葵、四季秋海棠、福禄考、一串红、石榴、竹、复叶槭、桃、苹果、柳、落叶松、油松。

（4）对光化学气体的监测。光化学烟雾中占 90% 的是臭氧。人在浓度为 0.5 ~ 1 毫克 / 千克的臭氧下 1 ~ 2 小时就会产生呼吸道阻力增加的症状。臭氧的嗅阈值是 0.25 毫克 / 千克下，会使哮喘病患者加重病情。在 1 毫克 / 千克中 1 小时，会使肺细胞蛋白质发生变化，接触 4 小时则 1 天以后会出现肺水肿。美国的试验表明，臭氧浓度为 0.01 毫克 / 千克时，经 1 ~ 5 小时烟草会受害，而菠菜、莴苣、西红柿、兰花、秋海棠、矮牵牛、蔷薇、丁香等均敏感易显黄褐色斑点。

（5）对其他有毒物质的监测。对汞的监测可用女贞，对氨的监测可用向日葵，对乙烯的监测可用棉花。

6. 园林植物的吸碳放氧作用

绿地植物在进行光合作用时能固碳释氧，对碳氧平衡起着重要作用。这是到目前为止，任何发达的技术和设备都代替不了的。植物在光合作用和呼吸作用下，保持大气中氧气和二氧化碳相对平衡。

植物通过光合作用吸收二氧化碳，放出氧气，又通过呼吸作用吸收氧气，排出二氧化碳，但是光合作用吸收的二氧化碳比呼吸作用排出的二氧化碳多 20 倍，因此总体上消耗了空气中的二氧化碳，增加了空气中的氧气含量。在生态平衡中，人类的活动与植物的生长保持着生态平衡的关系。

如果从供给人们呼吸的角度去规划城市绿地面积，城市人均所需绿地面积因采用的绿化树种不同而异。按 1 平方米植物覆盖面积上的叶片吸碳放氧量计算，乔木的吸碳放氧量最大，其次是灌木，叶片层次愈多，吸碳放氧量愈大。树木吸收二氧化碳的能力比草地强得多。每年地球上通过光合作用可吸收 2 300 亿吨二氧化碳，其中森林占 70%，空气中 60% 的氧气来自森林。1 平方千米阔叶林 1 天可吸收 1 吨二氧化碳，释放出 0.7 吨氧气。一个成年人每日呼吸消耗 0.75 千克氧，排出 0.9 千克二氧化碳，根据这个标准计算，1 平方千米森林制造的氧气可供 1 000 人呼吸，一个城市居民只要有 10 平方米的森林绿地，就可以吸收其呼出的全部二氧化碳。这就是许多欧洲国家制定城市绿化指标的依据。

四、风景园林设计中生态学原理的应用

（一）生态平衡的本质：远离平衡态的稳定和有序

生态平衡是生态系统在一定时间内结构和功能的相对稳定状态，其物质和能量的输入与

输出接近相等，在外来干扰下，能通过自我调节（或人为控制）恢复到原初的稳定状态。当外来干扰超越生态系统的自我调节能力而不能恢复到原始状态时，谓之生态失调。由此可见，生态平衡本质上是指一种在生态阈限值以内的远离平衡态的稳定和有序。平衡态是稳定态的一种，但稳定态不一定是平衡态，而优化的稳定态则是不平衡的。非平衡是有序之源，只有在远离平衡的情况下，生态系统的功能才能不断强化，稳定性与有序性才能不断升级。生态失调的本质是人类或自然力量的干扰超过了生态阈限，使生态系统的自我调节能力既不能建立起新的非平衡态的稳定和有序结构，也不能恢复系统原有的非平衡态的稳定和有序结构。

（二）生态系统的稳定：复杂的反馈机制和自我调控

生态系统是远离平衡的耗散结构，各组成要素处于协同作用的状态。生态系统具有非线性反馈机制，存在导致有序化的涨落，因此生态系统是一种具有反馈机制的控制系统。生态系统通过其生产者绿色植物固定太阳能，并从地球表层吸收各种物质，源源不断地从外在环境输入负熵流。生产者、消费者和分解者共同结成的食物链、网就是负熵流的流通渠道，能量逐渐消耗，不断产生熵。负熵流的不断涌入不断抵消系统内部的增熵过程，生命系统得以存在和发展，生态系统保持有序和稳定，经过长期的演化，形成了生态系统复杂的反馈机制和自我调控能力，这是理解生态系统稳定问题的重要契机。生态系统的自我调控是指当生态系统的某些变量发生改变或偏离时，生态系统能通过一系列非线性反馈的调控，恢复稳定、有序。如果生态系统的结构遭到损伤与破坏，这种机制还能使系统自发地重新组织成新的有序结构。当生态系统从外在环境输入的负熵流增强时，不但抵消了增熵过程，还使总熵下降，这时生态系统就能进化、升级，形成更高层次的耗散结构；当生态系统从外在环境输入的负熵流减弱时，则不能抵消增熵过程，从而使总熵上升，这就意味着生态系统衰退、降级，从复杂的、高层次的耗散结构转变为较简单的、较低层次的耗散结构，其有序、稳定的水平也相应降低。倘若生态系统从外在环境输入的负熵流仅能抵消系统的增熵过程，使总熵不变，那么生态系统有序、稳定的水平就是停滞的，这种状态的耗散结构既无衰退，也无进化。

生态系统的自我调控是通过系统的非线性反馈调控来实现的。例如，在水域生态系统中，春季水温上升，水生动物和植物的生理代谢过程加快，随着呼吸作用增强，水中二氧化碳含量增加，氧气含量减少；水温的升高又促使植物光合作用更旺盛，光合作用过程消耗大量二氧化碳，并放出氧气，这样，水中二氧化碳和氧气又恢复了正常。人为调控也可参与生态系统的运行，例如，一块沙漠有序性很低，如果人类有意识地引入水，并种植防风固沙林，这无疑是一个输入负熵流、抵消系统内部增熵的过程。其结果是，某一处沙漠可能慢慢地变成了绿洲，绿洲要求的自然条件组合肯定比沙漠有秩序。但是这块绿洲必须随时加以照料，不断地保持这种自然条件的有序性，否则一旦断了负熵流来源，系统内部的增熵过程就无法抵消，这种有序性总是要趋向于无序性，绿洲总是有再变成沙漠的可能。因此，人类改造自然的过程就是向自然界输入负熵流、降低熵值、提高其有序性的调控过程。

（三）物种的多样性带来稳定性的生态原理

一个由众多生物物种组成的复杂生态系统总是比一个只由少数几种物种组成的简单生态

系统更能承受自然灾害或人为干预的打击，从而保持较好的稳定状态。例如，气候变化、某种害虫或病毒的入侵对一个作物种类单一、生态格局简化的农田生态系统可能造成严重的甚至毁灭性的打击。然而，上述情况对一个物种丰富、结构复杂、体现了生态格局多样性的森林生态系统来说，通常是不会产生毁灭性后果的。例如，树种单一的马尾松林在松毛虫的侵害下可能遭到巨大损伤，甚至被毁；非单一树种组成的针叶、阔叶混交林的稳定性就强得多，即使遭受危害，也不会是毁灭性的。在物种特别丰富、结构特别复杂的热带雨林，这种对抗灾变的稳定性是最强的，有序化程度也是最高的，因而它被认为是维护地球生态健全最重要的一种森林生态系统。这些现象和事实的普遍存在说明了物种的多样性带来稳定性。物种的多样性意味着生态系统的结构复杂，网络化程度高，异质性强，能量、物质和信息输入、输出的渠道众多、密集，纵横交错，畅通无阻。即使个别途径被破坏，生态系统也会因多样物种之间的相生相克、相互补偿和替代而保证能量流、物质流、信息流的正常运转，使系统结构被破坏的部分迅速得到修复，恢复系统原有的稳定态，或形成新的稳定态。

（四）生态金字塔原理

生态学家在研究生态系统的食物链和食物网的结构时，把每一个营养级有机体的生物量、能量和个体数量按照营养级的顺序排列，组成了"生态金字塔"。生态系统的能量转化效率不高，从其生产者绿色植物占据的塔基开始，遵从热力学第二定律，能量流动沿着营养级逐级上升，按 1/10 的比率锐减。这就导致前一个营养级的能量只能满足后一个营养级少数生物的需要，营养级越高的物种，个体数量必然越少。

在风景园林设计中，最能体现生态金字塔原理的是尽可能地增加城市绿地，多种树，增加食物链中的生产者绿色植物的数量，为其他生物创造更多的能量。

（五）生态边缘效应

现代生态学论及的边缘效应是指这样一种现象：在两种或多种生态系统交接重合的地带通常生物群落结构复杂，某些物种特别活跃，出现不同生态环境的生物种类共生的现象，种群密度有显著的变化，竞争激烈，生存力和繁殖力相对更高。例如，许多鸟类在乡村、居民点、城郊、校园等自然和人工生态系统邻接处的种类、密度和活跃程度都比在人迹稀少的荒野、草原或单种森林更多、更大；森林生态系统的林缘地带植物种类更丰富，花繁草茂的程度远高于森林内部，一些野生动物更频繁地出没于植物镶嵌度高的边缘栖境；海洋的高产区都集中在同陆地、岛屿交接的地方或河口、海湾地区。

生态科学认为，每一个物种、每一个生物个体都在生态空间里占有一定的生态位，然而鉴于其所在环境条件的局限，其实际占有的生态位同理想生态位总是存在着或大或小的距离。这种距离使每一个物种、每一个生物个体潜藏着一种从实际生态位向理想生态位靠拢的趋势，生物群落的生态演替正反映了这种趋势。演替的目的是通过来自环境的能量和物质的不断输入与输出，不断抵消系统内部的增熵趋势，排除内部的无序，以维持和改善系统的功能。由于边缘地带的异质性、不稳定性和来自外系统的干扰与影响，这种有序化趋势和控制强度是从系统中心向系统边缘递减的。因此，边缘地带自由度较高，选择余地较大。

（六）系统整体功能最优原理

系统论认为，整体功能大于部分之和。在整体中，各个子系统功能的发挥影响着系统整体功能的发挥；各子系统功能的状态取决于系统整体功能的状态；城市各个子系统具有自身的目标与发展趋势，都有满足自身发展的需要，而不顾其他个体的潜势存在。所以，城市各组成部分之间的关系并非总是协调一致的，而是呈现出相生相克的关系状态。因此，理顺城市生态系统结构，改善系统运行状态，要以提高整个系统的整体功能和综合效益为目标，局部功能与效益应当服从整体功能和效益。城市园林作为城市生态系统的子系统之一，需要适应整个城市生态系统的协调发展。城市园林目前在国内虽然呈发展的趋势，但在整个城市系统中还处于比较微弱的地位。因为无论从社会政治、经济角度还是从城市生态环境角度看，城市园林目前都处于较次要的位置。但城市园林对城市居民具有非常现实和重要的意义。因此，园林专业工作者应争取更多的城市园林空间，更应珍惜已有空间的规划设计和建设，既保证城市园林这个子系统效益的最大化，又使其协调于整个城市系统之中。

（七）食物链原理

在普通生态学中，食物链指以能量和营养物质形成的各种生物之间的关系。食物网指一个生物群落中许多食物链相互交错连接而成的复杂营养关系。广义的食物链原理应用于城市生态系统时，首先是指以产品或废料、下脚料为轴线，以利润为动力，将城市生态系统中的生产者企业相互联系在一起；其次，城市食物链原理反映了城市生态系统具有这样的特点：城市的各个元素、各个部分之间有着直接、显性的联系，也有着间接、隐性的联系，各组成部分之间是互相依赖、互相制约的关系，牵一发而动全身。

在城市生态系统中，物质循环要依靠外界输入，并在物质循环过程中产生了很多城市生态系统不能分解的物质。作为生态系统的主体，处于食物链顶端，人类对生存环境污染的后果最终通过食物链的作用归结于人类本身。

在风景园林设计中生态学基本原理的应用依据食物链原理可进行"加链"和"减链"，具体而言，包括保护、废弃物的重新利用和改造、局部的重新利用和改造、整体使用方式的改造、减少自然资源的消耗、考虑再生要素等。

第三节　近现代西方风景园林设计的生态思想发展

从 19 世纪下半叶至今，西方风景园林的生态设计思想先后出现了四种倾向：自然式设计，与传统的规则式设计相对应，通过植物群落设计和地形起伏处理，从形式上表现自然，立足于将自然引入城市的人工环境；乡土化设计，通过对基地及其周围环境中植被状况和自然史的调查研究，使设计切合当地的自然条件，并反映当地的景观特色；保护性设计，对区域的生态因子和生态关系进行科学的研究分析，通过合理设计减少对自然的破坏，以保护现状良好的生态系统；恢复性设计，在设计中运用种种科技手段恢复已遭破坏的生态环境。

一、自然式设计

18世纪，工业革命和早期城市化造成了城市中人口密集、与自然完全隔绝的单一环境，引起了一些社会学家的关注。为了将自然引入城市，同时受中国自然山水园的影响，英国自然风景式园林开始形成并很快盛行。但它只是改变了人们对园林形式的审美品位，并未改变风景园林设计的艺术本位观。正如唐宁所述，设计自然式风景园林就是"在自然界中选择最美的景观片段加以取舍，去除所有不美的因素"。

真正从生态学的角度出发，将自然引入城市的当推奥姆斯特德。他对自然风景园林极为推崇。运用这一园林形式，他于1857年在曼哈顿规划之初，就在其核心部位设计了长约32千米、宽800米的巨大的城市绿肺中央公园。1881年开始，他又进行了波士顿公园系统设计，在城市滨河地带形成2000多千米的一连串绿色空间。这些极具远见卓识的构想意在重构日渐丧失的城市自然景观系统，有效地推动了城市生态的良性发展。

受其影响，从19世纪末开始，自然式设计的研究向两方面深入。一是依附城市的自然脉络——水系和山体，通过开放空间系统的设计将自然引入城市。继波士顿公园系统之后，芝加哥、克利夫兰、达拉斯等地的城市开放空间系统也陆续建立起来。二是建立自然景观分类系统，作为自然式设计的形式参照系。例如，埃里沃特继奥姆斯特德之后为大波士顿地区设计开放空间系统时，先对该地区的自然景观类型进行了分析研究。

二、乡土化设计

乡土化设计是美国南北战争后中西部建设蓬勃发展的产物。奥姆斯特德的风景园林模式以外来植物为主，表现林地和草坪相间的旷野景观，并不适用于美国中西部地区的干旱气候和盐碱性土壤。为了提高植物成活率及与乡土景观的和谐性，19世纪末以O. C.西蒙兹、詹逊为代表的一批中西部风景园林建筑师开创了草原式风景园林，体现了一种全新的设计理念：设计不是想当然地重复流行的形式和材料，而要以适合当地的景观特色为特点，造价低，并有助于保护生态环境。

西蒙兹提议"向自然学习如何种植"，哈普林认为风景园林设计者应从自然环境中获取整个创作灵感。他在一本工作笔记中记录了独特的生态观，认为"在任何既定的背景环境中，自然、文化和审美要素都具有历史必然性，设计者必须充分认识它们，然后才能以之为基础决定在此环境中该发生些什么"。在1962年开始的旧金山海滨牧场共管住宅的设计中，他先花费了两年时间调查基地，通过手绘生态记谱图的方法，把风、雨、阳光、自然生长的动植物、自然地貌和海滨景色等自然物列为设计考虑因素，最终完成的住宅呈簇状排列，自然与建筑空间相互穿插，在不降低住宅密度的同时留出更多的空旷地，保护了自然地貌，使新的设计成为当地长期自然变化过程中的有机组成部分。这一设计广受赞誉，合作者摩尔从中受到极大的启发。

为了能更科学地认识自然生态要素，哈普林对由现代建筑大师格罗皮乌斯创建的仅限于部分专业人员的集体创作思想进行了改革，推崇设计师与科学家及其他专家的广泛合作。这对风景园林设计向科学的方向发展起到了积极的推动作用。

三、保护性设计

保护性设计的积极意义在于它率先将生态学研究与风景园林设计紧紧联系到一起，并建立起科学的设计伦理观：人类是自然的有机组成部分，其生存离不开自然，但必须限制人类对自然的伤害行为，并担负起报护自然环境的责任。

早在 19 世纪末，詹逊受生态学家考利斯的影响，积极倡议对中西部自然景观进行保护。20 世纪初，曼宁提出应建立关于区域性土壤、地表水、植被及用地边界等自然情况的基础资料库，以便于设计时参考，并首创了叠图分析法，但并未得到推广应用。

第二次世界大战后，以谢菲尔德和海科特为首的一些英国的风景园林建筑师开始提倡通过生态因子分析使设计有助于环境保护。海科特认为，对整体景观环境进行研究是设计工作的必要前提；所谓整体景观环境，应包括"土壤、气候及能综合反映各种生态因子作用情况的唯一要素——植物群落"。

麦克哈格于 1969 年出版的《设计结合自然》一书直接揭示了风景园林设计与环境后果的内在联系，并提出了一种科学的设计方法——计算机辅助叠图分析法。其主要观点如下：

（1）肯定自然作用对景观的创造性，认为人类只有充分认识自然作用并参与其中，才能对自然施加良性影响。

（2）推崇科学而非艺术的设计强调依靠全面的生态资料解析过程获得合理的设计方案。

（3）强调科学家与设计人员合作的重要性。

麦克哈格开创了风景园林生态设计的科学时代。此后保护性设计主要往两个方向发展。一是以合理利用土地为目的的景观生态规划方法。由于宏观的规划更注重科学性，而非艺术性，最新的生态学理论（如生态系统理论、景观生态学理论等）往往首先在此得到运用。二是先由生态专家分析环境问题并提出可行的对策，然后设计者就此展开构想的定点设计。由于同样的问题可以有不同的解决方法，这类设计具有灵活多样的特点。例如，同样为了增加地下水回灌，纳绍尔在对曼普渥的两个旧街区进行改造时采用了大面积的沙土地种植乡土植物，而温克和格雷戈则在其位于丹佛的办公楼花园内设计了一整套暴露的雨水处理系统，将雨水收集、存储、净化后用于灌溉。

随着生态科学的发展，保护性设计经历了景观资源保护、生态系统保护、生物多样性保护等认识阶段。但近些年来西方风景园林界开始注意到科学设计的负面效应。首先，由于片面强调科学性，风景园林设计的艺术感染力日渐下降；其次，鉴于人类认识的局限性，设计的科学性并不能得到切实保证。因此，生态设计向艺术回归的呼声日益高涨。

四、恢复性设计

20 世纪 60 年代以来，随着人口增长、工业化、城市化和环境污染的日益严重，生态问题成为全球各界共同关注的焦点。出于对潜在的环境危机的担忧，为谋求科学的解决方法，生态设计开始转向更现实的课题——如何恢复因人类过度利用而污染严重的废弃地。

恢复性设计的诞生应归功于一些因"公共空间艺术计划"而跻身风景园林设计行列的环境艺术家。由于其作品主题均为对环境的关怀，且设计队伍均为多专家合作，因而被称为生态艺术。例如，1970年史密森在大盐湖中因石油钻探而遭污染的水面上设计了尺度巨大的螺旋形防波堤，利用水流拦截回收油污，提醒人们反思人类对自然的破坏力；1982年丹斯在曼哈顿市区的填海地上种植了2英亩（约8 000平方米）麦田，意在启发人们去思考土地利用的优先问题；1990年陈貌仁与美国农业部专家查尼合作进行了"再生之地一号"试验，在经简单艺术设计的区域内种植特定植物，利用植物吸收土壤中有毒的重金属，以引起人们关注污染问题，并帮助其了解科学的解决办法。陈貌仁称这一作品犹如雕刻艺术，只不过"原材料是看不见的，而雕刻工具是生物化学和农业技术，最终其审美价值将因土壤能重新生长植物而得到体现"。

生态艺术设计显然太富于哲理，较难为公众理解。因此，自20世纪90年代以来，风景园林界开始多方探索并加以改进。

第四节　生态的风景园林设计

一、生态的风景园林设计模式

纵观近现代西方风景园林生态设计思想的发展，有两个特点发人深省：一是风景园林建筑师对社会问题的敏感性及责任感；二是其勇于及时运用最新生态科学成果的大胆创新精神。正因为如此，西方风景园林生态设计思想才得以不断更新和发展。西方风景园林界提出了生态展示性设计的概念：通过设计向当地民众展示其生存环境中的种种生态现象、生态作用和生态关系。以此为契机，通过研究前人的工作成果，提出四种融入生态学理念的风景园林设计模式：一是生态保护性设计；二是生态恢复性设计；三是生态功能性设计；四是生态展示性设计。

（一）生态保护性设计

通常在生态环境比较好的区域或具有文化保护意义的区域，为保护当地良好的生态环境和当地有历史文化价值的遗址等，按照生态学的有关原理，风景园林师对场地进行设计吗，使当地良好的生态环境免遭破坏，又通过风景园林的设计手法创造出符合大众审美的园林空间。例如，北京菖蒲河公园就是一项保护古都风貌、促进旧城有机更新的重要工程。该项目中采用了种种生态学的设计理念。

（二）生态恢复性设计

这种设计模式一般指的是工业废弃地的风景园林设计，由于原有的工业用地污染严重，区域的生态环境恶劣，如果不对环境进行改善，工业废弃地将很难作为城市的其他用地使用。而将它们变成绿地，不仅能改善生态环境，还可以将被工业隔离的城市区域联系起来。在绿地紧缺的城市，这对满足市民休闲娱乐的需要是行之有效的途径。

这个模式的风景园林设计一般是通过对有价值的工业景观的保留利用、对材料的循环使用、对污染的就地处理等一些融入生态学理论的设计手法，创造出注重生态与艺术的结合、适应现代社会、具有较高的艺术水准、融入生态思想与技术的园林景观。可以说这类园林景观一方面承袭了历史上辉煌的工业文明，另一方面将工业遗迹的改造融入现代生活，因此这些工业废弃地的更新设计并不仅仅是改变它荒凉的外貌，而是与人们丰富多彩的现代生活紧密联系在一起。例如，西雅图的炼油厂公园是这个设计模式的最早、最典型、最成功的案例之一。

（三）生态功能性设计

这种设计模式指的是在设计项目中，以生态学理念为先导，主动应用生态技术措施，对场地进行合理、有效、科学的规划设计，使之既具有生态学的科学性，又具有风景园林的艺术美，从而达到设计目的，改善场地及周边环境，营造出与当地生态环境相协调的、舒适宜人的自然环境。例如，奥古斯堡巴伐利亚环保局大楼外环境设计。

（四）生态展示性设计

近年来，全民关注环境问题成为新的社会热点，基于环境教育目的的生态设计表现形式开始成为最新的研究方向。这种类型的设计模式是出于环境教育的目的，如成都活水公园。所设计的场地不是因为生态环境的恶化而必须进行改造，而是通过设计，模拟自然界的生态演替过程，向当地民众展示其生存环境中的种种生态现象、生态作用和生态关系。

二、对风景园林设计中生态学思想的分析

（一）场地特征

在做一个项目之前，一个很重要的工作就是现场勘察，亦即必须遍访场地及其周边环境，观察并记录下各种外形的状况、所有细微以及容易被忽视的方面。项目所在区域留下了各种遗迹、外形、布局。在设计中，汲取那些人们认为真正的本质，或将其植入未来的整治中，是很有意义的。这种节约的设计手法能尽可能地使设计不至于脱离场所的个性，避免过于粗暴地割裂文脉。

在设计中尊重场地特征，就是要谨慎地遵循场地的特点，尽量减少对地形地貌的破坏、改造，将场地的自然特征和人工特征都保留下来，经过设计，使其得到强化。遵循场地特征做设计就像医生给病人看病一样，传统中医看病采用望、闻、问、切来了解病人的情况，现代医学采用各种技术手段、先进的仪器设备来诊断病人的病情。在设计中只有在外形和文化层面上以及在我们与实体的关系上，观察、调研、综合相互交织的现状条件、事物的联系和各种情况，做出的决定和设计方案才能得到灵感，即来自世界本身的灵感。通过最小干预的设计手法，创造出来的人工环境与周围的环境和谐、协调，如同场地中自然生长出来的一样。

尊重场地特征、因地制宜、寻求与场地和周边环境密切联系、形成整体的设计理念已成为现代园林景观设计的基本原则。风景园林师并非刻意创新，更多地在于发现，在于用专业的眼光观察、认识场地原有的特性，发现与认识的过程也是设计的过程。因此，最好的设计看上去就像没有经过设计一样，只是对场地景观资源的充分发掘、利用而已。这就要求设计师在对场地充分了解的基础上，概括出场地的最大特性，以此作为设计的基本出发点。就像"潜能布朗"所说的，每一个场地都有巨大的潜能，要善于发现场地的灵魂。

（二）地域性

地域文化是一定地区的自然环境、社会结构、教育状况、民俗风情等的体现，是当地人经过相当长的时间积累起来的，是和特定的环境相适应的，有着特定的产生和发展背景。设计应该适用于这种特定的场所，适宜特定区域内的风土人情、文化传统，应该挖掘其中反映了当地人精神需求与向往的深刻内涵。

所谓地域性景观，是指一个地区自然景观与历史文脉的总和，包括气候条件、地形地貌、水文地质、动植物资源以及人的各种活动、行为方式等。人们看到的景物或景观类型都不是孤立存在的，都是与其周围区域的发展演变相联系的。园林景观设计应针对大到一个区域、小到场地周围的景观类型和人文条件，营建具有当地特色的园林景观类型和满足当地人们活动需求的空间场所。

当前，经济的迅猛发展并没有解决人类和谐生存的精神问题，幸福的概念也被物化。在全球人们开始关注文化本土化的问题，关注人类生存的根本问题，关注不同种群的历史生命记忆和独特的生存象征问题，关注人类文化不同的精神存在问题的大背景下，发展中国家文化传统的存在与可持续发展问题更加令人关注。此外，如何营造符合全球一体化趋势又具有地域文化特征和本国景观特色的城市形象，抵御外来文化的全面入侵与占领，成为世界各国风景园林设计师关注的焦点问题。

例如，在法国苏塞公园中，视线所及之处，林间宽阔的园路、多岔路口和林中空地构成法国传统的平原上的树林景观。巴黎雪铁龙公园的空间布局有着尺度适宜、对称协调、均衡稳定、秩序严谨的特点，反映出法国古典主义园林的影响。设计者充分运用了自由与准确、变化与秩序、柔和与坚硬、借鉴与革新、既异乎寻常又合乎情理的对立统一原则对全园进行统筹安排，雪铁龙公园继承并发展了传统园林的空间等级观念，延续并革新了法国古典主义园林的造园手法。

随着时代的发展，风景园林师吸收、融合国际文化，以创造新的地域文化或民族文化，但是不能离开赖以生存的土壤和社会环境，在设计中应该把握以下原则：①将传统设计原则和基本理论的精华加以发展，运用到现实创作中；②将传统形式中最有特色的部分提炼出来，经过抽象和创新，创造性地再现传统；③尊重地域传统、环境和文化。

（三）植物群落

植物有很重要的生态作用，如净化空气、水体、土壤，改善城市小气候，降低噪声，监测环境污染等。风景园林设计应兼顾观赏性和科学性，以地带性植被为基础，保证植物的生态习性与当地的生态条件相一致。植物配置以乡土树种为主，体现本地区的植物景观特色。具体的植物配置应该以群落为单位，乔、灌、草相结合，注意植物之间的合理搭配，形成结构稳定、功能齐全、群落稳定的复合结构，以利于种间的相互补充，种群之间相互协调，群落与环境之间相互协调。

注重植物景观的营造，尤其是种植适应性强、管理粗放的野生植物和草本植物，甚至对外来植物进行引种驯化，保护生物的多样性。同时，利用对地形地貌、土壤状况和小气候条件的深刻了解，将植物的生命期和生长周期对景观的影响、植物群落的适应性和植物景观的季相变化作为风景园林设计理念的基本出发点。

例如，北杜伊斯堡风景园林工厂中的植被均得以保留，荒草也任其自由生长；在海尔布隆市砖瓦厂公园中，鲍尔保留了野草与其他植物自生自灭的区域；在奥古斯堡巴伐利亚环保局大楼的外环境设计中，设计师在最大限度保护好原有生境条件的前提下，根据具体情况，创造出不同的小生境，丰富植物群落景观，在有限的空间内共设计了 10 种不同的草地群落景观；在中山岐江公园中，设计师用水生、湿生、旱生乡土植物传达新时代的价值观和审美观，并以此唤起人们对自然的尊重，培育环境伦理。

（四）水处理

从前面的实例可以看出，风景园林设计中从生态因素方面对水的处理一般集中在水质的清洁、地表水循环、雨水收集、人工湿地系统处理污水、水的动态流动以及水资源的节约利用等方面。

菖蒲河公园通过假山中藏着的一套水处理系统 24 小时工作，将河道中的水抽到净水装置中进行处理，然后排回河道，周而复始，循环利用。同时，在河道中栽植香蒲、芦竹、睡莲、水葱、千屈菜等 10 余种野生植物来保证水质的清洁。

成都活水公园充分利用湿地中大型植物及其基质的自然净化能力净化污水，并在此过程中促进大型动植物生长，增加绿化面积和野生动物栖息地，有利于良性生态环境的建设。它模拟和再现了在自然环境中污水是如何由浊变清的全过程，展示了人工湿地系统处理污水工艺具有比传统二级生化处理更优越的污水处理工艺。

中山岐江公园中岐江河由于受到海潮的影响，水位每日有规律地发生变化，日水位变化达 11 米，故按照水位涨落的自然规律，通过人工措施加以适当调整和控制，并满足观赏的要求，设计采用了栈桥式亲水湖岸的方式，成功解决了多变的水位与景观之间的矛盾。在具体实践中，尝试了三种做法：①梯田式种植台。在最高和最低水位之间的湖底修筑 3～4 道挡土墙，墙体顶部可分别在不同水位时被淹没，墙体所围空间回填淤泥，由此形成一系列梯田式水生和湿生种植台，它们在不同时段内完全或部分被水淹没。②临水栈桥。在梯田式种植台上，空挑一系列方格网状临水步行栈桥，它们也随水位的变化而出现高低错落的变化，都能接近水面和各种水生、湿生植物和生物。在视觉上，高挺的水际植物又可遮去挡墙及栈桥的架空部分，取得了很好的视觉效果。③水际植物群落。根据水位的变化及水深情况，选择乡土植物形成水生—沼生—湿生—中生植物群落带，所有植物均为野生乡土植物，使岐江公园成为多种乡土水生植物的展示地，让远离自然、久居城市的人们能有机会欣赏到自然生态和野生植物之美。同时，随着水际植物群落的形成，使许多野生动物和昆虫也得以栖居、繁衍。

在北杜伊斯堡风景园林中，水可以循环利用，污水被处理，雨水被收集，并引至工厂中原有的冷却槽和沉淀池，经澄清过滤后，流入埃姆舍河。在萨尔布吕肯港口岛公园，园中的地表水被收集，通过一系列净化处理后得到循环利用。

奥古斯堡巴伐利亚环保局大楼的外环境设计中更是贯彻了地表水循环的设计理念：充分利用天然降水，使其作为水景创作的主要资源，尽量避免硬质材料作为地面铺装，最大限度地让雨水自然均匀地渗入地下，形成良好的地表水循环系统，以保护当地的地下水资源。对硬质地面，利用地面坡度和设置雨水渗透口使雨水均匀地渗入地下。对半硬质地面，雨水直接渗入。屋面雨水大部分（60% ~ 70%）通过屋面绿化储存起来，经过蒸腾作用向大气散发，其余部分则经排水管系统向地面渗透或储存，并为水景创作提供主要的水源（图1-1）。

图1-1　奥古斯堡

同时，设计中水景的形式和容积是通过对屋面雨水的蓄积量计算来设计的。该建筑2/3的屋面进行了屋顶绿化，约有30%的屋面雨水，日常能保持600立方米左右，这些为院落总水景设计提供了重要参数。

（五）废弃材料的利用

自然界是没有"废弃物"的，"废弃物"是相对于生态系统而言的，这样的物质在生态系统内是不能分解或者需要很长的时间才能分解的。随着生态学思想在风景园林中的运用，景观设计的思想和方法发生了重大的转变，它开始介入更为广泛的环境设计领域。设计师倡导对场地生态发展过程的尊重、对物质能源的循环利用、对场地的自我维持和可持续的处理技术。

在后工业时期，一些景观设计师提出并尝试了对场地最小干预的设计思路，在废弃地的改造过程中，北杜伊斯堡风景园林（图1-2）中原有的材料仓库尽量尊重场地的景观特征和生态发展的进程。在这些设计中，场地上的物质和能量得到了最大限度的循环利用，很多工业废弃地经历了从荒野到工业区，再转变为城市公园，成为市民的日常休闲场所。而场地中的残砖破瓦、工业废料、混凝土板、铁轨等都成为景观建筑的良好材料，它们的使用不但与场地的历史氛围很贴切，而且是"自然界是没有'废弃物'的"最好证明。

（a）

（b）

图 1-2　北杜伊斯堡风景园林

中山岐江公园是在保留原有造船厂自身特征的基础上，采用现代景观语言改造成的公园，其设计保留了船厂浮动的水位线、残留锈蚀的船坞及机器等。铁轨是工业革命的标志性符号，也是造船厂的重要元素，新船下水、旧船上岸都有赖铁轨。设计者把这段旧铁轨保留下来，铺上白色鹅卵石，两边种上杂草，制造了一种怀旧情调。

在北杜伊斯堡风景园林中，庞大的建筑和货棚、矿渣堆、烟囱、鼓风炉、铁路、桥梁、沉淀池、水渠、起重机等构筑物都予以保留，部分构筑物被赋予新的使用功能。高炉等工业设施可让游人安全地攀登、眺望，废弃的高架铁路可改造成为公园中的游步道，并被处理为大地艺术的作品，工厂中的一些铁架可成为攀缘植物的支架，高高的混凝土墙体可成为攀岩训练场……公园的处理方法不是努力掩饰这些破碎的景观，而是寻求对这些旧有的景观结构和要素的重新解释。设计也从未掩饰历史，任何地方都让人们去看、去感受历史，建筑及工程构筑物作为工业时代的纪念物被保留下来，它们不再是丑陋的废墟，而是如同风景园林中的景物供人们欣赏。

在萨尔布吕肯港口岛公园中，拉茨采取了对场地最小干预的设计方法，使原有码头上重要的遗迹均得到保留，工业的废墟（如建筑、仓库、高架铁路等）经过处理，得到了很好的利用，还有相当一部分建筑材料利用战争中留下的碎石瓦砾，成了花园的重要组成部分。

西雅图油库公园是世界上对工业废弃地恢复和利用的典型案例之一。设计师哈格认为，应该保护一些工业废墟，包括一些生锈的、被敲破的和被当地居民废弃了多年的工业建筑物，以作为对过去工业时代的纪念。它的地理位置、历史意义和美学价值使该公园及其建筑物成了人类对工业时代的怀念和当今对环境保护的关注的纪念碑。

海尔布隆市砖瓦厂公园的设计谨慎地遵循基地的特点，尽量减少对地形地貌的改造，基地的自然和人工特征都被保留了下来，并经过设计而得到强化。砖瓦厂的废弃材料也得到再利用。砾石作为路基或挡土墙的材料，或成为土壤中有利于渗水的添加剂，石材砌成干墙，旧铁路的铁轨作为路缘。保护区外围有一条由砖厂废弃石料砌成的挡土墙，把保护区与公园分隔了开来。

（六）自然演变过程

自然系统生生不息，不知疲倦，为维持人类生存和满足其需要提供各种条件和过程。自然是具有自组织或自我设计能力的。盖亚理论认为，整个地球都是一种自然的、自我设计中生存和延续的一池水塘，如果不是人工将其用水泥护衬或以化学物质维护，便会在其水中或水边生长出各种藻类、杂草和昆虫，并最终演化为一个物种丰富的水生生物群落。自然系统的丰富性、复杂性远远超出人为的设计能力。

自然系统的这种自我设计能力在水污染治理、废弃物的恢复以及城市中地域性生物群落的建立具有广泛的应用前景。湿地对污水的净化能力目前已广泛应用于污水处理系统之中。

成都活水公园植物塘、植物床系统由6个植物塘和12个植物床组成。这个系统仿造了黄龙寺五彩池的景观，并种有浮萍、凤眼莲、荷花等水生植物和芦荟、香蒲、茭白、伞草、菖蒲等挺水植物，伴生有各种鱼类、青蛙、蜻蜓、昆虫和大量微生物及原生动物，它们组成了一个独具特色的人工湿地塘床生态系统，在这里污水经沉淀吸附、氧化还原和微生物分解等后，有机污染物中的大部分被分解为可以吸收的养料，污水就变成了肥水，在促进系统内植物生长的同时，也净化了自己，水质明显得到改善。人工湿地塘床系统好似一个生态过滤池，污水通过这个过滤池可以得到有效净化。

滨海博物馆海尤尔领地景观设计中，吉尔·克莱芒认为海尤尔领地景观的再现就如同是一片熟地经过一场大火的焚烧之后，许多乡土植物逐渐出现，呈现出具有返祖性的景观特色。那些具有惊人适应能力的植物会很快在火烧迹地上重新生长起来，形成先锋植物群落。面对各种外来植物的入侵，植物群落在竞争中演替，直至新的熟地的出现。

（七）气候因子

风景园林设计中涉及的气候因子主要有太阳光、气温、风等，这些因子直接或间接地影响着设计的效果。在设计之始，就要融入环境理念，充分利用自然地形地貌配置道路、建筑、水体、植物等，减少土方开挖或土方就地平衡，保护和尊重原有自然环境。在规划布局中，应先分析场地的特定气候状况，充分利用其有利气候因素来改善场地的生态环境条件。

在设计中营造小气候环境，不但有利于植物的生长，节约能源，减少废弃物的排放，而且对园林的使用者来说，创造了宜人的生态环境，有利于人们的身心健康。

拉维莱特公园中的竹园采用了下沉式园林的手法，低于原地面5米的封闭性空间处理，形成了园内适宜的小气候环境。在排水处理上，遵循技术与艺术相结合的设计思想，在园边设置环形水渠，既解决了排水问题，又增加了园内的湿度。

竹园的照明设计采用类似卫星天线的锅形反射板，形成反射式照明效果，在将灯光汇聚并反射到园内的同时，将光源产生的热量一并反射到竹叶上，借此局部地改善竹园中的小气候条件，以促进竹子的生长。

（八）土壤因子

在风景园林设计中，植物是必不可少的要素，因而在设计中选择适合植物生长的土壤就很重要。对此，主要考虑土壤的肥力和保水性，分析植物的生态学习性，选择适宜植物生长的土质。特别是在风景园林的生态恢复设计模式中，土壤因子很重要，一般都需要对当地的土壤情况进行分析测试，采取相应的对策。常规做法是将不适合或污染的土壤换走，或在上面直接覆盖好土以利于植被生长，或对已经受到污染的土壤进行全面技术处理。采用生物疗法，处理污染土壤，增加土壤的腐殖质，增加微生物的活动，种植能吸收有毒物质的植被，使土壤情况逐步改善。比如，在美国西雅图油库公园，旧炼油厂的土壤毒性很高，几乎不适宜作为任何用途。设计师哈格没有采用简单且常用的用无毒土壤置换有毒土壤的方法，而是利用细菌来净化土壤表面现存的烃类物质，这样既改良了土壤，又减少了投资。

第二章 风景园林建筑设计与生态的关系

第一节 设计是对生态环境的适应

一、"生态设计"概念的误用

自从有了生态的概念，大家便把"生态"一词同设计连在一起使用，生态设计这四个字便出现在了建筑设计、园林设计、产品设计等众多设计领域中。之所以能有如此高的使用率，说明大家认为生态设计是个值得提倡的设计方向。可是仔细考虑，究竟生态设计是什么样的设计，它应该具备什么特征，设计是否能达到人们的预期等问题，仍有待进一步推敲。

生态一词源于古希腊字，意思是指家或环境。《现代汉语词典》对生态一词的解释如下：指生物在一定的自然环境下生存和发展的状态。无论希腊词源还是中文解释，生态都无疑是个名词。在汉语里，一个名词（生态）和另一个名词（设计）的组合词属于偏正结构短语，前一个名词作定语使用。定语表示修饰、限定、所属等关系。根据汉语语法，可以对"生态设计"有如下解读：① 表示修饰关系，即"生态的"设计；② 表示限定关系，即针对"生态"的设计。

如果是修饰关系，那么"生态"表示形容词，即"生态的"。"生态的"描绘的是一种什么样的场景呢？尽管找不到对"生态的"这个形容词的标准解释，但从教科书上查找有关生态、生态学的解释可以归纳出几个要点：① 生态是一种自然状态，生态系统中的变化和发展也是自然的变化和演替过程；② 包括设计活动在内的人类活动，对自然环境会产生干扰，干扰有正、负之分。不难发现，所谓生态的是不需要设计的，没有设计活动的干扰才能体现生态的本来面目，加入设计便不能称之为真正意义上生态的。可见，生态设计是一个内部相互排斥的组合词。

如果是限定关系，那么生态设计就限定了设计的范围，指针对"生态"，而不是针对一把椅子、一棵树等的其他设计。那么，为什么要对生态加以设计呢？设计作为一种创造性活动，其目的是改变，改变背后的潜台词说明人们对现有事物的不满意。按照这个逻辑，之所以对"生态"做设计，实际是因为人们对现有生态不满意。人们一方面对生态不满意，另一方面标榜生态设计，这显然是自相矛盾的。笔者认为，造成这种矛盾的原因在于此生态非彼生态——加以设计的生态是现在的，标榜的生态是过去的，它们所属的时代不同。可见，生态设计是一个具有模糊性特征的词。

从以上字面的解读中可以知道生态设计这种说法的不合理性。可是，既然大家都在用，并把它理解为一个定义的、积极的词在不断使用，我们就不得不探讨其延伸的含义了。笔者认为，如果生态设计是一个褒义词，能代表人们的诉求，它应该包含以下几个方面含义：

第一，生态设计是"符合生态学原理的设计"。

第二，生态设计是"尽可能减小对生态环境干扰的设计"。

第三，生态设计是"对生态环境的适应性设计"。

第四，生态设计是"对生态环境的补偿性设计"。

二、设计符合生态学原理

在人们没有认识到生态系统的概念时，一切设计都是以人的欲望为起点的。这些欲望体现在对变化的审美和趣味的不断追求上，体现在对土地无限制的改造上。从历史上讲，园林设计诞生于贵族阶层，无论在东方还是西方，官宦和显贵的造园标准都是艺术美原则，设计指导思想是艺术哲学。伴随着手工业和农业的分工，城镇得以建立，进而发展为工业化的城市，土地上出现的设计多是人工合成物。这些以人们所想为指导的设计在现在看来是不生态的。

当人们意识到环境问题并开始关注生态学的研究后，设计的出发点加入了对环境因素的考虑。这些考虑体现在对场地自然环境的调研、充分利用自然的风和阳光、维持地上和地下生物的交流等，目的在于建立人的活动与自然进程的节奏相协调的关系。要想与某一事物相协调，需要先掌握它的规律，这个规律也就是我们所概括总结的原理。因此，我们所理解的生态设计实际上是符合生态学原理的设计，它有别于以往仅符合美学原理、仅满足心灵诉求的设计。

三、设计是对生态环境的适应

生态环境的各个层面都处于一种不断进化的状态中，它们在形式与实质上都不断变化着。为了生存得更舒适，人类本能地对生态环境中这些变化做出回答。这种回答通过设计来实现，因为设计被认为是一种有目的的创作行为，设计的结果是从一种形式到另一种形式的改变。如果将生态环境与设计这两种都具有变化实质的事物建立联系，那么这个联系便是适应。

通常意义上，"适应"的定义如下："适应是一种在结构、功能和行为上的变化，通过这种变化，物种及个体能够提高其在特定环境中的存活概率。"人类对自身生存环境的适应体现在方方面面，最为明显的就是其对居住环境的设计。在不同生态条件的背景下，人类通过设计活动创造出丰富多彩的居住形式和方式，营造适宜的生存条件，并最大限度地提高适应结果的质量。

在生产力不发达的古代，生态适应性设计的活动出现得较为频繁。比如，在古代斯里兰卡，为解决中部地区干旱的难题，先民修建了大大小小的人工蓄水池1 500余座，形成了由水库、塘堰、渠系结合的灌溉系统。在某些宫殿中，蓄水池所储存的水可以供应宫殿中一整年所需，当雨水丰沛时，水还会从高处的水池中溢流出来，或是从设计成大小不同的出水孔处流出，形成错落有致的喷泉，煞为好看。

建筑设计中的代表性例子是埃及建筑师哈桑·法斯的作品。穹顶与风挡这两个建筑元素出现在哈桑多个作品中，它们是用于提高室内空气流速的设计。风可以从成排的风挡进入室内，在经过一个内循环后又进入地下储藏室，使那里贮存的食物不易腐烂。Old Harga 村庄中的房屋以泥砖建成，并设计连续的拱券形成通风道。传统厚重的泥砖墙隔绝了沙漠中沉闷的热气流，拱圈引导通风并形成大量阴影，结合窗洞和穹顶的通风设计，建筑群有效缓解了沙漠的炎热。

四、设计尽可能减小对生态环境的干扰

人对自然环境的影响有正干扰和负干扰两种类型。尊重自然界的客观规律，谋求人与自然环境最大和谐与协调的生产活动是正干扰。反之，违背自然界客观规律的生产活动便是负干扰。一方面，虽然"和谐""相协调"等词是褒义的，但不难看出学者在描述所谓的"正干扰"活动时内心的矛盾方面，人不能否定自己的存在；另一方面，人的生产活动确实很容易对自然环境造成负干扰，真的正干扰只不过是在自然环境应对外界改变的承受范围之内的活动，而这种活动也是受生产力水平所限的较为落后的活动。

从历史和现实来看，人类对自然环境的负干扰是远远大于正干扰的。这是因为生态系统的内在平衡并不一定总能适应人的需要。比如，自然界中稳定的生态系统不足以提供人类所需的食物，自然环境中生长出的棉花不能直接变成人们穿的衣服，因此人们需要建立农场、纺织厂，逐渐形成人工生态系统。但这种人工生态系统是不稳定的，它打破了自然生态系统原有的平衡。因此，很难相信人类在发展农林生产、发展城市等各个过程中负干扰会小于正干扰，也就是说人类活动总在不停地给生态系统的自然运作制造麻烦，给环境造成破坏是不可避免的。

因此，生态设计实际上指尽可能地降低对自然系统日常运作的干扰和破坏，最大限度地借助自然再生能力而进行最少设计。它要求在风景园林的建设和维护过程中尽量使人的干扰范围和强度达到最小，尽量使所用的材料和工程技术不对自然系统中的其他物种和生态过程带来损害甚至是毒害。比较典型的例子有秦皇岛汤河公园，设计在完全保留自然河流生态廊道的基底上，引入了一条带状设施，将所有包括步道、座椅、灯光和环境解说系统在内的城市设施整合于其中，以最大限度地保留自然生态系统的完整。

五、设计是对生态环境的补偿

如前所述，人类活动总在不停地给自然生态系统制造麻烦，只要是有人类经济活动作用的地方，对自然环境的破坏就是必然的。因此，通过设计活动，使被破坏的自然系统再生能力得以尽可能地恢复，就是对生态环境有益的贡献，而这些努力实际上是人们在觉醒之后对

生态环境的一种补偿。所以，生态补偿设计的说法更为明确。

设计对生态环境补偿的例子随处可见。典型的例子包括棕地和采矿区的恢复，如德国鲁尔钢铁厂就是通过设计手段，将过去遭受污染及破坏的产业基地自然生态系统逐渐恢复的。近年来，湿地公园如火如荼的建设也是代表性的生态补偿设计。由于人们过去对湿地的认识不足，导致大面积湿地被占为他用或因建设干扰而退化。随着湿地的生态服务功能逐渐被发现，人们希望通过建立湿地公园来弥补过失、抵消损失。据报道，在 1990—2000 年，中国有将近 30% 的自然湿地消失了，在随后的 10 年中，国家先后规划和建设了 100 处国家湿地公园试点。在国家湿地公园名录中，2005 年的首批国家试点湿地公园有 18 处，到 2008 年共新增 20 处，2009 年一年便新增 62 处。

第二节　生态学与风景园林设计的关系

一、生态学与风景园林设计的联系

生态学是研究生物及其周边环境关系的学科，更明确地说是研究生物与生物、生物与非生物之间关系的学科。这其中的生物包括植物、动物、微生物以及人类，环境指生物生活的无机因素。生态学的分支研究领域非常多，这和其研究内容的庞大有直接关系。抛开非生物所指内容不说（这也是个无法估量的内容），仅研究生物（植物、动物、微生物、人）与生物之间的关系，就可以得到 12 种答案。如果再加上不同尺度的细分，如个体尺度、种群尺度、群落尺度、生态系统尺度等，那么生态学的分支研究领域将是一个无止境的数目。

当下是由于生态学研究内容的庞大性使其不可避免地触及普通人，因此有这样一句话："当人类作为一个物种存在于地球上时，我们就已经是生态学的学生了，我们的生存完全依赖我们对各种环境变化因子的观察能力和对生物在这些环境变化因子作用下的反应做出的预测能力上。"但是，普通人能做到的只是生态学的小学生，他们依赖观察得到的结论是基于经验的，往往也是表面化的。

在国务院学位委员会、教育部公布的 2011 年《学位授予和人才培养学科目录》中，风景园林学正式成为 110 个一级学科之一。虽然目前对风景园林学的标准解释还是个空缺，但是基本可以概括为风景园林设计学是人居环境科学的三大支柱之一，是一门建立在广泛的自然科学和人文艺术学科基础上的应用学科，其核心是协调人与自然的关系，其特点是综合性非常强，涉及规划设计、园林植物、工程学、环境生态、文化艺术、地学、社会学等多学科的交汇综合，担负着自然环境和人工环境建设与发展、提高人类生活质量、传承和弘扬中华民族优秀传统文化的重任。

不难看出，"建立在广泛的自然科学和人文艺术学科基础上的应用学科"指明了风景园林设计学的跨界性，因此这个涉猎面广泛的学科便把从属于自然科学的生态学涵盖在内了。但是，要求风景园林设计师像生态学家那样钻研是不现实的。如前所述，生态学的研究分支是个无穷无尽的数目，风景园林设计又是一个需要无限涉猎的综合学科，两个未知数在一起无论做什么运算，结果都无疑仍是个未知数。那么，风景园林设计到底要和生态学有多少交集呢？笔者认为，既然人天生就是生态学的学生，普通人可以做到小学生，那么风景园林设计师达到初中毕业水平就够了。

所谓初中毕业水平，它比小学毕业要多迈进一个门槛。在初中，人们接触了元素周期表，了解了基本反应原理，知道世界上的物质存在无机和有机之分。这些对小学生来讲只停留在"听说过"的水平上。对于高中生，他们所学的知识要在初中基础上更进一步，目的是为日后进行科学研究做好准备。可以说，从小学到初中是知识扩充，从初中到高中是知识深化。风景园林设计引入生态学知识是对时代变化的回应，同时提高了行业门槛，但设计师毕竟不是科学家，生态环境的改善也不是只靠风景园林设计师就能解决的。

二、生态学与风景园林设计的区别

生态学与风景园林设计学最显而易见的区别在于前者是自然科学，后者是融合了自然科学与人文科学的应用学科。生态学研究客观存在的现象，判断其研究成果需要通过科学实验来检验。虽然现代生态学将人对环境作用的因素考虑在内（这也是现代生态学对传统生态学的发展），但并不以人的意志为转移。风景园林设计学属于众多设计学科中的一类。设计有其人格化的特征，人是设计活动的主体，也是设计成果的裁判。如果我们谈生态，必须放弃人自身的主体地位，把人和其他生命体归为同一；如果我们谈设计，就要把人的需求放在首位，健康的生态环境成为设计所考虑的人的众多需求之一。因此，生态学与风景园林设计学的区别在于人的地位和作用。

三、风景园林设计中生态学原理的表达

（一）规划层面的表达

1.多方位的平衡

生态学原理告诉我们在一个生态系统中相对稳定的平衡状态是在各种对立因素的互相制约中达到的。在规划中，人们同样会面临各种对立因素的协调问题，包括自然资源的保护与恢复、土地的多功能使用、交通体系的畅通、抗灾系统的稳定以及民俗文化的传承等。虽然在对场地的评价、适宜性分析和概念模型建立过程中可以引入计算机技术，但在影响因素的权重确定、方案优化评价方面仍以主观判断为主。

规划者应审慎考虑可能性、经济性、合法性、趋利避害等的问题，考虑近期利益与长期利益的平衡，明确哪些可以牺牲、哪些必须坚持，以经济、适用、美观为原则进行方案的比较。

2.分步骤、分阶段的建设时序

设计曾被形容为是在创造一种形式，即一种一经创造便是永久的且无法改变的形式。然

而，这同生态的园林建设价值不符。自然界的各个层面都处在不断演变的过程中，人的行为也同样处在变化中。因此，设计应被理解为一个可以改变的过程，并且设计师应该为改变采取预留措施。

在开发建设过程中，先要考虑该建设是否需要、是否迫切。一个新城区的绿地建设往往不需要一次性完成。在开始阶段，只需要建设能够支持初期使用量的内容就可以，尽量将不需要的部分在满足安全的基础上保持原始状态，充分发挥其天然的生态效应。以停车场为例，如轨道交通新站点、新社区周边绿地的停车场，它们从开始投入使用到发展成熟必定需要经历一段时间，设计完全可以在初期用绿地代替部分停车位，直到真正需要时再完成全部工作。

先知先觉是规划工作者应具备的素质，因此预留部分是可以预测、可以控制的。通过这种安排，我们能让自然在保持其原始状态的阶段充分发挥其功效，将人的负干扰控制在最低限度。

（二）设计层面的表达

1.地形设计

（1）保护自然地形。自然界中地势的高低起伏形成了平地和坡谷，两种形态创造出了截然不同的空间和生态环境。中国传统山水文化视野下的山体设计讲求"高远、深远、平远"的设计法则，《园冶》相地篇有"园地惟山林最胜"，因为"有高有凹，有曲有深，有峻而悬，有平而坦，自成天然之趣"。从生态学意义上讲，这种起伏变化形成了阴、阳、向背，创造出不同的小气候，为生物提供了多样的栖息环境。

地形产生的生态效应主要是太阳辐射和气流两个因素作用的结果。不同朝向、不同坡度的坡地享受的日照长短和强度都有所不同。总体来说，坡度越缓，日照时间越长，反之，坡度越陡，日照时间越短。据研究测算，在北半球同一纬度同一海拔，2°～5°的北坡日照强度降低25%，6°的北坡日照强度降低50%。向光的坡面有利于植物的光合作用；背光的坡面土壤湿润，是菌类、蕨类植物赖以生存和发展的环境。

地形对气流有阻挡和引导作用。地势的凸起可以阻挡强大的冬季风：几段高地围合出的湿地、峡谷可以引导气流的通行，马蹄形的围合空间还能起到藏风聚气的作用。

我国古代有关地理学、城市史学和军事学等诸多著作中自有"形胜"一说，形胜思想强调山川环境，将城市选址、建设与地理环境的观察进一步扩大到宏观的山川形势，把大地上的山水格局作为有机的连续体来认识和保护。北京西山一带任何开山工程在明代都被明令禁止，这是为了保障山脉不受断损。古人把开山视为不吉利的事，这种意识并非完全迷信，这是基于长期观察经验的累积。生态学同样主张保护山体的连续和完整，切断了山体意味着切断了自然的过程，物种和营养的流动过程受到破坏，将导致地区的发育不良。

（2）塑造人工地形。人为地塑造地形是为了形成适应多种生物需要的小气候条件。在当今灰色环境占主导的城市中，人工地形塑造能够增加环境的绿化量，因为土山总的坡面积远远大于它的占地面积，为城市中见缝插针的绿地找到可行的扩容出路。沉床式地形处理将小场地隐匿在树荫环绕之下，这样可以与噪声和扬尘相隔绝。设计效仿自然的人工地形，无论其规模多大，它的曲折回转、或脊或谷、虚实相生都为人和其他生物创造了多样的、适宜的生存空间，将生物多样性落到了实处。气流在这里被减速、被冷却，还能有效缓解城市热岛效应。

2. 种植设计

（1）植物群落的构建。在自然界中，很少有植物能够单独生活，多是许多植物在一起，占据一定空间和面积，这种"在特定空间和时间范围内，具有一定的植物种类组成、一定的外貌及结构、与环境形成一定相互关系并具有特定功能的植物集合体"称为植物群落。植物群落有生态学上演替的过程，即经过迁移、群聚、竞争、反应、稳定等过程，一种植物群落会被另一种植物群落所替代。达到稳定状态的群落称为顶级群落，我们的设计就是要建立可以向顶级群落演替的植物群落结构。

值得注意的是，只有植物群落才能发挥最优的生态效益，很多设计中我们看到的不是植物群落，而是植物组合，主要体现在以下方面：城市道路的植物搭配以灌木＋乔木、草坪＋乔木为主；高速公路两侧30～50米林带以单一乔木为主；居住区中以草坪＋少量灌木＋少量乔木为主；广场绿化以草坪＋少量灌木为主。这样的植物组合虽然有一定降温、降噪、制造有氧环境的效果，但它往往是脆弱的，长期下来容易导致草坪退化、病虫害增多等后果。

（2）考虑植物间的相生相克影响。植物间的相互生发、相互克制作用是植物生存竞争的一种表现形式。植物生态学中把这种相生相克的影响称为"他感作用"。所谓"他感作用"，是指植物通过体外分泌某些化学物质，从而对邻近植物产生了有害或有益的影响。比如，澳大利亚某种桉树会分泌萜烯类化合物，抑制其他植物发根，因此这种桉树周围的其他树很难正常发育。实际上，在植物的生命活动中，植物各部分器官会产生近百种化学分泌物，它们通过空气或土壤的传播改变其他植物的生存环境。

相生的植物种在一起可以相互辅助，达到共生共荣的效果。比如，百合和玫瑰种在一起可以延长二者的花期，山茶花和山茶子种在一起可以明显减少霉病，松树、杨树和锦鸡儿的组合也能促进生长。如果了解了这些关系，我们就可以为种植选择提供多一种可能，并大大减小人工养护的力度。

相克的植物种在一起则会影响彼此的长势，甚至导致死亡，因此要尽量避免种在一起。常见的相克植物有丁香与铃兰、玫瑰与木犀草、绣球与茉莉、大丽菊与月季、松树与接骨木、柏树与橘树等。此外，我们也可以对相克关系加以利用，如通过植物抑制蔓生的杂草，从而减少对化学除草剂的依赖。

（3）考虑环境因子对植物的影响。环境中各生态因子对植物的影响是综合的，植物生活在综合的环境因子中，缺乏任何一种因子，植物均不可能正常生长。园林植物最主要的生长环境因子包括光照、水分、土壤等。这些因子共同构成了植物生活的复杂环境，植物的生长状况就取决于这个复杂的环境状况。

① 光因子。植物依照对光照强度的适应程度分为阳性植物、阴性植物和耐阴植物三种。阳性植物在强光环境中才能生长健壮，它要求全日照，在其他条件适合的情况下，不存在光

照过强的问题，反而在荫蔽或弱光条件下会发育不良。阴性植物在较弱光照生长良好，多生长在背阴处或密林中。耐阴植物在全光照下生长最好，但也能忍耐适度荫蔽，或者在生育期间有段时间需要适度遮阴。

② 水因子。水是植物生存的物质条件，也是影响植物形态结构、生长发育、繁殖及种子传播等重要的生态因子。植物对水分的需求和适应呈现出一定的特征，由此产生不同的植物景观。另外，水分也是植物体的重要组成部分，植物对营养物质的吸收和运输以及光合、呼吸、蒸腾等生理作用，都必须在有水分的参与下方能进行。

③ 土壤因子。根据植物对土壤酸碱程度的适应可分为酸性土植物、中性土植物、碱性土植物；根据植物在盐碱土上的发育程度可分为喜盐植物、抗盐植物、耐盐植物。

在实际工作中，对栽植地土壤的详细调研工作是不可忽视的。土壤状况的准确把握可以为以后的经营管理提供非常有价值的信息，有利于降低生产成本。比如，在客流量大的地段，为减少土壤板结，有必要对土壤进行改造，创造混合土。在混合土中，骨架材料有抗踩踏的能力，细致的材料和空隙度大的材料可以满足根系生长需求。土壤管理应采用多种措施结合的方式，如有意识地引导游客向踩踏抗性强的区域游览，以减轻其他地段土壤的破坏。

（4）对植物群落的梳理。实践证明，对植物群落的保护不应停留在放任其生长上，人工的适当疏伐能够促进群落的整体健康。因为疏伐可以改善群落内的环境条件，为植物生长提供更多的空间。有时，自然林地中的植物过于密集，植物对生存空间的竞争过于激烈，就要通过人工梳理让一些灌木和草本也能够生长起来，让细高的老树变得粗壮一些。

（三）水景和水系统设计

为什么水令人神往，为什么多数人都有亲水的天性？从表象上讲，水的多变使人精神愉悦。正如宋代郭熙所描述的一样，水其形欲深静、欲柔滑、欲汪洋、欲回环、欲喷薄、欲远流，能给人带来视、听、触、嗅等丰富的感官体验。从本质上讲，水是生命之源、生存之本。生命体内各项生理活动都需要水的参与，它承担着溶解、运输和代谢物质营养的责任。水还能够调节气候，大气中的水汽可以阻挡地球辐射量的 60%，保护地球不致冷却，海洋和陆地水体在夏季能吸收和积累热量，使气温不致过高，在冬季则能缓慢地释放热量，使气温不致过低。多种益处自然让人们对水产生天生的亲近感。

无论在东方还是西方的风景园林设计中，引入水、利用水的有益功效提升环境品质都是朴素的生态表达。然而，随着环境压力的增加，园林中的水景和水系已不再只作为环境升华的设计了，它还要承担清洁、净化环境等务实的任务。符合生态学原理的水景和水系统设计表现为考虑水的运动、水的循环和水生环境的营造三方面内容。

1.活水设计

水，活物也。早在古代，人们就总结出"流水不腐"的经验。这说明水的价值只有在运动中才能体现，否则就是一潭死水，成为发黑变臭、蚊蝇滋生的卫生死角。之所以流水不腐，用科学语言来解释是"曝气"作用的结果——水在运动中与空气的接触面增加，一方面交换出水中的有害气体（如二氧化碳、硫化氢等），防止水变臭，另一方面获取空气中的氧，使水中的溶解氧增加，达到去除有害金属物质（如铁、锰等）及促进需氧微生物活动的目的。

园林设计是对空间的设计，因此通过空间变化创造活水是经济实用的方法。主要方式有以下几种：

（1）高差设计。高差变化是创造活水最直接也是效率最高的方式。瀑布、跌水、喷泉等设施能创造水位落差，将水的势能转化为动能，在产生动态水景的同时，增加水体与大气和水底的接触，使水的活力得到释放。

（2）曲直变化。自然界中的河流天然呈现出蜿蜒的形态，使水流在曲折间时急时缓。设计曲直不一、宽窄不同的水道，能促使水在急流中自然曝气、在缓流中沉淀有机物。

（3）障碍物设置。在水中适当布置石头、小品等设施，当水流撞击到障碍物时，水的流速改变，水花飞溅，实现曝气的过程。

2. 水循环设计

从理论上讲，水是可再生资源，因为水的自然循环过程保持着地球上的水量平衡。在自然界中，水循环起着连接地球各圈层物质能量传送、调节气候变化、塑造地表万象、生产淡水等作用。但是，人类的生产活动在不断干扰水的自然循环过程。比如，公路、广场、建筑、人工河道等大面积不透水表面阻碍了水的下渗，使降水未经地下循环过程便直接蒸发回空气中，造成了地下水补给不足。又如，污水排放超标，超过了水的自净能力范围。

水循环是由多个环节的自然过程构成的复杂动态循环系统。全球性的水循环涉及蒸发、大气水分输送、地表水和地下水循环以及多种形式的水量储蓄等内容。其中，蒸发、径流和降水是水循环过程中的三个最主要环节。对园林设计而言，保持水循环的设计可以在小范围内进行，对水的渗透、水的回收利用等关键问题做特别考虑。在这方面已有雨水花园、生态渗透池、生态过滤装置等项目的详细研究，这里不一一赘述。

3. 水生环境营造

单纯的水只能作为生态系统中的无机环境组成，一个完整的生态系统需要无机环境和生物群落共同构成。因此，生态的水景和水系统设计需要动植物和微生物的参与，它们扮演着生态系统中生产者、分解者和消费者的角色。受污染的水可以成为维持水中生物群落正常生长所必需的营养成分，在促进生物和微生物生长的同时净化自己。一些水生植物本身具备吸收金属有害物的功能。水生动物的排泄物和植物新陈代谢脱落出的残花败叶会携带环境中的污染物汇集到景观水中，经过水中微生物的分解，污染物转化为无害的无机物，又被水中的动植物吸收、利用，从而形成了生态系统中无机物与有机物间的循环。这种循环使有害物质被分解，能量获得释放。

根据上述原理，生态的水生环境设计可以通过两条途径实现：一是选取适宜的植物材料和动物种类投入水中；二是适时对水中动植物和微生物进行增补或移除，保持水体中各种群数量的均衡。另外，水中的生物群落还可以起到生物监测的作用，一旦水环境中出现生物病态或死亡的现象，说明水质已受污染，警示人们不能在该区域内进行嬉水活动。

（四）驳岸处理

驳岸是河流与陆地的交接处，在这里有多样的物种类型，边缘效应显著。但是，人们为了免遭洪水灾害，保护自己的生存空间，不得不通过一些措施割断水陆间的联系。因此，生态的驳岸处理就是在保障行洪速度、保护河岸免受河流冲刷和侵蚀的同时，考虑水陆间物质和营养的交流，增强水文和生态上的联系。更高要求的生态驳岸要在保护的基础上，能为多样化的边缘效应创造环境。

1.传统生态驳岸

驳岸的生态设计和改造自古有之，尽管那时人们还没有将其冠以生态之名。战国时，管子主张"树以荆棘，以固其地，杂之以柏杨，以备决水"。20世纪初期，人们采用捆扎树枝的技术来稳固黄河沿岸的斜坡，防止洪水侵蚀。德国保护河岸的生物工程技术运用已有百年多的历史。美国有记载的生物工程应用始于20世纪二三十年代。这些都体现了朴素的生态观。遗憾的是，随着科学技术的日新月异，这些传统的护岸技术逐渐被人遗忘。

（1）天然材料固岸。在没有水泥合成技术的时代，古代治河工程中就常用树枝等较软的材料用来捆埽、堵口。这实际上是利用这些材料的土壤生态改造技术。木桩、梢料捆（梢芟、薪柴、秸秆、苇草等材料）、梢料排、椰壳纤维柴笼、可降解生物纤维编织袋等，安全无污染，在实际应用中通常将以上措施组合使用。比如，梢料捆和活体木桩是一个加固岸坡的常用组合，椰壳纤维柴笼可以和植物、梢料排等共同使用。

（2）植被护岸。植被护岸最大限度地保留了自然原型，其基本原理是植被根系在土壤中生根发芽后起到的物理固定作用，并且随着植物长高，河岸边还会自然形成遮蔽的树荫，树荫下的水温得到良好控制，水草就不会过度繁衍，为水生动物的栖息和繁殖创造了有利条件。最常见的植被当数柳树，一般做法是将柳条捆扎横放在水边，并用木桩固定，最后覆盖上薄土，几周过后，柳条开始生根，牢牢地抱住土层，从而起到加固河岸的作用。在水流和波浪比较平缓的地方，芦苇等水生植物就可以起作用。但在水流湍急的地带，一般会将活体植物材料（根、茎、枝等）做人工处理以加大固定力度。具体处理手法有捆扎、排柴笼、搭植被格、架木龙墙等。

2.传统生态驳岸的局限性

传统生态驳岸的做法虽然对环境产生的负担很小，但仍然存在很大局限性。

（1）稳定性。可以肯定的是，传统生态驳岸做法不如水泥硬质驳岸坚固，如果没有大量当地地水环境的基础资料以及多学科专业人士的技术分析作支持，这种驳岸使用需要承担的风险更高。

（2）时间性。等待树枝长成大树需要时间，如果在工程实施不久后就遭遇洪水，要及时修护损毁的部分，否则将影响到后期使用。

（3）方便性。由于加工植物材料要在植物的休眠期进行，施工时间受季节限制，而且削枝、劈切、捆扎、固定基本靠手工劳作，人力成本较高。

3.当代常见的生态驳岸

（1）天然石材护岸。天然石材不但有很强的固定作用，而且石块表面有明显的凹凸，石块间的缝隙大，为生物留下了栖息的空间。在水流冲击不是十分剧烈的地方，可以在护岸顶端采用干砌（而不是砂浆）的方式松散地铺砌砖石，留出缝隙。当野生植物在缝隙中生长起来后，护岸轮廓的生硬感便会变得模糊起来，逐渐呈现出自然的外貌。

（2）生态混凝土护岸。生态混凝土材料是通过材料筛选、添加功能性添加剂、采用特殊工艺制造出来的混凝土材料。比起普通混凝土材料，生态混凝土中注入了更多酸性物质，如木质醋酸纤维，降低水泥的碱性，使周围水环境趋于酸碱平衡。在结构方面，生态混凝土具有较高的孔性和透气透水性。当水流撞击墙体时，水以及其夹杂的营养物质会留在空隙中，起到生物净化的作用。

（五）材料使用

生态系统中每一种物质元素都有其存在的生命周期。近年来，随着国民经济的飞速发展和人们生活水平的不断提高，许多园林建设项目把目标锁定在豪华尊贵、打造精品方面。这些园林的高档奢侈之处最直观地体现在其材料的使用上。这些外表光鲜的材料的确能给使用者带来愉悦的享受，但它们从采集、加工、使用、养护到最终废弃的整个生命周期中都在不断增加环境的负荷。这种用未知的环境代价换取短暂的满足的行为有悖于可持续发展原则，也会影响生态系统中各生命周期的日常运转。

实际上，材料本无高低贵贱之分，而是人们强加于不同材料之上的。对某种材料的生态考虑关键在于对其生命周期的认识，也就是从摇篮到坟墓的全过程认识。对于园林设计师而言，由于受专业范围限制，对某种材料的资源摄取量、能源消耗量、有害物质释放量等信息无法做出独立判断，这需要我们向专业人士请教。但是，我们能做的是材料使用上的文章。笔者认为，生态的园林材料使用体现在四方面：就地取材；对传统的环境友好材料进行创新使用；对已经造成环境破坏的材料进行循环利用；不拒绝高科技生态材料的尝试性使用。

1.就地取材

每种材料的内涵能量与其原料的开采、制造方法和过程、运输距离的远近有密切关系（陈立《生态危机的对策——建筑创作中的5R原则》）。总体来说，异地运输来的材料比本地材料蕴含更多的能量，因为材料运输过程中要大量耗费不可再生能源，要排放废气，造成环境污染，并且徒增建设成本。

近年来，交通运输的便利发达实现了人们看世界的愿望，也激起了部分人把世界搬回家的想法。于是，人们为了创造独一无二、高端奢侈的精品园林不远万里去网罗奇才。实际上，地方材料是地域环境的产物，有其存在的合理性，也是塑造地方特色的有力工具。只要设计师用心解读材料，把握好材料的质地、纹理和色彩等特征，同样能化腐朽为神奇，创造出优秀的作品。例如，在位于美国亚利桑那州的菲尼克斯动物园中，座凳、文化墙、景墙等一系列园林构筑物都以夯实的素土和当地岩石为主要材料打造出来，使园区基调统一并浑然天成。

2. 传统材料的创新使用

过去，木材、砂石、竹、砖、瓦等天然的或仅简单加工的传统园林材料展现出自然、古朴的造园风尚。随着生产力的快速发展以及加工技术的不断进步，天然的元素变幻出多样的面孔，它们或光洁，或平整，或颜色均匀，或斑斓多彩，给人们带来无限的视觉乐趣。但是，现代加工技术的进步是以能源消耗和环境污染为代价的，机械运作需要燃烧化石燃料，化学染色剂会最终排放到工厂附近的河水里。生态园林建设对设计师提出了更高的要求，要让有限的天然材料呈现出无限的表达形式，要继承和发扬独具智慧的传统技术，通过非工业化流程使平常的材料变得不同寻常。

当代建筑和园林设计中不乏一些重新演绎传统材料和工艺的精彩作品。近年来，石笼墙的广泛应用使天然石块发挥出了更大的作用。石块不需要被打磨成统一的规格和颜色，通过设计所需强度和体量的金属网架装进石块就能达到划分空间和装饰环境的效果，可谓物尽其用。建筑和景观设计师路易斯·巴拉甘放弃了化学涂料，用墨西哥当地的花粉和蜗牛壳粉混合以后制成的染料粉饰其房屋和景观，天然无污染，耐久力也不比化学涂料差。

3. 废材料再利用

废材料再利用的主张本质上是对生态系统自我更新和再生能力的再认识，因为即使系统的调节和消化能力再强，也承受不了无限制的攫取和堆放。据统计，世界上每年产出的垃圾中，建筑垃圾占到了近一半的比例。比如，橡胶、金属、塑料、混凝土这样的材料在生产过程中消耗了大量能量，要使它们分解，需要消耗至少同等的能量，耗费不可估算的时间。但是，小到一颗钉子，大至一架吊车，都可以成为园林创作的素材。当我们有节约资源意识、有保护环境的责任感时，我们就能充分发挥主观能动性，变废为宝，为负荷的环境多一些分担。

例如，在美国费城的都市供应商海军庭院内，铁轨的残疾、斑驳的混凝土、生锈的金属栅格和工业沉淀物构成了庭院景观的基调。破损的混凝土路面被切割成不规则大块，松散地铺在地面上，其间的缝隙处填满了废置的木材和碎石。本该送入垃圾场的材料得到重生，并创造出了奇妙的景观。在世界上，许多城市的垃圾山被覆上相应的土壤以及植物，经过数年后，植物顺利成活了，原来的垃圾山成了景观地形塑造的基础，甚至变为环境优美的游览胜地。

4. 新材料的研发和使用

新材料的面貌往往与人们脑子里想象的生态场景有差距。但是，对待生态应该有更全面的考虑，利用新观点、新思想和成熟的新技术、新材料本身就是对生态的追求。建筑师托马斯·赫尔佐格从不反对利用新开发的材料和技术，相反，他很赞成，因为有些技术可以利用较少的材料满足同样的功能要求。在德国，无论建筑还是景观中都大量使用钢材和玻璃，因为这些材料施工快捷，施工能耗低，可以循环利用，对场地要求较小，能够适应未来功能的变化。这样的材料在德国就可以被推广使用。另外，由于自然资源越来越稀少，加上垃圾倾倒和处理的成本日益增高，当今新材料研发的趋势也向着简约、易分解、可多次利用等方向发展，对生态环境的保护已成为全球性的课题。

第三节　生态技术应用于设计实践中的困难

一、风景园林设计中由生态理念引发的问题

（一）社会上的现象

1. 概念炒作，以假乱真

在当今经济高速发展的社会，人们想尽办法广开财路，以致任何新事物的出现都很容易引来一阵热捧，生态也不例外。近年来，随着全球性的生态环境保护宣传力度与日俱增，国际上的生态景观设计比比皆是，导致国内也出现了生态景观设计的跟风。设计师愿意给自己的项目冠以生态的名号，认为自己顺应了园林设计行业的发展趋势及国际大环境的需求，很时髦、很科学，并且具有很强的说服力。对开发商来说，有了生态的标签，货就变得抢手。生态的概念逐渐被炒热了，并且热度持续了十几年依然没有减退的迹象。我们知道，炒作背后需要有真本事来支撑，不然大家看过后，一旦发现没有内容便很快散场了。那么，为何生态设计的热度能持续不减呢？为何几近欺骗的生态园林仍然有人买账呢？笔者认为，根本原因在于大家对生态概念存在片面的理解。实际上，多数人的需求只是一个有氧气、有生机、无污染的好环境，这和真正意义上的生态有一定的区别，人们分辨不出真伪。人们买假货为图个便宜是说得通的，如果买贵的假货，只能说明人们以为自己买到真货了。

2. 生态等同于园林绿化

说起生态问题，很多人都会想起绿色、绿化、植被，并把它们与生态画上等号，认为绿化是生态的充分且必要条件。前些年，生态的地位和作用并没有被公众所熟知，一片草地被冠以生态景观的名义，一座孤岛上栽几个树就可以称为生态岛。随后，许多专家和业内人士出面解释，说明了生态是一个系统层面的概念，单一的生命无法构成生态，单一的绿色也无法等同于生态，发挥不了生态效应的道理，这种现象似乎很少见了。于是，近几年，一些开发商请来植物搭配的高手，在绿地上种出高低错落的植物组合，然后打起生态小区的旗号卖出高昂的价格，而绿地上画一般的植物群落里尽是耗费巨资的奇花异木，它们的生长与真实的生态过程完全没有关系，可以说是以生态之名反生态之实。可见，公众对生态的认识还停留在表面上，绿化等同于生态的认知并没有被改变多少。

（二）设计行业内的现象

1. 生态独裁化

当《寂静的春天》为人类敲响环境恶化的警钟，当生态学成为一门独立的学科浮出水面，人们开始为寻找可持续的发展模式采取行动。同样采取行动的还有设计界。一时间，生态规划、绿色设计、可持续设计、顺应自然的设计等以生态为核心的规划设计成为建设的主旋律，几乎没有人对以生态理念为主打的设计进行否定，大家在生态意识上达成的高度统一是历史

罕见的。带着拯救世界、挽救人类的使命，挂上生态理念的设计不但是正确的，而且是高尚的。对一些设计师来说，生态似乎演变为一种信仰。

所以，有学者大胆地提出"地理学是理论的风景园林，风景园林是应用的地理学"的结论；有的设计师宁可牺牲美感也要满足生态过程；有的声称大自然是最优秀的设计师，主张"无为而治"和"没有设计的设计"；有的设计模式要求设计师获得全面的数据并绘制分析图，分析的结果直接等同于设计的成果。这种压倒一切的生态倾向让设计师和科学家、数据分析员没有区别，让设计失去生气、失去创造，也把生态推向排他的、独裁者的高位。

2. 生态贵族化

设计界中相当一部分设计师有依靠知识密集、技术密集、资金密集来实现其生态理想的偏好。抛开这些昂贵投资的真实性价比不谈，单是这种贵族风的流行便会引发很多社会问题。一个低碳、节能的居住区每平方米房价要比周边高出近一倍的价格。法国建筑师让·努维尔设计的凯·布朗利博物馆的绿墙以生态著称，并以世界上最昂贵的墙面吸引着各地游客（图2-1）。"生态建筑学"的创始人保罗·索勒里在沙漠中实践的生态城市阿科桑底城用了30年时间和上千万美元方完成工程3%的建设（图2-2）。这些高档的生态建设以奢侈品的姿态出现在社会中，使好的环境成为只有有钱人才能享受的专属领域，这显然不符合恢复生态环境、造福全人类的生态主义初衷。

3. 追求野态风景

当前，有些设计师存在盲目追求野态风景的倾向。比如，在城市公园中完全保留原始的本土野生植物，并放任其生长，不做任何修剪，认为这是一种生态的做法，能获得原汁原味的生态景观。这样的景观在现代化的城市中出现并不合适，毕竟野生植物有观赏性不足、观赏期短、容易招引蚊虫等缺点，到了冬季还会变成一片荒地。所谓的野趣要放在郊野环境中才能得到展示，而城市环境、城市人需要一年四季的好风景，需要享受有别于乡村、有别于自然保护区的风景。

图 2-1　法国凯·布朗利博物馆建筑墙面

图 2-2　阿科桑底城市宫殿酒店

二、生态技术应用于设计实践中的困难

目前，生态技术现在已经被广泛地应用到园林设计实践中。但在当今社会，园林设计受到多方面因素的制约，所以生态技术应用在很多项目实践中遇到了困难，并没有产生预期的效果。

（一）生态技术的成本问题

生态技术应用于设计实践中的障碍之一是技术的成本过高。以太阳能光电板为例，据称北京市教委将在全市 100 所中学校园中安装太阳能光电板，总投资 1 亿元，也就是说平均每所学校铺设几十平方米就要花费上百万元。如果不是国家投资，很难有学校能承受这样高的开销。同样，设计师希望运用太阳能设备来满足小范围的景观照明，但是开发商宁愿每月支付电费。这说明生态技术的应用普遍存在初期资金投入高、运行所需时间成本高的缺陷。人们不愿意出大价钱去做生态技术，也不愿意花漫长的时间去等待一个不太容易看得见的成果。

虽然现实情况不容乐观，但所幸的是世界上仍有一部分人坚定地看好生态技术的发展潜力。就生态环境与区域经济发展的矛盾而言，有经济学家指出以不断膨胀的原材料消费为基础的经济增长模式，人为地将经济与生态相分离，这种思维方式无论如何也保证不了人类的长足进步。因此，我们有了新的思维方式，它将生态环境的改善作为一种积极的经济动力，将退化和被消耗的环境视为有利条件，使其逐渐成为一个资本积累的前沿领域。这种思维的基础是"退化了的城市生态系统带来的经济机遇可能要比其带来的危害多"。乐观地看，新的思维将带来城市内部的产业转型。事实上，有一项被称作"修复生态学"的新领域已经成为这种新思维下的产物。

（二）生态标准的衡量问题

以太阳能为例，太阳能是真正意义上的清洁能源，它不需要运输并且取之不尽。但太阳能的收集、转化需要大量设备来支撑，这些设备的研发、生产、运输等环节不可避免地会使用到不可再生能源。同时，太阳能发电的转化率、存储时间等都存在缺陷，实际运行成本非常高。因此，在很多设计师看来，设计中运用太阳能供电，实际浪费很大，并不生态。这一方面提醒我们要考虑生态技术实施的总成本，另一方面留下一些疑问，究竟这笔总成本背后的账谁来算仍是个空白，如何算清楚还是道难解的题。由于生态标准存在不好量化的缺陷，大家各有各的主张，眼前利益和长远利益在权衡标准上存在很大分歧。针对这种情况，笔者认为应该先向科学工作者请教，世界上已经有很多科研机构专门研究材料的内涵能量、材料的寿命周期评价（LCA）等，这些量化的数据我们可以拿来作为参考。在不确定的情况下，就要以经济、节约为原则，将负面影响降到最低。

（三）生态技术科学性与园林设计艺术性的矛盾

1.生态技术影响艺术表现力

艺术化的园林设计与科学的生态技术使用相结合是现今园林设计发展的趋势。但如何让这两部分要素结合起来，达到精彩的效果是我们需要思考的。很多项目的设计把生态技术的科学性和园林设计的艺术性当成两方面进行考虑，人为地割断了它们之间的联系，最后产生了生态技术的应用，影响了园林设计的美观和趣味性，没有让人享受到生态园林设计所带来的新感受。

解决这个问题，需要设计师不断提高自身艺术素养，将精神内涵视为重要的创作源泉，避免浮于表面的语言形式。位于加州圣何塞罗斯福社区的一处雨水过滤景观给了我们很好的启示：屋顶的雨水通过两架水流斜槽装置落入拇指指纹池内，经过岩石的滞留和过滤作用流入生态沼泽中。指纹造型的寓意深刻，它与自然界中的水流、风流和银河系的螺旋形或旋涡形状十分相似，表明了人类个体的独特性和源于宇宙万物的同一性间的关系，暗示我们要善待自然。

2.生态化的艺术效果不为大众所接受

设计师的审美转变往往走在大众前面，造成了生态化的园林设计不为大众所接受的局面。比如，在杭州某生态公园建设中，经过专家、学者的反复论证，设计最终选择耐候钢板作为保护生态岛的围合材料，因为它抗腐蚀、荷载小，能够回收利用，并且散发着独特的工业气息，没想到在公园开园之际，有游客却问："为什么公园完工了，施工钢板还没有拆除？"

即便这样，我们应该相信这只是暂时的。通常情况下，人们习惯性地维护已有的东西，对新事物的第一反应总是拒绝。这是一个必然的过程。随着时代的进步，符合时代要求的事物会逐渐为人所接受，取代那些不符合时代要求的所谓美的东西。历史经验告诉我们，新审美观并非产生于对某一事物的瞬间吸引，而是产生于解决人类所面临的实际问题的过程中。

第四节　风景园林建筑设计引入生态学原理的意义

一、生态学原理是设计遵循的法则之一

风景园林设计的发展变化与社会环境的变迁密不可分。园林产生于官宦和显贵的私家花园，封建社会被民主社会取代后，发展为人民的公园，随着拯救生态环境的呼声日益高涨，设计又担负起修复生态环境的责任。设计的服务对象在改变，设计的手法也在推陈出新。从单纯的美学原则到融入大众行为心理，从挖掘历史文化到保护自然资源，园林设计所结合的内容不断丰富，设计遵循的法则也不断扩充。

所谓原理，指自然科学和社会科学中具有普遍意义的基本规律，它是在大量观察、实践的基础上，经过归纳、概括而得出的结论。生态学原理在风景园林设计中的地位和美学原理、社会心理学原理等是相同的，是设计中可以遵循的法则之一。但相较设计中常用的美学原理而言，生态学原理本身的客观性更强，它不是一个朦胧的概念，而是具有科学性，这也是生态学原理在设计中所体现的地位更突出的原因之一。

二、生态学原理开启了新的设计认知

不断恶化的全球生态状况成了人们迫在眉睫的担忧。从《设计结合自然》这一著作的出现开始，规划设计中生态学原理的引入成为迈向补救道路上的出发点。设计方法论中所固有的创造过程突然间获得了一些来自科学界的关注与信赖。时至今日，我们对环境问题的讨论已经不是什么新鲜事，只是迫切性又增加了。随着人地关系被重新重视，城市生态系统日趋复杂化，科学和设计都被新的现实所迫而卷入新的关系中，体现为自然科学的城市化与设计的科学化。为了应对新的问题集群和科学界限，包括科技、设计甚至商业等在内的新的学术混合体正在诞生，并且刻意模糊彼此。这种做法的势头正围绕着环境恶化问题在迅速加剧。设计行业的发展方向已被现实所牵引，而不只是新的吸引力。也许设计需要像自然科学那样，探索过去几十年内已涵盖的领域，甚至更多。

第三章　生态学原理下风景园林建筑的特性

第一节　风景园林建筑的功能性

建筑功能是指建筑的使用要求和使用目的。风景园林建筑以点景、观景等为使用目的，以满足人的休憩和文化娱乐生活需求为使用要求。

风景园林建筑与其他建筑类型一样，单一的房间或空间是其组成的最基本单位，其形式包括空间的大小、形状、比例以及门窗设置等。这些都必须适用于一定的功能要求。每个房间或空间正是由于功能使用要求不同而保持着各自的独特形式。就像居住空间不同于餐饮空间一样，建筑的功能制约着建筑的空间。但是，建筑功能的合理性并不只表现为单个房间或空间的合理程度。对一栋完整的建筑来说，功能的合理性还表现在房间与房间之间空间组合的合理性，也就是说，功能对空间既有规定性又有灵活性。要满足风景园林建筑的功能，就需要满足以下基本要求。

一、人体活动尺度的要求

人们在建筑所形成的空间内活动，人体的各种活动尺度与建筑空间具有十分密切的关系，为了满足使用活动的需要，应该先熟悉人体活动的一些基本尺度（图3-1）。

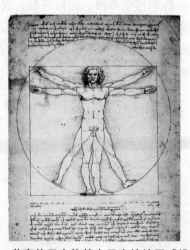

图 3-1　达·芬奇关于人体基本尺度的绘画《维特鲁威人》

二、人的生理要求

人的生理要求主要包括对建筑物的朝向、保温、防潮、隔热、隔声、通风、采光、照明等方面的要求，它们都是满足人们生产或生活所必需的条件（图 3-2）。

图 3-2　建筑物与人们生活

三、使用过程和特点的要求

人们在各种类型的建筑中活动，经常是按照一定顺序进行的（图 3-3）。

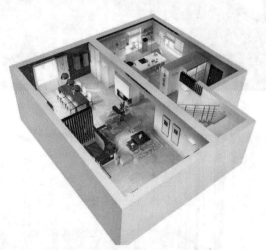

图 3-3　建筑功能要满足使用要求

第二节 风景园林建筑的空间性

这里引用中国古代伟大的思想家、哲学家老子的一段话："三十幅共一毂，当其无，有车之用；埏埴以为器，当其无，有器之用；凿户牖以为室，当其无，有室之用。故有之以为利，无之以为用。"这句话一语道破了空间的真正含义，一直为国内外建筑界所津津乐道。其意思如下：对人来说，建筑真正具有价值的不是其本身的实体外壳，而是当中"无"的部分，所以"有"（指门、窗、墙、屋顶等实体）是一种手段，真正是靠虚的空间起作用。这句话明确指出"空间"是建筑的本质，是建筑的生命。因此，领会空间、感受空间就成为认识建筑的关键。

建筑空间同风景园林建筑空间一样是一种人为的空间。墙、地面、屋顶、门窗等围成建筑的内部空间（图3-4至图3-6）；建筑物与建筑物之间，建筑物与周围环境中的树木、山峦、水面、街道、广场等形成建筑的外部空间。风景园林建筑及其周围环境所提供的内部和外部空间就是为了满足人们各种各样的休闲娱乐需求。

图3-4 建筑内部空间仰拍

图3-5 办公建筑内部空间

图 3-6　卖场内部空间

　　取得合乎使用要求和审美需求的室内外空间是设计和建造风景园林建筑的根本目的，强调空间的重要性和对空间的系统研究是近代建筑发展中的一个重要特点。建筑日趋复杂的功能要求、建造技术和材料的不断变化为设计师对建筑室内外空间的探讨提供了更多的可能，特别是风景园林建筑不仅要求灵活的室内空间，还需要丰富的室外空间，从而在空间功能和空间艺术两方面较传统园林建筑取得新的进展和突破。

　　首先，建筑类型繁多、功能多样，要解决好建筑的使用问题，特别是风景园林建筑日趋多样和复杂的功能，就必须对其各个组成部分进行周密的分析，通过设计把它们转化为各种使用空间。就一定意义而言，各种不同的功能要求实际是根据其功能关系的不同，对内部各空间的形状、大小、数量、彼此关系等所进行的一系列合理的组织与安排。墙体、地面、顶棚等则是获得这些空间的手段。因而，可以说空间的组织是建筑功能的集中体现。

　　其次，在建筑艺术表现方面，风景园林建筑不但把建筑本身视为一种造型艺术，在式样风格、形体组合、墙面划分以及装饰细节等方面作为设计的重点，而且更加强调其空间意义。建筑与风景园林一样是空间的艺术，是由空间中的长、宽、高向度与人活动于其中的时间向度共同构成的时空艺术。空间是建筑艺术及风景园林艺术最重要的内涵，因此风景园林建筑对空间性的重视程度是它区别于其他艺术门类的根本特征。

第三节　风景园林建筑的技术性

　　能否获得某种形式的空间，不仅取决于人们的主观愿望，还取决于工程结构和物质技术条件的发展水平。矛盾是一切事物发展的源泉和动力。物质技术条件与建筑空间就是矛盾的两个方面，当两者不能相互满足时，就会产生矛盾，这个矛盾又会促进彼此的发展。正是建筑的物质技术条件的不断发展，才出现了能够满足更多、更复杂功能的结构形式，从而使人类建造复杂建筑成为可能。同时，人类对建筑多功能需求的不断增长促进了建筑的物质技术条件的不断进步。

此外，建筑作为一门艺术，与其他艺术门类的一个显著的不同就是建筑的技术性。意大利著名的建筑师奈尔维对建筑技术有这样一段言论："一个在技术上完善的作品，有可能在艺术上效果甚差，但是无论古代还是现代，没有一个从美学观点上是公认的杰作而在技术上不是一个优秀的作品的。"因此，良好的技术是一个优秀建筑的必要非充分条件。

建筑的物质技术条件主要是指房屋用什么建造和怎样去建造的问题。它一般包括建筑的材料、结构、施工技术和建筑中的各种设备等。

一、建筑结构

结构是建筑的骨架，它为建筑提供合乎使用的空间并承受建筑物的全部荷载，抵抗由于风雪、地震、土壤沉陷、温度变化等可能对建筑引起的损坏。结构的坚固程度直接影响建筑物的安全和寿命。

柱、梁板和拱券结构是人类最早采用的两种结构形式，由于天然材料的限制，当时没有获得很大的发展空间。而利用钢和钢筋混凝土可以使梁和拱的跨度大大增加，它们仍然是目前常用的结构形式。

随着科学技术的进步，人们能够对结构的受力情况进行分析和计算，相继出现了桁架、钢架和悬挑结构。

大自然中有许多非常科学合理的"结构"。生物要保持自己的形态，就需要一定的强度、刚度和稳定性，它们往往是既坚固又最节省材料的。高强度的钢材、可塑性强的混凝土以及各种各样的塑胶合成材料，使人们从大自然的启示中创造出诸如壳体、折板、悬索、充气等多种多样的新型结构，为建筑获得灵活多样的空间提供了条件。

风景园林建筑较其他建筑而言，其更多的自然属性以及与自然环境的天然联系，必然要求其结构设计趋向自然、融入自然（图 3-7）。

图 3-7　中国传统抬梁式木构架形式

二、建筑材料

建筑材料对结构的发展有着重要的意义。砖的出现使拱券结构得以发展；钢和水泥的出现促进了高层框架结构和大跨度空间结构的发展；塑胶材料则带来了面目全新的充气建筑。同样，材料对建筑的装修和构造十分重要，玻璃的出现给建筑的采光带来了方便，油毡的出现解决了平屋顶的防水问题，胶合板和各种其他材料的饰面板则正在取代各种抹灰中的湿操作。

建筑材料基本可分为天然的和非天然的两大类，它们各自又包括了很多不同的品种，为了能够很好地进行风景园林建筑设计，应该了解建筑对材料有哪些要求以及各种不同材料的特性（图3-8）。

图3-8　传统风景园林建筑中使用的天然材料

三、建筑施工

建筑物通过施工把设计变为现实。建筑施工一般包括两个方面：① 施工技术人员的操作熟练程度、施工工具和机械、施工方法等；② 施工组织材料的运输、进度的安排、人力的调配等。

由于建筑的体量庞大，类型繁多，同时具有艺术创作的特点，多个世纪以来，建筑施工一直处于手工业和半手工业状态，到21世纪初建筑才开始了机械化、工厂化和装配化的进程。

装配化、机械化和工厂化可以大大加快建筑施工的速度。对于风景园林建筑来说，大多数风景园林建筑的建设地点位于生态环境相对脆弱和敏感的区域，装配化、机械化和工厂化的建设模式可以最大限度地避免在风景园林规划建设时对自然生态环境造成不可补救的破坏，从而达到风景园林建设的最终目的——保护生态环境。

建筑设计中的一切意图和设想最后都要受到施工实际的检验。因此，设计工作者不但要在设计工作之前周密地考虑建筑的施工方案，而且应该经常深入现场，了解施工情况，以便协同施工单位共同解决施工过程中可能出现的各种问题。风景园林建筑设计尤其如此，在自然风景区等对外力介入非常敏感的地区进行风景园林建筑设计，更应该注重从建筑技术方案的选择到材料的准确应用再到现场施工环节的跟踪指导等全过程的参与决策，将工程建设对环境的负面影响降到最低。

第四节　风景园林建筑的艺术性

建筑艺术性可以简单地解释为建筑的观感或美观问题。

建筑构成了人们日常生活的物质环境，同时以其艺术形象给人以精神上的感受。例如，绘画通过颜色和线条表现形象，音乐通过音阶和旋律表现形象。

建筑及风景园林建筑有可供使用的空间，这是其区别于其他造型艺术的最大特点。和建筑空间相对存在的是它的实体所表现出的形和线。光线和阴影（天然光或人工光）能够加强建筑形体的起伏凹凸的感觉，从而增强建筑形体的艺术表现力。这就是构成建筑及风景园林建筑艺术性的基本手段。古往今来，许多优秀的设计师正是巧妙地运用了这些表现手段创造了许多优美的建筑艺术形象。和其他造型艺术一样，建筑艺术性的问题涉及文化传统、民族风格、社会思想意识等多方面的因素，并不单纯是一个美观的问题，但一个良好的建筑艺术形象，首先应该是美观的。为了便于初学者入门，下面介绍在运用这些表现手段时应该注意的一些基本原则，包括比例、尺度、对比、韵律、均衡、稳定等。

一、比例

比例指建筑的大小、高矮、长短、宽窄、厚薄、深浅等的比较关系。建筑的整体、建筑各部分之间以及各部分自身都存在着这种比较关系，犹如人的身体有高矮胖瘦等总的体形比例，又有头部与四肢、上肢与下肢的比较关系，而头部本身又有五官位置的比例。如图3-9所示的帕提农神庙门廊的设计，其按照黄金分割比例关系使建筑立面显得典雅、庄重、和谐。

图3-9　帕提农神庙门廊的设计

二、尺度

尺度主要是指由建筑与人体之间的大小关系和建筑各部分之间的大小关系形成的一种大小感。建筑中有一些构件是人经常接触或使用的，人们熟悉它们的尺寸大小，如门扇一般高为 2 ~ 25 米，窗台或栏杆一般高为 90 厘米，等等。这些构件就像悬挂在建筑物上的尺子一样，人们会习惯性地通过它们衡量建筑物的大小（图 3-10）。

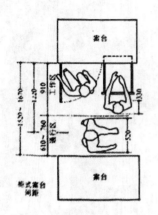 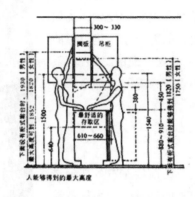 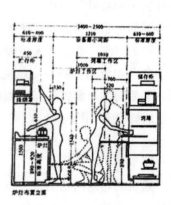

图 3-10　建筑的尺度感

三、对比

事物总是通过比较而存在的，艺术上的对比手法可以达到强调和夸张的作用。对比需要一定的前提，即对比的双方总是要针对某一共同的因素或方面进行比较。例如，建筑形象中的方与圆——形状对比，光滑与粗糙——材料质地的对比，水平与垂直——方向的对比，其他如光与影、虚与实的对比，等等。在建筑设计中成功地运用对比可以取得丰富多彩或突出重点的效果。反之，不恰当的对比则可能显得杂乱无章（图 3-11）。

图 3-11　建筑设计中的对比

在艺术手法中，对比的反义词是调和，调和也可以看成是极微弱的对比。在艺术处理中常常用形状、色彩等的过渡和呼应减弱对比的程度。调和容易使人感到统一和完美，但处理不当会使人感到单调、呆板。

四、韵律

如果人们认真观察一下大自然，如大自然的波涛，一棵树木的枝叶，一片小小的雪花……会发现它们有想象不到的构造，它们有规律的排列和重复的变化，犹如乐曲中的节奏一般，给人一种明显的韵律感。建筑中的许多部分也常常是按一定的规律重复出现的，如窗子、阳台和墙面的重复，柱与空廊的重复，等等，都会产生一定的韵律感（图 3-12）。

图 3-12　建筑设计中的韵律感

五、均衡

建筑的均衡问题主要是指建筑的前后左右各部分之间的关系要给人安定、平衡和完整的感觉。均衡最容易用对称的布置方式获得，也可以用一边高起一边平铺，或一边一个大体积另一边几个小体积等方法取得。这两种均衡给人的艺术感受不同，一般来说前者较易取得严肃庄重的效果，而后者较易取得轻快活泼的效果（图 3-13）。

图 3-13　建筑设计中的均衡

六、稳定

稳定主要是指建筑物的上下关系在造型上所产生的艺术效果。人们根据日常生活经验，知道物体的稳定和它的重心位置有关，当建筑物的形体重心不超出其底面积时，可较好地取得稳定感。上小下大造型的稳定感强烈，常被用于纪念性建筑。

　　建筑造型的稳定感还来自人们对自然形态（如树木、山石）和材料质感的联想。随着建造技术的进步，取得稳定感的具体手法也不断丰富，如在近代建筑中还常通过表现材料的力学性能、结构的受力合理等取得造型上的稳定感（图 3-14）。

图 3-14　建筑的稳定感

第四章 风景园林建筑设计的阶段解读

第一节 明确风景园林建筑设计的任务

风景园林建筑作为建筑的类型之一，其设计方法在很大程度上与建筑具有相同的特点，所以对风景园林建筑的认识要从认识建筑设计开始。

一、建筑设计的职责范围

建筑设计包括方案设计、初步设计和施工图设计三大部分，即从业主或建设单位提出建筑设计任务书一直到交付建筑施工单位进行施工的全过程。这三部分在相互联系、相互制约的基础上有着明确的职责划分，其中方案设计作为建筑设计的第一阶段，担负着确立建筑的设计思想、意图，并将其形象化的职责，它对整个建筑设计过程所起的作用是开创性和指导性的；初步设计与施工图设计则是在此基础上逐步落实经济、技术、材料等物质需求，是将设计意图逐步转化成真实建筑的重要阶段。考虑到方案设计突出的作用、学生在校的情况特点以及高等院校的优势特点，学生进行的建筑设计的训练更多地集中于方案设计，其他部分的训练则主要通过以后的业务实践完成。风景园林专业的学生在风景园林建筑设计方面的学习也是如此。

二、建筑设计的特点与要求

建筑设计作为一个全新的学习内容完全不同于制图及表现技法训练，与形态构成训练甚至园林设计比较也有本质的区别。方案设计的特点可以概括为五个方面，即创新性、综合性、双重性、过程性和社会性。

（一）创新性

创作是与制作相对照而言的。制作是指遵循一定的操作技法，按部就班的造物活动。其特点是行为的可重复性和可模仿性，如建筑制图、工业产品制作等；而创作属于创新创造范畴，依赖的是设计主体丰富的想象力和灵活开放的思维方式，其目的是以不断的创新完善工作对象的内在功能或外在形式，这些是重复、模仿等制作行为所不能替代的。典型的创作行为如文学创作、美术创作等。

建筑设计的创新性是人（设计者与使用者）及建筑（设计对象）的特点属性所共同要求

的。一方面，设计师面对的是多种多样的建筑功能和千差万别的地段环境，只有表现出充分的灵活开放性，才能解决具体的矛盾与问题；另一方面，人们对建筑形象和建筑环境有着高品质和多样性的要求，只有依赖设计师的创新意识和创造能力，才能把属于纯物质层次的材料设备转化为具有一定象征意义和情趣格调的真正意义上的建筑。人们对风景园林建筑在创造丰富的室内外空间环境上的要求要比一般建筑高得多。这就要求建筑特别是风景园林建筑设计的创作主体要具有丰富的想象力，较高的审美能力，灵活开放的思维方式以及勇于克服困难、挑战权威的决心与毅力。对于初学者而言，创新意识与创作能力应该是其专业学习训练的目标。

（二）综合性

建筑设计是一门综合性学科，除了建筑学外，它还涉及结构、材料、经济、社会、文化、环境、行为、心理等众多学科内容。风景园林建筑也是一样，而且对环境及心理等学科内容的要求比其他类型的建筑更深入。所以，对于设计者来说，只有对相关学科有着相当的认识与把握，才能胜任这项工作，才能游刃有余地驰骋于建筑的创作之中。

另外，风景园林建筑本身所具有的类型也是多种多样的，如居住、商业、办公、展览、纪念、交通建筑等。我们不可能通过有限的课程设计训练对如此纷杂多样的功能需求（包括物质、精神两个方面）做到一一认识、理解并掌握。因此，一套行之有效的学习和工作方法尤其重要。

（三）双重性

与其他学科相比较，思维方式的双重性是建筑设计思维活动的突出特点。建筑设计过程可以概括为分析研究—构思设计—分析选择—再构思设计……如此循环发展的过程，设计师在每一个"分析"阶段（包括前期的条件、环境、经济分析研究和各阶段的优化分析选择）运用的主要是分析概括、总结归纳、决策选择等基本的逻辑思维方式，以此确立设计与选择的基础依据；在各"构思设计"阶段，设计师主要运用的是形象思维方式，即借助个人丰富的想象力和创造力把逻辑分析的结果表达成具体的建筑语言——三维乃至四维空间形态。因此，建筑设计的学习训练必须兼顾逻辑思维和形象思维两个方面。在建筑创作中如果弱化逻辑思维，建筑将缺少存在的合理性与可行性，成为名副其实的空中楼阁；反之，如果忽视形象思维，建筑设计则丧失了创作的灵魂，最终得到的只是一具空洞乏味的躯壳。

（四）过程性

人们认识事物都需要一个由浅入深、循序渐进的过程。需要投入大量人力、物力、财力，关系到国计民生的建筑工程设计不是一时一日之功就能够完成的，它需要一个相当的过程：需要科学、全面地分析调研，深入大胆地思考想象，需要不厌其烦地听取使用者的意见，需要在广泛论证的基础上优化选择方案，需要不断地推敲、修改、发展和完善。整个过程中的每一步都是互为因果、不可缺少的，只有如此，才能保障设计方案的科学性、合理性与可行性。虽然大部分风景园林建筑不像一些大型建筑那样投入巨大，但在保证其功能与艺术性的同时，要注意其科学性与合理性。

（五）社会性

尽管不同设计师的作品有着不同的风格特点，从中反映出设计师个人的价值取向与审美爱好，并由此成为建筑个性的重要组成部分；尽管建筑业主往往是以经济效益为建设的重要乃至唯一目的，但是建筑从来都不是私人的收藏品，无论私人住宅还是公共建筑，从它破土动工之日起就具有了广泛的社会性，它已成为自然环境和城市空间的一部分，人们无论喜欢与否都必须与之共处，它对人的影响（正反两个方面）是客观存在和不可回避的。建筑的社会性要求设计师的创作活动既不能像画家那样只满足于自我陶醉、随心所欲，又不能像开发商那样唯利是图、拜金主义，必须综合平衡建筑的社会效益、经济效益与个性特色三者的关系，努力寻找一个可行的结合点，只有这样，才能创作出尊重环境、关怀人性的优秀作品。风景园林建筑的社会效益往往要强于其经济效益，因此风景园林建筑设计要从以人为本和尊重环境出发，重视它的社会性，创造出符合人们需要（物质和精神）的风景园林建筑。

三、建筑设计的方法

在现实的建筑创作中，设计方法是多种多样的。针对不同的设计对象与建设环境，不同的设计师会采取不同的方法与对策，并带来不同的甚至是完全对立的设计结果。因此，设计师在确立设计方法之前，有必要对现存的各种良莠不齐的设计方法及建筑观念有一个比较理性的认识，以利于对设计方法的探索和确立。

具体的设计方法可以大致归纳为"先功能后形式"和"先形式后功能"两大类。

一般而言，建筑方案设计的过程大致可以划分为任务分析、方案构思和方案完善三个阶段，其顺序过程不是单向的、一次性的，需要多次循环往复才能完成。"先功能后形式"与"先形式后功能"两种设计方法都遵循这一过程，即经过前期任务分析阶段对设计对象的功能环境有了一个比较系统而深入的了解把握之后，开始对方案进行构思，然后逐步完善，直到完成。两种设计方法的最大差别主要体现为方案构思的切入点与侧重点不同。

"先功能"是以平面设计为起点，重点研究建筑的功能需求，在确立比较完善的平面关系之后再据此将平面设计转化成空间形象。这样直接"生成"的建筑造型可能是不完美的，为了进一步完善需反过来对平面做相应的调整，直到满意为止。"先功能"的优势在于：其一，由于功能环境要求是具体而明确的，与造型设计相比，从功能平面入手更易于把握，易于操作，因此对初学者最为适合；其二，因为功能满足是方案成立的首要条件，从平面入手优先考虑功能势必有利于尽快确立方案，提高设计效能。"先功能"的不足之处在于空间形象设计处于滞后被动位置，可能会在一定程度上制约对建筑形象的创造性发挥。

"先形式"是从建筑的体型环境入手进行方案的设计构思，重点研究空间与造型，当确立一个比较满意的形体关系后，再反过来填充、完善功能，并对体型进行相应的调整。如此循环往复，直到满意为止。"先形式"的优点在于设计者可以与功能等限定条件保持一定的距离，更益于自由发挥个人丰富的想象力与创造力，从而不乏富有新意的空间形象的产生；其缺点是由于后期的"填充"、调整工作有相当的难度，造成功能复杂、规模较大的项目出现事倍功半，甚至无功而返的情况。因此，该方法比较适合于功能简单、规模不大、造型要求高、设计者又比较熟悉的建筑类型。它要求设计者具有相当的设计功底和设计经验，初学者一般不宜采用。

需要指出的是，上述两种方法并非截然对立的。对于那些具有丰富经验的设计师来说，两者甚至是难以区分的。当设计师先从形式切入时，他会时时注意以功能调节形式；而当其先着手于平面的功能研究时，则同时迅速地构思着可能的形式效果。最后，他可能会在两种方式的交替探索中找到一条完美的途径。

对于风景园林建筑来说，因为其功能往往并不复杂，所以会经常采用"先形式"的设计方法。但需要指出的是，应用这种方法应该避免陷入形式主义的误区。形式主义是指在建筑设计中，为了片面追求空间形象，而不惜牺牲基本的功能环境需求，甚至完全无视功能环境的存在，把建筑创作与纯形态设计等联系起来。它的危害是十分明显的，因为该方法在主观上完全否定了功能和环境的价值，背离了科学严肃的建筑观与设计观。若此风盛行，对初学者的学习培养是极其有害的。因此，从风景园林建筑设计的入门阶段起，人们就应该抵制并坚决反对形式主义的设计方法与设计观念。

四、风景园林建筑设计的任务

明确设计任务是建筑方案设计的第一阶段工作，其目的就是通过对设计要求、地段环境、经济因素和相关规范资料等重要内容的系统、全面的分析研究为方案设计确立科学的依据。在风景园林建筑的方案设计中，对周围环境（包括自然和人文环境）的分析研究显得尤为重要。

（一）设计要求的分析

设计要求主要是以建筑设计任务书的形式出现的，包括物质要求（功能空间要求）和精神要求（形式特点要求）两个方面。

1. 功能空间的要求

（1）个体空间是指一个具体的建筑是由若干个功能空间组合而成的。各个功能空间都有自己明确的功能需求，为了准确地了解、把握对象的设计要求，我们应对各个主要空间进行必要的分析研究，具体内容包括以下几点：

①体量大小，即具体功能活动所要求的平面大小与空间高度（三维）。

②基本设施要求，即具体功能活动所要求的家具、陈设等基本设施。

③位置关系，即自身地位以及与其他功能空间的联系。

④环境景观要求，即对声、光、热及景观朝向的要求。

⑤空间属性，即明确其是私密空间还是公共空间、是封闭空间还是开放空间。

以住宅的起居室为例，它是会客、交往和娱乐等居家活动的主要场所，其体量不宜小于3米×4米×27米（平面不小于12平方米，高度不小于27米），以满足诸如组合沙发、电视机、陈列柜等基本家具陈设的布置。它作为居住功能的主体内容，应处于住宅的核心位置，并与餐厅、厨房、门厅以及卫生间等功能空间有着密切的联系。它要求有较好的日照朝向和景观条件。相对于住宅的其他空间而言，客厅应属于公共空间，多为开放性空间。

（2）整体功能关系是指建筑的各功能空间是相互依托、密切关联的，它们依据特定的内在关系共同构成一个有机整体。人们常常用功能关系框图形象地把握并描述这一关系，据此反映出如下内容。

① 相互关系是主次、并列、序列或混合关系。

② 对策方式：表现为树枝、串联、放射、环绕或混合等组织形式。

③ 密切程度是密切、一般、很少或没有。

④ 对策方式：体现为距离上的远近以及直接、间接或隔断等关联形式。

2. 形式特点要求

建筑类型特点不同的建筑有着不同的特征。例如，纪念性建筑给人的印象往往是庄重、肃穆和崇高的，因为只有如此才能寄托人们对纪念对象的崇敬仰慕之情；而居住建筑体现的是亲切、活泼和宜人的特征，因为这是一个居住环境所应具备的基本条件。如果把两者颠倒，那肯定是常人所不能接受的。因此，设计师必须准确地把握建筑的类型特点。大多数风景园林建筑因为其自身的特点是活泼的、亲切的，有时还是热闹的，所以在进行设计时应充分运用各种建筑设计手段体现风景园林建筑的各种特征。

设计师除了对建筑的类型进行充分的分析研究以外，还应对使用者的职业、年龄以及兴趣爱好等个性特点进行必要的分析研究。例如，同样是别墅，艺术家的情趣要求可能与企业家有所不同；同样是活动中心，老人活动中心与青少年活动中心在形式与内容上也会有很大的区别。又如，有人喜欢安静，而有人偏爱热闹，有人喜欢简洁明快，有人偏爱曲径通幽，有人喜欢气派，而有人偏爱平和等，不胜枚举。设计师只有准确地把握使用者的个性特点，才能创作出为人们所接受并喜爱的建筑作品。

（二）环境条件的调查分析

环境条件是建筑设计的客观依据（风景园林建筑尤其如此）。通过对环境条件的调查分析可以很好地把握、认识地段环境的质量水平及其对建筑设计的制约影响，分清哪些条件因素是应充分利用的，哪些条件因素是可以通过改造而得以利用的，哪些因素又是必须进行回避的。具体的调查研究应包括地段环境、人文环境和城市规划设计条件三个方面。

1. 地段环境

（1）气候条件：温度、日照、干湿、降雨、降雪和风的情况。

（2）地质条件：地质构造是否适合工程建设，有无抗震要求。

（3）地形地貌：是平地、丘陵、山林还是水畔，有无树木、山川湖泊等地貌特征。

（4）景观朝向：自然景观资源及地段日照朝向条件。

（5）周边建筑：地段内外相关建筑状况（包括现有及未来规划的）。

（6）道路交通：现有及未来规划道路及交通状况。

（7）市政设施：水、暖、电、讯、气、污等管网的分布及供应情况。

（8）污染状况：相关的空气污染、噪声污染和不良景观的方位及状况。

据此，我们可以得出对该地段比较客观、全面的环境质量评价以及在设计过程中可以利用和应该避免的环境要素，同时建立场所空间感。

2. 人文环境

（1）城市性质规模：是政治、文化、金融、商业、旅游、交通、工业城市还是科技城市，是特大、大型、中型还是小型城市。

（2）地方风貌特色：文化风俗、历史名胜、地方建筑。

人文环境为创造富有个性特色的空间造型提供了必要的启发与参考。风景园林建筑应特别注重对人文环境的发现和利用，使风景园林建筑能够具有人文艺术特色，突出风景园林建筑的特点。

3. 城市规划设计条件

该条件是由城市管理职能部门依据法定的城市总体发展规划提出的，目的是从城市宏观角度对具体的建筑项目提出若干控制性限定与要求，以确保城市整体环境的良性运行与发展，主要内容有：

（1）后退红线限定：为了满足所临城市道路（或邻近建筑）的交通、市政及日照景观要求，限定建筑物在临街（或邻近建筑）方向后退用地红线的距离。它是该建筑的最小后退指标。

（2）建筑高度限定：建筑有效层檐口高度，是该建筑的最大高度。

（3）容积率限定：地面以上总建筑面积与总用地面积之比，是该用地的最大建设密度。

（4）绿化率要求：用地内绿化面积与总用地面积之比，是该用地的最小绿化指标。

（5）停车量要求：用地内停车位总量（包括地上、地下），是该项目的最小停车量指标。城市规划设计条件是建筑设计所必须严格遵守的重要前提条件之一。

（三）经济技术因素分析

经济技术因素是指建设者所能提供的用于建设的实际经济条件与可行的技术水平。它是确立建筑的档次质量、结构形式、材料应用以及设备选择的决定性因素，是除功能、环境之外影响建筑设计的第三大因素。风景园林建筑所涉及的建筑规模一般较小，而且与自然环境的关系又极其密切，因此在进行风景园林建筑设计的过程中，对经济技术的分析要以对自然环境的尊重和保护为前提条件，坚决反对无视自然环境、只从经济技术角度出发的风景园林建筑设计。

（四）相关资料的调研与搜集

学习并借鉴前人正反两个方面的实践经验，了解并掌握相关规范制度，既是避免走弯路、走回头路的有效方法，又是认识、熟悉各类型建筑的最佳途径。因此，为了学好建筑设计，必须学会收集并使用相关资料。结合设计对象的具体特点，资料的搜集调研可以在第一阶段一次性完成，也可以穿插于设计之中，有针对性地分阶段进行。

1. 实例调研

调研实例的选择应本着性质相同、内容相近、规模相当、方便实施并体现多样性的原则。

调研的内容包括一般技术性了解（对设计构思、总体布局、平面组织和空间造型的基本了解）和使用管理情况调查两部分。最终调研的成果应以图文形式尽可能详尽而准确地表达出来，形成一份永久性的参考资料。

2.资料搜集

相关资料的搜集包括规范性资料和优秀设计图文资料两个方面。

规范性资料是为了保障建筑物的质量水平而制定的，设计师在设计过程中必须严格遵守这一具有法律意义的强制性条文，在课程设计中同样应做到熟悉、掌握并严格遵守。影响最大的设计规范有日照规范、消防规范和交通规范。

优秀设计图文资料的搜集与实例调研有一定的相似之处，只是前者在技术性了解的基础上更侧重于实际运营情况的调查，后者仅限于对该建筑总体布局、平面组织、空间造型等的技术性了解，但具有简单方便和资料丰富优势。

上述任务分析可谓内容繁杂，工作起来也比较单调、枯燥，并且随着设计的进展可以发现，有很大一部分的工作成果并不能直接运用于具体的方案之中。人们之所以必须坚持认真细致、一丝不苟地完成这项工作，是因为虽然在此阶段不清楚哪些内容有用（直接或间接）、哪些无用，但是应该懂得只有对全部内容进行深入系统地调查、分析、整理，才可能获取所有的至关重要的信息资料。

第二节　风景园林建筑设计的构思

在对设计要求、环境条件及前人的实践有了一个比较系统全面的了解与认识，并得出了一些原则性的结论基础上，我们可以开始进行方案的设计，这一阶段又可称为构思阶段。本阶段的具体工作包括设计立意、方案构思和多方案比较。

一、设计立意

如果把设计比作作文的话，那么设计立意就相当于文章的主题思想，它作为我们方案设计的行动原则和境界追求，其重要性不言而喻。

严格地讲，存在基本和高级两个层次的设计立意。前者是以指导设计满足最基本的建筑功能、环境条件为目的；后者则在此基础上通过对设计对象深层意义的理解与把握谋求把设计推向一个更高的境界水平。对于初学者而言，设计立意不应强求定位于高级层次。

评判一个设计立意的好坏，不仅要看设计者认识、把握问题的立足高度，还应该判别它的现实可行性。例如，要创作一幅命名为"深山古刹"的画，人们至少有三种立意的选择：或表现山之"深"，或表现寺之"古"，或"深"与"古"同时表现。可以说这三种立意均把握住了该画的本质所在。但通过进一步的分析我们发现，三种立意中只有一种是能够实现的。苍山之"深"是可以通过山脉的层叠曲折得以表现的，而寺庙之"古"是难以用画笔描绘的，自然第三种亦难以实现了。因此，"深"字就是刻画的最佳立意（至于采取怎样的方式体现其"深"，则是"构思"阶段应解决的问题了）。在确立立意的思想高度和现实可行性上，许多建筑名作的创作给了人们很好的启示。

例如，流水别墅的立意不是一般意义视觉上的美观或居住的舒适，而是要把建筑融入自然，回归自然，谋求与大自然进行全方位对话作为别墅设计的最高境界追求。它的具体构思从位置选择、布局经营、空间处理到造型设计，无一不是围绕着这一立意展开的。

又如，法国朗香教堂的立意定位在"神圣"与"神秘"的创造上，认为这是一个教堂所体现的最高品质。也正是先有了对教堂与"神圣""神秘"关系的深刻认识，才有了朗香教堂随意的平面，沉重而翻卷的深色屋檐，倾斜或弯曲的洁白墙面，耸起的形状，奇特的采光井以及大小不一、形状各异、深邃的洞窗……由此构成了这一充满神秘色彩和神圣光环的旷世杰作。

阐述如何进行设计立意也是我们进行风景园林建筑设计的出发点和需要慎重对待的重要内容。

二、风景园林建筑设计构思

风景园林建筑设计方案构思是设计过程中至关重要的一个环节。如果说设计立意侧重观念层次的理性思维，并呈现为抽象语言，那么方案构思则是借助形象思维的力量，在立意的理念思想指导下，把第一阶段分析研究的成果落实成为具体的建筑形态，由此完成了从物质需求到思想理念再到物质形象的质的转变。

以形象思维为其突出特征的方案构思依赖的是丰富多样的想象力与创造力，它所呈现的思维方式不是单一的、固定不变的，而是开放的、多样的和发散的，是不拘一格的，因而常常是出乎意料的。一个优秀建筑给人们带来的感染力乃至震撼力无不始于此。

想象力与创造力不是凭空而来的，除了平时的学习训练外，充分的启发与适度的形象"刺激"是必不可少的。比如，可以通过多看、多画、多做等方式达到刺激思维、促进想象的目的。

形象思维的特点也决定了具体方案构思的切入点必然是多种多样的，可以从功能入手，从环境入手，也可以从结构及经济技术入手，由点及面，逐步发展，形成一个方案的雏形。

（一）从环境特点入手进行方案构思

富有个性特点的环境因素如地形地貌、景观朝向以及道路交通等均可成为方案构思的启发点和切入点。风景园林建筑（无论位于自然景区还是城市景观中）更多地适用于这种环境方案构思方法。

例如，流水别墅在认识并利用环境方面堪称典范。该建筑选址风景优美的熊跑溪边，四季溪水潺潺，树木浓密，两岸层层叠叠的巨大岩石构成其独特的地形、地貌特点。赖特在处理建筑与景观的关系上，不仅考虑到了对景观利用的一面，即使建筑的主要朝向与景观方向相一致，成为一个理想的观景点，还有着增色环境的更高追求，即将建筑置于溪流瀑布之上，为熊跑溪平添了一道新的风景。他利用地形高差把建筑主入口设于一、二层之间的高度，这样不仅车辆可以直达，还缩短了与室内上下层的距离。最为突出的是流水别墅富有构成韵味（单元体的叠加）的独特造型与溪流两岸层叠有序、棱角分明的岩石形象有着显而易见的因果联系，真正体现了有机建筑的思想精髓。

在华盛顿美术馆东馆的方案构思中，地段环境尤其是地段形状起到了举足轻重的作用。该用地呈楔形，位于城市中心广场东西轴北侧，其楔底面对新古典式的国家美术馆老馆（该建筑的东西向对称轴贯穿新馆用地）。因此，严谨对称的大环境与不规则的地段形状构成了尖锐的矛盾冲突。设计者紧紧把握住地段形状这一突出的特点，选择了两个三角形拼合的布局形式，将新建筑与周边环境的关系处理得天衣无缝，分析如下：其一，建筑平面形状与用地轮廓呈平行对应关系，形成建筑与地段环境的最直接有力的呼应；其二，将等腰三角形（两个三角形中的主体）与老馆置于同一轴线之上，并在其间设一过渡性雕塑（圆形）广场，从而建立新老建筑之间的真正对话。

（二）从具体功能特点入手进行方案构思

更圆满、更合理、更富有新意地满足功能需求一直是建筑师梦寐以求的，在具体的设计实践中往往是进行方案构思的主要突破口之一。

密斯设计的巴塞罗那国际博览会德国馆之所以成为近现代建筑史上的一个杰作，是因为其功能上的突破与创新。空间序列是展示性建筑的主要组织形式，即把各个展示空间按照一定的顺序依次排列起来，以确保观众流畅和连续地进行参观游览。一般参观路线是固定的，也是唯一的。这在很大程度上制约了参观者自由选择游览路线的可能。在德国馆的设计中，基于能让人们进行自由选择这一思想，密斯创造出具有自由序列特点的"流动空间"，给人以耳目一新的感受。

同样是展示建筑，出自赖特之手的纽约古根汉姆博物馆却有着完全不同的构思重点。由于用地紧张，该建筑只能建为多层，参观路线势必会因分层而打断。对此，设计者创造性地把展示空间设计为一个环绕圆形中庭缓慢旋转上升的连续空间，保证了参观路线的连续与流畅。

除了从环境、功能入手进行构思外，依据具体的任务需求特点、结构形式、经济因素乃至地方特色均可以成为设计构思可行的切入点与突破口。另外，需要特别强调的是，在具体的方案设计中，同时从多个方面进行构思、寻求突破（如同时考虑功能、环境、经济、结构等多个方面），或者是在不同的设计构思阶段选择不同的侧重点（如在总体布局时从环境入手，在平面设计时从功能入手等）都是最常用、最普遍的构思手段，这样既能保证构思的深入和独到，又可避免构思流于片面、走向极端。

三、风景园林建筑设计的多方案比较

（一）多方案的必要性

多方案构思是建筑设计的本质反映。中学的教育内容与学习方式在一定程度上养成了人们认识事物、解决问题的定式，即习惯于方法和结果的唯一性与明确性。然而对于建筑设计而言，认识和解决问题的方式是多样的、相对的和不确定的。这是由于影响建筑设计的客观因素众多，在认识和对待这些因素时设计者任何细微的侧重都会导致不同的方案对策，只要设计者没有偏离正确的建筑观，所产生的任何不同方案就没有简单意义上的对错之分，而只有优劣之别。

多方案构思也是建筑设计目的性所要求的。无论对于设计者还是建设者而言，方案构思都是一个过程而不是目的，其最终目的是得到一个尽善尽美的实施方案。然而，人们又怎样获得一个理想的实施方案呢？其实，要求一个"绝对意义"的最佳方案是不可能的，因为在现实的时间、经济以及技术条件下，人们不具备穷尽所有方案的可能性，能够获得的只能是"相对意义"上的"最佳"方案，即在可及的数量范围内的"最佳"方案多方案构思是实现这一目标的可行方法。

另外，多方案构思是民主参与意识所要求的。让使用者和管理者真正参与到建筑设计中来，是建筑以人为本这一追求的具体体现，多方案构思伴随而来的分析、比较、选择的过程使其真正成为可能。这种参与不仅表现为评价设计者提出的设计成果，还应该落实到对设计的发展方向乃至具体的处理方式提出质疑，发表见解，使方案设计这一行为活动真正担负起其应有的社会责任。

（二）多方案构思的原则

为了实现方案的优化选择，多方案构思应满足如下原则：

其一，应提出数量尽可能多、差别尽可能大的方案。如前所述，供选择方案的数量大小以及差异程度是决定方案优化水平的基本尺码：差异性保障了方案间的可比性，而相当的数量则保障了科学选择所需要的足够空间范围。为了达到这一目的，我们必须学会从多角度、多方位审视题目，把握环境，通过有意识、有目的地变换侧重点实现方案在整体布局、形式组织以及造型设计上的多样性与丰富性。

其二，任何方案都必须是在满足功能与环境要求的基础之上提出的，否则再多的方案也毫无意义。为此，我们在方案的尝试过程中就应进行必要的筛选，随时否定那些不现实、不可取的构思，以避免时间、精力的无谓浪费。

（三）多方案的比较与优化选择

当完成多方案后，我们将展开对方案的分析比较，从中选择理想的方案。

分析比较的重点应集中在三个方面：其一，比较设计要求的满足程度，是否满足基本的设计要求（包括功能、环境、结构等诸因素）是鉴别一个方案是否合格的起码标准，一个方案无论构思如何独到，如果不能满足基本的设计要求，也绝不可能成为一个好的设计；其二，比较个性特色是否突出，一个好的建筑方案应该是优美动人的，缺乏个性的建筑方案肯定是平淡乏味、难以打动人的，因此也是不可取的；其三，比较修改调整的可能性，虽然任何方案或多或少都会有一些缺点，有的方案的缺陷尽管不是致命的，却是难以修改的。如果进行彻底的修改不是会带来新的更大的问题，就是会完全失去了原有方案的特色和优势，对此类方案应给予足够的重视，以防留下隐患。

第三节　风景园林建筑设计方案的完善

通过多方案比较确定的方案虽然是选择出的最佳方案，但此时的设计还处于大想法、粗线条的层次，某些方面还存在许多细节问题。为了达到方案设计的最终要求，还需要一个调整、深化并逐步完善的过程。

一、风景园林建筑设计方案的调整

方案调整阶段的主要任务是解决多方案分析、比较过程所发现的矛盾与问题，并弥补设计缺陷。现有方案无论在满足设计要求，还是在具备个性特色方面已经有相当的基础，对它的调整应控制在适度的范围内，只限于对个别问题进行局部的修改与补充，力求不影响或改变原有方案的整体布局和基本构思，并能进一步提升方案已有的优势水平。

二、风景园林建筑设计方案的深入

完成方案调整阶段后，方案的设计深度仅限于确立一个合理的总体布局、交通流线组织、功能空间组织以及与内外相协调统一的体量关系和虚实关系，要达到方案设计的最终要求，还需要一个从粗略到细致刻画、从模糊到明确落实、从概念到具体量化的进一步深化的过程。

深化过程主要通过放大图纸比例、由面及点、从大到小、分层次、分步骤进行。风景园林建筑方案构思阶段的比例一般为 1 ：200 或 1 ：300，到方案深化阶段其比例应放大到 1 ：100 甚至 1 ：50。

首先，应明确并量化建筑的相关体系、构件的位置、形状、大小及其相互关系，包括结构形式、建筑轴线尺寸、建筑内外高度、墙及柱宽度、屋顶结构及构造形式、门窗位置及大小、室内外高差、家具的布置与尺寸、台阶踏步、道路宽度以及室外平台大小等具体内容，并将以上因素准确无误地反映到平、立、剖及总图中来。该阶段的工作还应包括统计并核对方案设计的技术经济指标，如建筑面积、容积率、绿化率等，如果发现指标不符合规定要求，须对方案进行相应调整。

其次，应分别对平、立、剖及总图进行更为深入细致的推敲刻画，具体内容应包括总图设计中的室外铺地、绿化组织、室外小品与陈设，平面设计中的家具造型、室内陈设与室内铺地，立面图设计中的墙面、门窗的划分形式、材料质感及色彩光影，等等。

在方案的深入过程中，除了进行并完成以上的工作外，还应注意以下几点：

第一，各部分的设计尤其是立面设计应严格遵循一般形式美的原则，注意对尺度、比例、均衡、韵律、协调、虚实、光影、质感以及色彩等原则规律的把握与运用，以确保取得一个理想的建筑空间形象。

第二，方案的深入过程必然伴随着一系列新的调整，除了各个部分自身需要适应调整外，各部分之间必然也会产生相互作用、相互影响，如平面的深入可能会影响到立面与剖面的设计，同样立面、剖面的深入也会涉及平面的处理。

第三，方案的深入过程不可能是一次性完成的，需经历深入—调整—再深入—再调整的多次循环过程，这其中所体现的工作强度与工作难度是可想而知的。因此，要想完成一个高水平的方案设计，除了要求具备较高的专业知识、较强的设计能力、正确的设计方法以及极大的专业兴趣外，细心、耐心和恒心是其必不可少的素质品德。

第四节　风景园林建筑方案设计的表达

方案的表现是建筑方案设计的一个重要环节，方案表现是否充分、是否美观得体，不仅关系到方案设计的形象效果，还会影响到方案的社会认可。依据目的性的不同，方案表现可以划分为推敲性表现与展示性表现两种。

一、风景园林建筑设计推敲性表现

推敲性表现是设计师为自己所表现的，是建筑师在各阶段构思过程中进行的主要外在性工作，是建筑师形象思维活动的最直接、最真实的记录与展现。它的重要作用体现在两个方面：其一，在建筑师的构思过程中，推敲性表现可以以具体的空间形象刺激、强化建筑师的形象思维活动，从而益于诱因更为丰富生动的构思的产生；其二，推敲性表现的具体成果为设计师分析、判断、抉择方案构思确立了具体对象与依据。推敲性表现在实际操作中有如下几种形式：

（一）草图表现

草图表现是一种传统的但也是被实践证明行之有效的推敲表现方法。它的特点是操作迅速而简洁，并可以进行比较深入的细部刻画，尤其擅长对局部空间造型的推敲处理。

草图表现的不足在于它对徒手表现技巧有较高的要求，从而决定了它有流于失真的可能，并且每次只能表现一个角度，这也在一定程度上制约了它的表现力。

（二）草模表现

与草图表现相比较，草模表现则显得更为真实、直观而具体，因为充分发挥三维空间具有以全方位进行观察的优势，所以对空间造型的内部整体关系以及外部环境关系的表现能力尤为突出。

草模表现的缺点在于受模型大小的制约，观察角度以"空对地"为主，过分突出了第五立面的地位、作用，而有误导之嫌。另外，由于具体操作技术的限制，细部的表现有一定难度。

（三）计算机模型表现

近年来，随着计算机技术的发展，计算机模型表现又为推敲性表现增添了一种新的手段。

计算机模型表现兼具草图表现和草模表现两者的优点，在很大程度上弥补了它们的缺点。例如，它既可以像草图表现那样进行深入的细部刻画，又能做到直观具体而不失真；它既可以全方位表现空间造型的整体关系与环境关系，又有效地杜绝了模型比例大小的制约，等等。

计算机模型表现的主要缺点是其必需的硬件设备要求较高，操作技术也有相当的难度，不适合低年级学生。

（四）综合表现

综合表现是指在设计构思过程中，依据不同阶段、不同对象的不同要求，灵活运用各种表现方式，以达到提高方案设计质量的目的。例如，在方案初始的研究布局阶段采用草模表现，以发挥其整体关系、环境关系表现的优势；而在方案深入阶段又采用草图表现，以发挥其深入刻画的特点等。

二、风景园林建筑设计展示性表现

风景园林建筑设计展示性表现是指设计师针对阶段性的讨论，尤其是最终成果汇报所进行的方案设计表现。它要求该表现应具有完整明确、美观得体的特点，以保证把方案所具有的立意构思空间形象以及气质特点充分展现出来，从而最大限度地赢得评判者的认可。因此，对展示性表现尤其是最终成果表现除了在时间分配上应予以充分保证外，尚应注意以下几点：

（一）绘制正式图前要有充分准备

绘制正式图前应完成全部的设计工作，并将各图形绘出正式底稿，包括所有注字、图标、图题以及人、车、树等衬景。在绘制正式图时不再改动，以保障将全部力量放在提高图纸的质量上。应避免在设计内容尚未完成时就匆匆绘制正式图，乍看起来好像加快了进度，但在画正式图时图纸错误的纠正与改动将远比草图中的效率低，其结果会适得其反，既降低了速度，又影响了图纸的质量。

（二）注意选择合适的表现方法

图纸的表现方法很多，如铅笔线、墨线、颜色线、水墨或水彩渲染以及粉彩等。选择哪种方法应根据设计的内容及特点而定。比如，绘制一幅高层住宅的透视图，则采用线条平涂颜色或采用粉彩将比采用水彩渲染要合适。最初设计时，由于表现能力的制约，应采用一些比较基本的或简单的画法，如用铅笔或钢笔线条平涂底色，然后将平面中的墙身、立面中的阴影部分及剖面中的被剖部分等局部加深即可，亦可将透视图单独用颜色表现。总之，表现方法的提高也应遵循循序渐进的原则，先掌握比较容易和基本的画法，以后再去掌握复杂的和难度大的画法。

（三）注意图面构图

图面构图应以易于辨认和美观悦目为原则。例如，一般习惯的看图顺序是从图纸的右上角向左下角移动，所以在考虑图形部位安排时，就要注意这个因素。又如，在图纸中，平面主要入口一般都朝下，而不是按"上北下南"决定。其他加注字、说明等的书写亦应做到清楚整齐，使人容易看懂。

图面构图还要讲求美观。影响图面美观的因素很多，大致包括：图面的疏密安排，图纸中各图形的位置均衡，图面主色调的选择，树木、人物、车辆、云彩、水面等衬景的配置以及标题、注字的位置和大小等。这些都应在事前有整体的考虑，或做出小的试样进行比较。在考虑以上诸点时，要特别注意图面效果的统一问题，因为这恰恰是初学者容易忽视的，如衬景画得过碎过多，颜色缺呼应以及标题字体的形式、大小不当等，这些都是破坏图面统一的原因。总之，图面构图的安排也是一种锻炼，这种构图的锻炼有助于建筑设计的学习。

三、风景园林建筑设计文字性表达

这里我们讲述的文字性表达是指一般方案设计的文字说明。文字说明是在方案设计的图面表达基础之上，将设计过程中的一些相关问题，特别是在图纸无法完整表达的情况下，通过语言文字的形式表达出来，以便能够更完整准确地表达设计者的设计意图。文字表达包括如下几点。

（1）设计依据：主要列举设计任务的相关规定、城市规划部门的相关规划、业主的设计任务要求、与设计相关的法律法规等。

（2）项目背景（工程概况）：要表达清楚项目名称、项目性质、项目所在地理位置、用地范围、自然条件、人文条件、设计定位、设计目标。

（3）设计指导思想：要有一定的高度，充分体现设计的前瞻性和领先性，如以"以人为本"为根本出发点、功能与形式的有机结合、科学性与艺术性的结合、时代感与历史文脉并重、整体的环境观。

（4）设计原则：应紧贴设计对象的实际情况，将设计的要求落到实处，如满足建筑使用功能要求的原则、满足人的心理需求的原则、满足形式美的原则、尽量实现艺术美的原则、满足文化认同的原则、满足结构的合理性的原则、与环境有机结合的原则。

（5）构思分析：将构思过程中的闪光点表达出来，如设计方案的灵感来源、设计的构思经过、方案的演变过程等。

（6）具体设计内容：充分而有条理地将总图设计、功能设计、空间设计、交通设计、造型设计、细部设计、技术设计等设计内容阐述出来。

（7）经济技术指标：应准确地将建筑面积、建筑用地面积、建筑占地面积、容积率、绿化率、建筑层数、建筑密度、停车位等经济技术指标体现在设计成果之中。

需要注意的是，在大多数方案设计最终表达的成果中，只有将文字表达与图纸表达结合在一起，才能具有更好更直观的效果。

另外，在目前的实际工作中，建筑设计成果的表达多以文本的方式出现。根据我国相关建筑法规和管理规定，达到一定规模或性质的重要建筑工程的设计方案必须采取招投标的方式确定。近年来，中国的建筑业随着经济的飞速发展而规模空前，许多重要的工程和设计项目的方案确定是通过国际、国内公开招标的方式选择的。在评标的过程中，设计方提供的建筑方案投标成果就成为一个重要的信息载体，对中标与否起着举足轻重的作用。随着各种表达手段的介入，建筑方案投标成果由原来简单的图纸扩展为文本、模型、多媒体演示等多种手段并用，其中建筑设计方案投标文本一直以来是方案投标成果的主体，是设计者阐述创作理念、传递方案基本信息的主要载体。业主对设计作品的要求不断提高和设计创意个性化的加强促使设计师对文本内容和形式不断创新。此外，设计领域中计算机技术的普遍应用和设计分工的日趋细化使投标文本的包装制作逐渐专业化，文本内容日渐丰富翔实，文本的形式愈加独特美观。在这种情况下，很多工作转由提供技术支持的专业公司完成，而建筑师的任务则转变为全面控制文本的最终效果。这样一来，设计师一方面可以在方案设计上投入更大的精力，另一方面可以借助各种手段充分传达设计信息。

第五章　风景园林建筑的外部环境设计

第一节　风景园林建筑场地设计的内容与特点

一、场地设计的主要内容

（一）场地的概念

从所指对象来看，场地有狭义和广义之分。

狭义概念：狭义的场地是相对"建筑物"存在的，经常被明确为"室外场地"，以示其对象是建筑物之外的广场、停车场、室外活动场、室外展览场等。

广义概念：一般情况下，人们通常指的"场地"就是广义的场地。场地是基地中所包含的全部内容，包括建筑物和建筑物之外的环境整体，应该具有综合性、渗透性以及功能的复杂性，包括满足场地功能展开所需要的一切设施，具体来说应包括以下两点：

（1）场地的自然环境——水、土地、气候、植物、环境等。

（2）场地的人工环境——亦即建成空间环境，包括周围的街道、人行通道需要保留的周围建筑、需要拆除的建筑、地下建筑、能源供给、市政设施导向和容量、建筑规划和管理、红线退让等场地的社会环境、历史环境、文化环境以及社区环境等。

（二）场地的构成要素

1.建筑物

在一般的场地中建筑物必不可少，属于核心要素，甚至可以说场地是为建筑物存在的。所以，建筑物在场地中一般都处于控制和支配的地位，其他要素则处于被控制、被支配的地位。其它要素常常是围绕建筑物进行设计的，建筑物在场地中的位置和形态一旦确定，场地的基本形态一般也就随之确定了。

2.交通系统

交通系统在场地中起着连接体和纽带的作用。这一连接作用很关键，如果没有交通系统，场地中的各个部分之间的相互关系是不确定和模糊的。简而言之，交通系统是场地内人、车流动的轨迹。

3.室外活动设施

人们对建设项目的要求除室内空间之外，还有室外活动，如在一些场地中需要运动场、游乐场，这样就要求设置相关的活动设施。

4. 绿化景园设施

在城市中，场地内作为主角的建筑物大多会以人工的几何形态出现，构造材料也是人造的、非自然的为主，交通系统也大体如此。它们体现的是人造的和人工的痕迹，给人的感觉是硬性的、静态的。而绿化景园能减弱由于这种太多的人工建造物所形成的过于紧张的环境压力，在这种围蔽感很强的建筑环境中起到一定的舒缓作用。另外，绿化景园对场地的小气候环境也能起到积极的调节作用，如冬季防风、夏季遮阴，调节空气的温湿度，水池、喷泉等水景在炎夏能增强清凉湿润感。

5. 工程系统

工程系统主要包括两方面：① 各种工程与设备管线，如给水、排水、燃气、热力管线、电缆等（一般为暗置）；② 场地地面的工程设施，如挡土墙、地面排水。工程系统虽然不引人注意，但是支撑建筑物以及整个场地能正常运作的工程基础。

（三）场地设计的内容

上面已经讨论过，场地的组成一般包括建筑物、交通设施、室外活动设施、绿化景园设施以及工程设施等。为满足建设项目的要求，达到建设目的，从设计内容上看，风景园林建筑场地设计是整个风景园林建筑设计中除建筑单体的详细设计外所有的设计活动。

风景园林建筑场地设计一般包括建筑物、交通设施、绿化景观设施、场地竖向、工程设施等的总体安排以及交通设施（道路、广场、停车场等）、绿化景园设施（绿化、景观小品等）场地竖向与工程设施（工程管线）的详细设计，这些都是场地设计的直接工作内容，它们与场地设计的最终目的又是统一的。因为每一项组成要素总体形态的安排必然会涉及与其他要素之间总体关系的组织，而对风景园林建筑之外的各要素的具体处理又必然会体现出它们之间以及它们与风景园林建筑之间组织关系的具体形式。所以，这与人们认为的"场地设计即为组织各构成要素关系的设计活动"是相一致的。

二、场地设计的特点

在对场地设计的内容和实质进行了讨论之后发现，风景园林建筑场地设计兼具技术与艺术的两重性。而风景园林建筑场地设计与建筑设计极其相似，所以既具有技术性的一面，又具有艺术性的一面。

在风景园林建筑场地设计中，用地的分析和选择，场地的基本利用模式的确定，场地各要素与场地的结合，位置的确定和形态的处理等工作都与场地的条件有直接关系。需要根据场地的具体地形、地貌、地质、气候等方面的条件展开设计工作，在设计中技术经济的分析占有很大的比重。比如，建筑物位置的选择就要依据场地中的具体地质情况决定，包括土壤的承载力、地下水位的状况等，这里工程技术的因素将起到决定性的作用。而场地的工程设计包括场地的基本整平方式的确定、竖向设计等，也要依据场地的具体地形地貌条件决定，既有技术性的要求，又有经济性的要求。在道路、停车场、工程管线等的详细设计中，技术经济成分所占比重同样很大，如道路的宽度、转弯半径、纵横断面的形式、路面坡度的设定等都有着较特定的形式和技术指标要求。工程管线的布置更需要严格依照技术要求进行。上述内容都强调工程技术和经济效益两方面的合理性，场地设计也因此而显现出技术性很强的一面。在设计中需要更多的科学分析，更多的理性和逻辑思维。

与此同时，场地设计要进行另一类的工作。在场地中大到布局的形态，小到道路和广场的细部形式、绿化树种的搭配、地面铺装的形式和材质、景园小品的形式和风格等，特别是场地的细部，都是与使用者在场地中的感官体验直接相关的。这些内容的处理并没有硬性的规定，也没有复杂的技术要求，更没有一个一成不变的模式去套用，设计中需要的是更多的艺术素养和丰富的想象力。这使场地设计又显现出了艺术性的一面。

风景园林建筑设计中需要解决的问题多种多样，既有宏观层次上的又有微观层次上的，这种两重性在风景园林建筑场地设计中同样有突出体现。从风景园林建筑场地设计的整个程序上来看，场地设计的内容处于设计的初期和末期两个端部。初期的用地划分和各组成要素的布局安排是总体上的工作，具有宏观性的特征。末期的设施细部处理、材料和构造形式的选择是细节上的工作，具有微观性的特征。场地的最终效果既依赖于宏观上的秩序感和整体性，又依赖于微观上的细腻感和丰富性。因此，场地设计既需要宏观上的理性的控制和平衡，又需要微观上的敏感和耐心。

总之，由于内容组成的丰富多样，场地设计呈现出了多重的特性，既有科学的一面又有艺术性的一面，既有理性的成分又有感性的成分。这些特性交织在一起，使场地设计成了一项高度综合性的工作。

第二节　风景园林建筑外部环境设计的基本原则

探讨风景园林建筑在外部环境中的设计原则有助于全面考虑建筑外部环境的综合层面，从而使建筑的整体环境和谐统一。在风景园林建筑设计过程中，应根据建筑的性质、规模、内容组成与使用要求，结合建筑外部环境，把握不同环境层面的主要矛盾，建立整体环境的新秩序。

一、整体性原则

整体性是风景园林建筑及其构成空间环境的各个要素形成的整体，体现建筑环境在结构和形态方面的整体性。

（一）结构的整体性

结构是组成要素按一定的脉络和依存关系连接成整体的一种框架。风景园林建筑和外部环境要形成一定的关系才有存在的意义，外部环境才能体现出一定的整体秩序。整体性原则立足于环境结构的协调之上，并使建筑与其所处环境相契合，建立建筑及其外部环境各层面的整体秩序。

风景园林建筑外部环境的每个层面均具有一定的结构。城市环境由不同时期的物质形态叠加而成。每个城市的发展都有独特的结构模式，城市的各个部分都和这种结构具有一定的关系，并依据一定的秩序构成环境。风景园林建筑设计应当植根于现存的城市结构体系中，尊重城市环境的整体结构特征。地段环境应当是城市环境中的构成单元，是符合城市自身结构逻辑的、相对独立的空间环境。风景园林建筑设计应当尊重城市地段环境的整体框架，与已建成的形体环境相配合，创造和发展城市环境的整体秩序。

场地环境是指由场地内的建筑物、道路交通系统、绿化景园设施、室外活动场地及各种管线工程等组成的有机整体。建筑设计的目的就是使场地中各要素尤其是建筑物与其他要素建立新的结构体系，并和城市环境、地段环境相关联，从而和外部空间各个层面形成有机的整体。

风景园林建筑和外部环境空间秩序的关系存在两种方式。其一是和外部环境空间秩序的协调。由于外部环境空间的秩序是在漫长的历史发展过程中形成的，往往存在维持原有结构秩序的倾向，使秩序结构具有稳定性等特点，从而对风景园林建筑设计形成一种制约。其二是对外部环境空间秩序的重整。随着经济结构和社会结构的演变，环境秩序也随之发生变化。由于原有的环境秩序往往很难适应发展变化的要求，环境内部组织系统的变化总是滞后于发展变化，从而导致城市的结构性衰退。因此，风景园林建筑设计必须使各组成要素和子系统按新的方式重新排列组合，建立新的动态平衡。

（二）形态的整体性

风景园林建筑形态是外部环境结构具体体现的重要组成部分。外部环境任何一个层面的形态都具有相对完整性，出色的外部环境具有的富于变化的统一美体现于整体价值。风景园林建筑设计要与外部环境层面的形态相关联，保证建筑空间、形式的统一。新建筑能否融合于既存的建筑环境之中，在于构成是否保持和发展了环境的整体性。

各环境层面都具有相对独立的功能和主体。功能的完整与建筑和环境密切相关。风景园林建筑实体的布局要注意把握环境功能的演变，建筑实体的功能要符合城市功能的演变规律，从而使建筑功能随城市经济发展而不断变化，防止建筑功能的老化。对一些功能较为混乱、整体机能下降、出现功能性衰退的地区，风景园林建筑设计要担负起整合环境功能的重要作用，使建筑的外部空间具有相对完整性。

二、连续性原则

连续性原则是指风景园林建筑及其外部环境的各个要素从时间上相互联系组成一个整体，体现建筑及其外部环境构成要素经历过去、体验现在、面向未来的演化过程。

（一）时间的延续性

就时间的特性而言，外部环境是动态发展着的有机整体。风景园林建筑及其外部环境把过去及未来的时间概念体现于现在的环境中。随着历史的演进，新的内容会不断地叠加到原有的外部空间环境中。通过不同时间内容的增补与更新，不断调整结构以适应新时代。这种时间特性使建筑形态在外部环境中表现出连续性的特征。风景园林建筑及其外部环境的设计应体现连续性特征及动态的时间性过程。因此，风景园林建筑形式的产生不是偶然的，它与既存环境有着时间上的联系，是环境自身演变、连续的必然。

风景园林建筑设计要重视环境的文脉，重视新老建筑的延续，这种时间性过程又被称为"历时"的文脉观念。在文脉主义和符号学者的理论与实践中，对如何实现对历史文化的传承和延续做了不少探索。他们认为，建筑形式的语言不应抽象地独立于外部世界，必须依靠和根植于周围环境中，引起对历史传统的联想，同周围的原有环境产生共鸣，从而使建筑在时间、空间及其相互关系上得以延续。传统空间环境中形式符号的运用可以丰富建筑语汇，使环境具有多样性。由于传统环境形态和建筑形态与人们的历史意识和生活习俗有不同程度的关联，合理运用这些因素将有助于促进人们对时间的记忆。

（二）形态的连续性

外部环境的形态具有连续性的特征，加入风景园林建筑环境的每一栋新建筑，在形式上都应尊重环境、强调历史的连续性。其形态构成应与先存的环境要素进行积极对话，包括形式（如体量、形状、大小、色彩、质感、比例、尺度、构图等）上的对话，以及与原有建筑风格、特征及含义上的对话，如精神功能表现以及人类自我存在意义的表达等。历史不是断裂的，而是连续的，外部环境中建筑形态的创造也应当体现出这种形式与意义的连续。

风景园林建筑与外部环境的构成应将现存环境中有效的文化因素整合到新的环境之中，不能无条件地、消极地服从于现存的环境。风景园林建筑设计应在把握环境文脉的基础上大胆创新，以新的姿态积极开拓新的建筑环境，体现和强化环境的特征。这种特征不应是对过去的简单模仿，而应在既存的环境中创造新的形态。

三、人性化原则

人类社会进步的根本目标是要充分认识人与环境的双向互动关系，把关心人、尊重人的概念具体体现于城市空间环境的创造中，重视人在城市空间环境中活动的心理和行为，从而创造出满足多样化需求的理想空间。

（一）意义性

意义是指内在的、隐藏在建筑外部环境中的文化含义。这种文化含义由外部环境中的历史、文化、生活等人文要素组成。由于审美意识不同，不同的人对环境意义的理解也不同。因此，风景园林建筑的外部环境是比自然空间环境更有意义的空间环境。在漫长的历史进程中，它积淀了城市居民的意志和行为要求，形成了自己特有的文化、精神和历史内涵。在这个多元化的时代，社会生活对风景园林建筑环境的要求是多方面的，人们需要多样化的生活环境。但是，多样性的环境仍应以一定的意义为基础。

设计师应当把握隐藏于风景园林建筑形象背后的深层含义，如社会礼仪、生活习俗、自然条件、材料资源、文化背景、历史传统、技术特长乃至地方和民族的思想、情感、意识等，也就是把握对风景园林建筑精神本质的感受。只有这样，才能在风景园林建筑环境构成上确切地反映出人们的思想、意志和情感，与原有风景园林建筑文化形成内在的呼应，从根本上创造出环境的意义。

（二）开放性

如果把城市当成一个系统，城市就是由许许多多较小的子系统相互作用组合而成的。随着风景园林建筑规模的不断扩大，功能组成也越来越复杂，从而使人们对建筑和城市的时空观念发生了变化。风景园林建筑及其外部环境形态构成模式由"内向型"向"外向型"转化，表现为风景园林建筑与城市之间的相互接纳和紧密联系。许多城市功能及其形成的城市环境，不断向风景园林建筑内部渗透，并将城市环境引入建筑。风景园林建筑比以往任何时候都更具"外向"的特征，它们与城市环境的构成因素密切地形成一个整体。因此，风景园林建筑设计必须突破建筑自身的范畴，使建筑设计与各环境层面相辅相成、协调发展，让风景园林建筑空间和外部公共空间相互穿插与交融，从而使建筑真正成为城市有机体中的一个组成部分，创造出具有整体性的丰富多彩的城市空间。

（三）多样性

多样性是指风景园林建筑及其外部环境受特定环境要素的制约而形成各自不同的特点。风景园林建筑环境的使用者由于所处的背景不同而对建筑环境有不同的要求。而且，社会生活对建筑及其外部环境的要求是多方面的，人们需要多样的生活环境，只有多样的环境才能适应和强化多样的生活。特定的制约因素是多样性存在的前提，风景园林建筑环境受特定的自然因素和人文因素的制约而形成多样化的特点。

多样性原则强调风景园林建筑环境构成的多样性和创造性，因此新的建筑构成应对外部环境不断地加以充实。新颖而又合理的形态将会使原有的环境秩序得以发展，从而建立一种新的环境秩序。建筑师应具备敏锐的环境感应能力，善于从原有环境的意象中捕捉创新的契机与可能。风景园林建筑的建造不仅是物质功能的实现，还应体现外部环境多方面的内涵，它的形成与社会、经济、文化、历史等多方面的因素有关，并满足各种行为和心理活动的要求，使城市真正成为生动而丰富的生活场所。此外，新的历史条件下出现的新技术、新材料、新工艺等对风景园林建筑产生了各种新的要求，风景园林建筑设计也应与之相适应，表现出多样性的特点。

（四）领域性

人类的活动具有一定的领域性。领域是人们对环境的一种感觉，每个人对自己所生活的城市空间都有归属感。人与人相遇的场地是具有社会性的领域，如开放的公共交往场所。人们的很多日常体验都是在公共领域内产生的，它不仅满足了最基本的城市功能——为人们的交往提供场所，还为许多其他功能及意义的活动的发生创造了条件。建筑师就是要设计这种领域，使其具有一定的层次性、私密性、归属感、安全感、可识别性等。

领域性要求城市空间具有不同的层次和不同的特性，以适应人们不同行为的要求。因此，风景园林建筑环境的构成应当有助于建立和强化城市空间的领域性，从公共空间—半公共空间—半私有空间—私有空间形成不同层次的过渡，形成良好的领域感。单体建筑不应游离于整体城市领域性空间的创造之外，而应积极地参与环境的构成，形成不同性质的活动场所。

具有领域性的城市环境要求建筑与建筑之间的外部空间不应是消极的剩余空间，而应是积极的城市空间，风景园林建筑形态的构成应积极与其他建筑、街道、广场等相配合，建立良好的领域性空间，创造完整的空间环境秩序，从而使城市空间的层次和特性更为清晰，使环境的整体性特征更加明确。

四、可持续性原则

可持续性原则注重研究风景园林建筑及其外部环境的演变过程以及对人类的影响，研究人类活动对城市生态系统的影响，并探讨如何改善人类的聚居环境，达到自然、社会、经济效益三者的统一。在城市建设和风景园林建筑设计领域，可持续发展涉及人与环境的关系、资源利用、社区建设等问题。人们的建设行为要按环境保护和节约资源的方式进行，对现有人居环境系统的客观需求进行调整和改造，以满足现在和未来的环境和资源条件，不能仅从空间效率本身去考虑规划和设计问题。

（一）空间效率

空间体系转型的要求需从过去的"以人为中心"过渡到以环境为中心，空间的构成需要根据环境与资源所提供的条件来重新考虑未来的走向。人必须在自然环境提供的时空框架内进行建设并安排自己的生活方式，强调长期环境效率、资源效率和整体经济性，并在此基础上追求空间效率。风景园林建筑及其外部空间将向更加综合的方向发展。综合城市自然环境和社会方面的各种要素，在一定的时间范围内使空间的形成既符合环境条件又满足人们不断变化的需求。

（二）生态环境

生态建筑及其空间是充分考虑到自然环境与资源问题的一种人为环境。建造生态建筑的目的是尽可能少地消耗一切不可再生的资源和能源，减少对环境的不利影响。"生态"一词准确地表达了"可持续发展"这一原则在环境的更新与创造方面所包含的意义。因此，在协调风景园林建筑设计与外部环境的过程中，要遵循生态规律，注重对生态环境的保护，要本着环境建设与保护相结合的原则，力求取得经济效益、社会效益、环境效益的统一，创造舒适、优美、洁净、整体有序、协调共生并具有可持续发展特点的良性生态系统和城市生活环境。

第三节　风景园林建筑外部环境设计的具体方法

一、场地设计的制约因素

场地设计的制约因素主要包括自然环境因素、人工环境因素和人文环境因素，这些因素从不同程度、不同范围、不同方式对风景园林建筑设计产生影响。

（一）影响场地的自然环境因素

场地及其周围的自然状况，包括地形、地质、地貌、水文、气候等可以称为影响场地设计的自然环境因素。场地内部的自然状况对风景园林建筑设计的影响是具体而直接的，因此对这些条件的分析是认识场地自然条件的核心。此外，场地周围邻近的自然环境因素以及更为广阔的自然背景与风景园林建筑设计也关联密切，尤其是场地处于非城市环境之中时，自然背景的作用更为明显。

（1）地形与地貌是场地的形态基础，包括总体的坡度情况、地势走向、地势起伏的大小等特征。一般来说，风景园林建筑设计应该从属于场地的原始地形，因为从根本上改变场地的原始地形会带来工程土方量的大幅度增加，建设的造价也会提高。此外，一旦考虑不周就会对场地内外造成巨大的破坏，这与可持续发展原则是相违背的，所以从经济合理性和生态环境保护的角度出发，风景园林建筑设计对自然地形应该以适应和利用为主。

地形的变化起伏较小时，它对风景园林建筑设计的影响力是较弱的。这时设计的自由度可以放宽；相反，地形的变化起伏幅度越大，它的影响力也越大。

当坡度较大、场地各部分起伏变化较多、地势变化较复杂时，地形对风景园林建筑设计的制约和影响就会十分明显了，道路的选择、广场及停车场等室外构筑设施的定位和形式的选择、工程管线的走向、场地内各处标高的确定、地面排水的组织形式等，都与地形的具体情况有直接的关系。

当地形的坡度比较明显时，建筑物的位置、道路、工程管线的定位和走向与地形的基本关系有两种：一种是平行于等高线布置；另一种是垂直于等高线布置。一般来说，平行于等高线的布置方式土方工程量较小，建筑物内部的空间组织比较容易，道路的坡度起伏比较小，车辆及人员运行也会比较方便，工程管线的布置也很方便。当然，在具体的风景园林建筑设计中两种情况经常会同时出现，权衡利弊、因地制宜才是解决之道。

地貌是指场地的表面状况，它是由场地表面的构成元素及各元素的形态和所占的比例决定的，一般包括土壤、岩石、植被、水体等方面的情况。土壤裸露程度、植被稀疏或茂密、水体的有无等自然情况决定了场地的面貌特征，也是场地地方风土特色的体现。风景园林建筑设计对场地表面情况的处理应该根据它们的具体情况来确定原则和具体办法。

对植被条件进行分析时应了解认识它们的种类构成和分布情况，重要的植被资源应调查清楚，如成片的树林，有保存价值的单体树木或特殊的树种都要善于加以利用和保护，而不是一味地砍除。植被是场地内地貌的具体体现，植被状况也是影响景观设计的重要因素，人在充满大自然气息的大片植被中和寸草不生的荒地中的感觉是截然不同的。此外，场地内的植被状况也是生态系统的重要组成部分，植被的存在有利于良好生态环境的形成。因此，保护和利用场地中原有的植被资源是优化景观环境的重要手段，也是优化生态环境（包括小气候、保持水土、防尘防噪）的有利条件。许多场地良好环境的形成就是因为利用了场地中原有的植被资源。地表的土壤、岩石、水体也是构成场地面貌特征的重要因素。地表土质与植被的生长情况密切相关，土质的好坏会影响场地绿化系统的造价和维护的难易程度，在进行场地绿化配置时，树种的选择应考虑场地的表土条件。突出地面的岩石也是场地内的一种资源，设计中加以适当处理，就会成为场地层面环境构成中的积极因素。场地内部或周围若有一定规模的水体，如河流、溪水、池塘等会极大地丰富场地的景观构成，并改善周围的空气质量和小气候。

总之，场地现状的地貌条件对风景园林建筑设计尤其是绿化景园设施的基本设置和详细设计有重要的意义。当场地原有的地貌条件较好时，应尽量采取保护和利用的方法，这有利于场地原有生态条件和风貌特色的保持，也有利于修建施工后场地层面环境的迅速恢复，还能有效降低场地内绿化系统设施的造价，在经济上可以实现最大限度地节约。在这种情况下进行风景园林建筑设计时应该尽量减少由于构筑物及其人工建造设施而造成的影响和破坏，毕竟人工的建造可以在相对较短的时间内完成，但原有的绿化和植被等自然条件不是一朝一夕能形成的，一旦在建造过程中造成破坏，将是不可估量的损失。当然，在风景园林的建筑设计中经常会遇到这样的问题，通常采取的措施是避让或搬迁原有的树木。场地布局应使建筑物、道路、停车场等避开有价值的树木、水体、岩石等，选择场地中的其他"空间"来组织设计。相应地，绿化系统设施应利用原有的资源进行配置，尽量只是在原有的绿化基础上加以改造和修剪，充分利用和珍惜大自然赋予我们的每一份资源。

（2）气候与小气候是自然环境要素的重要组成部分。气候条件对风景园林建筑设计的影响很大，不同气候条件的地区会有不同的建筑设计模式，也是促成风景园林建筑具有地方特色的重要因素之一。一方面要了解场地所处地区的气象背景，包括寒冷或炎热程度、干湿状况、日照条件、当地的日照标准等；另一方面要了解一些比较具体的气象资料，包括常年主导风向、冬夏主导风向、风力情况、降水量的大小、季节分布以及雨水量和冬季降雪量等。场地及其周围环境的一些具体条件比如地形、植被、海拔等会对气候产生影响，尤其是对场地小气候的影响。比如，地区常年主导风向的路线会因地形地貌、树木以及建筑物高度、密度、位置、街道等的影响而有很大的改变，场地内外如果有较大的地势起伏、高层建筑物等因素还会对基地的日照条件造成很大的影响。此外，场地的植被条件、水体情况也会对场地的温湿度构成影响。场地的小气候条件会因客观存在的诸多因素而影响建筑设计以及人的心理感受，具体情况的变化需要设计者进行分析和研究。

场地布局尤其是建筑物布局应考虑当地的气候特点，建筑物无论集中布局还是分散布局，其形态和平面的基本形式都要考虑寒冷或炎热地区的采暖或通风散热的要求。在寒冷地区，建筑物以集中式布局为宜，建筑形态最好规整聚合，这样建筑物的体型系数可以有效地减小，总表面积也会减小，有利于冬季保温。炎热地区的建筑宜采取分散式布局，以便于散热和通风。采取集中式布局时，建筑物在场地中多呈现比较独立的形式，场地中的其他内容也会比较集中；分散式布局常会把场地划分为几个区域，建筑物与其他内容多会呈现穿插状态。当场地中有多栋建筑时，布局应考虑日照的需求，根据当地的日照标准合理确定日照间距，建筑物的朝向应考虑日照和风向条件，主体朝向尽量南北向处理以便冬季获得更多日照，也可防止夏季的西晒，主体朝向与夏季主导风向一致有利于获得更好的夏季通风效果，避开冬季主导风向可防止冬季冷风的侵袭。

风景园林建筑设计应尽量创造良好的小气候环境。建筑物布局应考虑广场、活动场、庭院等室外活动区域向阳或背阴的需要以及夏季通风路线的形成。高层建筑的布局应防止形成高压风带和风口。适当的绿化配置也可以有效地防止或减弱冬季冷风对场地层面环境的侵袭。此外，水池、喷泉、人工瀑布等设施可以调节空气的温湿度，改善局部的干湿状况。

（二）影响场地的人工环境因素

一般来说，人工环境因素主要包括场地内部及周围已存在的建筑物、道路、广场等构筑设施以及给排水、电力管线等公用设施。如果场地处于城市之外或城市的边缘地段，这类场地通常是从未建设过的地块，不存在从前建设的存留物；或建设强度很低，各种人工建造物的密度很小，场地的建筑条件是比较简单的，人工环境因素对建筑设计的影响也是较弱的。这时，自然环境因素就成了制约场地层面环境的主导因素。如果场地处于城市之中的某个地段时，场地中往往会存在一些建筑物、道路、硬地、地下管线等人工建造物，场地也经过了人工整平，自然形貌已被改变。无论如何，场地都是整体城市环境中的一个组成部分，风景园林建筑设计不仅要结合场地内部的环境进行，还要促进整体城市环境的改善。

影响场地的人工环境因素需要分为两个部分来考虑：场地内部和场地周围。

1.场地内部

（1）场地原有内容较少，状况差，时间久且没有历史价值，与新目标的要求差距大。例如，原有的居住性平房要求改建成高层写字楼，这种场地内的原有内容在新的建设项目中很难被加以利用，因此他们对风景园林建筑设计的制约和影响可以忽略不计，可以采取全部清除，重新建设的办法。

（2）场地中存留内容具有一定的规模，状况较好，与新项目的要求接近。例如，场地中原有一块平整的硬地，新项目中需要一个广场，就可以对硬地加以充分利用，节约资源。如果原有的内容具有一定的历史价值，需要保留维护，就应当酌情处理，不能采取拆除重建的办法，否则就是对社会财富的浪费和对城市历史的破坏，这时采取保留、保护、利用、改造与新建项目相结合的办法是较为妥当的。这样虽然会在风景园林建筑设计上增加困难，但却是值得的。一般来说，原有的建筑物是最应该被回收利用的，因为建筑物往往是项目中造价最高的部分。如果场地的规模很大，那么原有的道路以及地下管线设施就应尽量保留利用，在原有的基础上可以加宽、拓展，一方面可以节约投资，减少浪费；另一方面可以缩短工期，提高工作效率，符合可持续发展的要求。

2.场地周围

场地周围的建设状况是影响场地人工环境因素的另一重要部分，概括起来可以分为以下几个部分：一是场地外围的道路交通条件；二是场地相邻的其他场地的建设状况；三是场地所处的城市环境整体的结构和形态（或属于某个地段）；四是基地附近所具有的特殊的城市元素。下面我们来具体分析。

（1）场地处于城市之外或城市边缘时，人工环境要素对风景园林建筑设计的影响是较弱的，与场地直接关联的就是外围的交通道路。在城市中，交通压力一般比较大，所以无论场地外还是场地内，人员和车辆的流动都会形成一定的规模，由于城市用地规模有限，场地交通组织方式的选择余地会相对缩小，这时外围的交通道路条件对风景园林建筑设计的制约作用明显增强。

场地外部的城市交通条件对风景园林建筑设计的制约先是通过法规来体现的，然后才是场地周围的城市道路等级、方向、人流、车流和流向，这些会影响场地层面环境的分区、场地出入口的布置、建筑物的主要朝向、建筑物主要入口位置等。一般来说，对外联系较多的区域和公共性较强的区域应靠近外部交通道路布置，比较私密的、需要安静的区域则要远离。因此，风景园林建筑的设计在场地中会留有开放型的广场或活动场所，以便接纳人流和满足建筑的使用，主入口也相对处于明显的位置。在居住区，大型的广场和活动场所则需要设置在内部，这样对场地的要求就会提高，主入口的设置也需要避开主要的外部交通道路和人流。

（2）在很多情况下，场地相邻的其他场地的布局模式是外围人工环境制约因素最主要的一部分，体现为能否与城市形成良好的协调关系。在城市中，场地与场地之间是紧密相连的，都是城市整体中的一个片段，如街道、建筑绿地等要素组成了场地，一块块场地衔接在一起构成了城市的整体，所以场地应与与它相邻的其他场地形成协调的整体关系。

首先，在考虑项目及场地的内容组成时，应参照周围场地的配置方式。比如，相邻场地中都有较大的绿化面积时，在新的设计中就要相应地扩大绿化面积。

其次，各场地要素的布置关系，也应该参照相邻场地的基本布局方式和形态。比如，相邻场地的建筑物都沿街道布置，那么新项目中的风景园林建筑设计也应该采取这样的布置方式以保持连续的街道立面。

再次，场地中各元素具体形态的处理，应与周围其他同类要素相一致。如果周围的场地内广场、庭院等的形态都比较自由，那么新项目的广场和庭院风格不应太规整严肃，具体元素的形式、形态的协调也是形成统一环境的有效手段。

（3）场地周围的城市背景是一个宏观性的问题。一个有序的城市，它的结构关系是比较明确的，具有特定的倾向性。对风景园林建筑设计来说，不仅要考虑场地内部的状况，照应到周围邻近场地的形态，且还应考虑更大范围的城市形态和城市结构关系，个体的场地应顺应城市的整体形态，从而成为城市结构的一部分。

（4）场地周围会存在一些比较特殊的城市元素，这些特殊的元素对风景园林建筑设计会有特定的影响，比如有些时候场地会临近城市中的某个公园、公共绿地、城市广场或其他类型的城市开放性空间，或一些重要的标志性构筑物，这时风景园林建筑设计必然会受到这些因素的影响，充分利用这些特殊条件可以使风景园林建筑设计变得更加丰富、灵活多变，进行场地布局时也可以对这些有利条件加以利用，使场地层面环境与这些城市元素形成统一融合的关系，使两者相得益彰。当然，利弊总是交织存在的，比如噪声、污染等，因此风景园林建筑应该针对这些特定的不利条件采取一些措施，减弱或降低干扰。

（三）影响场地的人文环境因素

场地层面环境的人文环境要素包括场地的历史与文化特征、居民心理与行为特征等内容。这种人文因素的形成往往是城市、地段、场地三个层面环境综合作用的结果。场地设计要综合分析这些因素，使场地具有历史和文化的延续性，创造出具有场所意义的场地环境。

风景园林建筑与场地层面环境人文要素的协调，首先要有层次地从历史及文化角度进行城市、地区、地段、场地、单体建筑的空间分析，从而和城市的整体风貌特征相协调；其次要考虑场地所在地段的环境、场所等形成的流动、渗透、交融的延伸性关系，使地段具有历史及文化的延续性，和地段共同形成具有场所意义的地段空间特征；再次要立足于场地空间环境特征的创造，把握社会、历史、文化、经济等深层次结构，并和居民心理、行为特征、价值取向等相结合且做出分析，创造出具有特征的场地空间。

二、场地环境与风景园林建筑布局

（一）山地环境与风景园林建筑

1.山地环境的特点

山地的表现形式主要有土丘、丘陵、山峦以及小山峰等，是具有动态感和标志性的地形。山地作为一种自然风景类型，是风景园林环境的重要组成部分。在山地的诸多自然要素中，地形特征占据主要地位，它是决定风景园林建筑与该建筑所处区域环境关系的主要因素。山地的地形由于受自然环境的影响而没有规则的形状，根据人们约定俗成的对山体的认知，山体的基本特征可以概括为山顶、山腰、山麓。山顶是山体的顶部，山体上最高的部位，四面均与下坡相连；山腰，也被称作山坡、山躯，是位于山体顶部和底部之间的倾斜地形；山麓也被称为山脚，是山体的基部，周围大部分较为开敞平整，只有一面与山坡连接。

不同区域、地点、区位都有不同的环境特性和空间属性，山顶、山腰与山麓虽然属于同一山脉，但都有自身的环境特征和空间属性。山顶是整个山体的最高地段，站在山顶可以从全方位的角度观赏景观，空间、视线十分开阔，由于自身形象比较独立，因此在一定范围内具有控制性。山腰是山顶和山麓的连接部分，通常具有一定坡度，地段的一面或两面依托于山体，空间具有半开敞性，坡地也有凹凸之分，凸型往往形成山脊，具有开放感，开敞性较强，山脊地形在风景环境中还有另外一种作用，那就是起到景观的分隔作用；作为各个空间的交叉场所，它把整个风景环境进行分割，山脊地形的存在使观赏者在视线上受到遮挡，景观不能一目了然，因而能激发人不同的空间感受；凹型往往形成山谷，具有围合感和内向性。山麓地带在大多数情况下坡度都较为和缓，且常与水相接，地势呈现水平向的趋势，与平原地带相交时，根据地势地貌的不同，有的是小的断崖面，戛然而止，有的坡度较大，有的则是和缓坡地来过渡。山麓地带以其优越的自然条件，往往成为人类栖居和建造活动的主要场所，也是人类对山体改造最大的部位。山麓地带处于山体和平原的交接地带，是两者共同的边缘之处，这一地带往往是视觉的焦点，因而在这一区域进行营建时对风景园林建筑造型需要经过周密的推敲。山体的山脊通常会在山麓地带的交会处形成围合之势的谷地或盆地，两侧被山体所围合，具有隔离的特点，表现出幽深、隐蔽、内向的空间属性。从建筑学的角度出发，是一种具有特殊场所感的建筑基地，山地给人的心理感受极其可观，可利用的形式也是独特的。

2. 风景园林建筑与山地的结合方式

山地环境中的风景园林建筑不同于其他类型风景园林建筑的一个重要特征是在建造技术上需要克服山地地形的障碍、获取使用空间、营造出供人活动的平地，山地环境中的风景园林建筑与山体的结合方式有几种不同的方式，表达了风景园林建筑与山体共处的不同态度。具体的结合方式有以下几种。

（1）平整地面，以山为基。这是处理山地地形与风景园林建筑关系最简单的一种方法，对凹凸不平的地形进行平整，使风景园林建筑坐落于平台之上，以山为基。这种做法使风景园林建筑的稳定性增强，适合于坡度较缓、地形本身变化不大的山地环境地段。对地面的平整并非只采用削切的手法，还可以利用地形筑台，将建筑置于人工与自然共同作用下的台基之上，以增强建筑的高耸感与威严感，使建筑体量突出于山体，并且具有稳定的态势。这种高台建筑的形式在中国最早的风景园林建筑中就已经出现，用以表达对自然的崇拜。此外，对地面标高的适应可以在建筑物内部利用台阶、错层、跃层的处理手法达成，使风景园林建筑造型产生错落的层次，丰富风景园林建筑的内部空间。

（2）架空悬挑、浮于山体。若想使山地环境中的风景园林建筑依山就势呈现一种险峻的姿态，可使风景园林建筑主体全部或部分脱离地面。浮于山体的方式一般有两种：底层架空和局部悬挑。底层架空指的是将风景园林建筑底部脱离山体地面，只用柱子、墙体或局部实体支撑，使风景园林建筑体的下部保持视线的通透性，减少建筑实体对自然环境的阻隔，表现出对自然的兼容。这种形式在我国四川、贵州等地的"吊脚楼"中较为常见，这种民居利用支柱斜撑的做法，在较为局促的山地上争取到更多的使用空间，充分利用了原有地形的高差。

（3）依山就势，嵌入山体。风景园林建筑体量嵌入山体最直接的做法是将建筑局部或全部置于原有地面标高以下。根据山地地段形态的不同，具体的处理手法也有不同的变化。具体的处理手法根据山地地形的不同而有所区别。有的风景园林建筑依附山体自然凹陷所形成的空间，比如山洞，使建筑体量正好填补山洞的空缺，也有的风景园林建筑在山地的自然坡面上开凿洞穴，并在坡面上为地下的风景园林建筑设置自然采光。如在凹型地段，风景园林建筑背靠环绕凹型地段的上部坡面布置，屋顶覆盖上部地面的凹陷范围并与上部坡面形成一个整体，就是传统风景园林建筑中巧于因借的做法。

3. 山地环境中的风景园林建筑设计方法

（1）嵌入山体的设计方法。这种方法是使风景园林建筑的面尽可能多地依靠于山体，如在标高落差较大的坎状地形上，一般是背靠山体，使山体直接充当风景园林建筑的部分墙体，若是有更有利的条件，比如在山体凹陷处，就可以将风景园林建筑最多的面嵌入其中，此时山体不仅可以充当建筑墙面，还可以充当建筑的屋顶，使风景园林建筑看起来像是镶嵌在山体中一样。

（2）建筑浮空的设计方法。风景园林建筑浮空的方法可以是建筑底层架空，也可以是建筑局部悬挑。底层架空的风景园林建筑选址可以在较平缓的地段，也可以在较陡峭的地段，但是局部悬挑的风景园林建筑一般要在坡度较陡、比较险峻的地段，悬挑与风景园林建筑主体部分的地面要有一定的高差，如果地势平缓，悬挑的部分就失去了险峻感，没有了意义。

（二）滨水环境与风景园林建筑

1.滨水环境特点

（1）动态水体的场所特征。水的一个重要特征就是"活"与"动"。动态水体与风景园林建筑的有机结合，使建筑环境更加丰富、生动。水的虚体质感与建筑的实体质感形成感官上的对比。对于动态水，常利用其水声，衬托出或幽静，或宏伟的空间氛围和意境。另外，在自然界大型的天然动态水景区中，建筑常选在合适的位置，并采用借景的手法。

（2）静态水体的场所特征。静态水体的作用是净化环境，倒映建筑实体的造型、划分空间、扩大空间、丰富环境色彩、增添气氛等。在静态水与风景园林建筑的关系上，建筑或凌驾于水面之上，或与水面邻接，或以水面为背景。自然中的静态水增添了环境的幽雅，与充足的阳光相交融，给人们提供了充满自然气息和新鲜空气的健康环境。静态水以镜面的形式出现，反衬出风景园林建筑环境中的丰富造型和色彩变化，并且创造了宁静、丰富、有趣的空间环境，在改善环境小气候、丰富环境色彩、增加视觉层次、控制环境气氛等方面也起到了特有的作用。虚涵之美是静水的主要特点，平坦的水面与建筑的形体存在统一感，因而在特定的空间内可以相互协调。

（3）水的景观特性。水的可塑性非常强，这是由它的液体状态决定的，所以水要素的形态往往和地形要素结合在一起，有高差的地形能形成流动的水，譬如溪流或是瀑布；平坦或凹地会形成平静的水面。

水的景观特性还表现在它的光影变化。一是水面本身的波光，荡漾的水波使水面上的建筑得到浮游飘洒的情趣；二是对水体周围景物的反射作用，形成倒影，与实体形成虚实对比效果；三是波光的反射效果，光通过水的反射映在天棚、墙面上，具有闪光的装饰效果。

另外，水的流动性决定了它在风景园林建筑中的媒介作用，水能自然地贯通室内外空间，使风景园林建筑内部空间以多层次的序列展开。

2.风景园林建筑与水体的结合方式

风景园林建筑与水体不同的结合方式，会展现出两者不同的融合态势，产生的整体效果也会大相径庭，因此风景园林建筑与水体的结合在一定程度上决定了建筑形象的塑造。一般来说，建筑与水体的结合方式有踞于水边、直接临水、浮于水面、环绕水面等几种。

（1）踞于水边。风景园林建筑与水体有一段距离，并不与水体直接相连。风景园林建筑往往把最利于观景的一面直接面向水体方向，以加强与水体景观的联系与渗透。风景园林建筑与水体之间的空间可以处理成人工的活动空间也可以保持原有的生态状态，目的是促进风景园林建与水体更好地融合。

（2）直接临水。风景园林建筑以堤岸为基础，建筑边缘与水体常直接相连，建筑与水面之间一般设有平台作为过渡，增加凌波踏水的情趣和亲切感。通常临水布置的风景园林建筑，宜低平舒展向水平方向延伸，以符合水景空间的内在趋势。中国传统建筑直接临水的部位往往透空，设置坐板和向外倾斜的扶手围栏供人依靠，使整体建筑造型获得轻盈飘逸的气质。

（3）浮于水面。风景园林建筑体量浮空于水面之上是滨水建筑十分典型的处理手法，以此来满足人们亲水的需求。我国干阑式民居就是这种处理方式，用柱子直接把建筑完全架空。从很多实例中可以发现，浮空于水面的小品建筑大部分表现出轻灵通透的特征，有些是采用架空的方式，通过用纤细的柱子与厚实的屋顶对比而产生，有的则是采用悬挑的方式，把建筑的一部分直接悬挑于水面之上，并配以简洁的形体，纯净的色彩以及玻璃的运用，这种现代的手法在造型上给人更强的力度感和漂浮感，材料与色彩的选用都与纯净透明的水体相呼应，产生了很好的融合效果。在踞于水边或临于水边的结合方式中也常见这种方式。这种做法克服了水面的限制，使风景园林建筑与水体局部交织在一起，上部实体和下部的空透所形成的虚实对比使风景园林建筑获得了较强的漂浮感。

（4）环绕水面。环水建筑通常是风景园林建筑设置在水域中的孤岛上，作为空旷水域空间的中心，建筑围水而建，其特点是以水景为中心，利用建筑因素构成自然风景环境中的小环境。

3. 滨水环境中风景园林建筑的设计方法

（1）建筑浮空的设计方法。在滨水环境中使风景园林建筑浮空主要体现是建筑空灵轻盈的感觉，一般有两种方法：底层架空与局部悬挑。若是水边的傍水风景园林建筑底层架空，水岸的地形一般会有起伏，底层架空空出下部空间，使水面的虚无之感延续到岸边陆地；若使风景园林建筑凌空于水面之上，则要将建筑全部伸入水中，底层架空，用柱子等支撑，且建筑体量不宜过大，否则会有沉重感，建筑围护结构最好采用透明材料或尽量减少围护结构，形成通透之感，与水面呼应。

局部悬挑的方法一般是风景园林建筑主体临水，但悬挑部分伸入水面上空，形成亲水空间。

（2）模拟物象的设计方法。波光粼粼的水面常会使人产生各种美好的联想。建于滨水环境中的风景园林建筑可以在造型处理上模拟某种与水有关的物体，使人很容易就产生联想在湖边的风景园林建筑可以模仿船的形态，比如拙政园香洲就是用各种建筑元素模仿船头、船舱等船的各部分形态，好似一艘小船挺立于水面，既能供人登临观景，又使湖水画面更加完整（图5-1）；建于海边的风景园林建筑也可以模拟海中生物的形态，比如悉尼歌剧院就是模仿贝壳的形态（图5-2）。

（a）　　　　　　　　　　　　（b）

图 5-1　拙政园香洲

图 5-2　悉尼歌剧院

（三）植物景观要素与风景园林建筑

1.风景园林建筑布局与植物要素的呼应

在风景园林建筑的设计中，应尽量维持植物的生态性，建筑布局应尽量减少对植被和树木的破坏。比如，在风景园林建筑设计中遇到需要保护的古木，可将建筑布局绕开或将古木组合在建筑其中，这种退让既保护了植物的生态性，又使风景园林建筑的空间布局灵活而富有人情味。处于林地或植物要素密集地段环境中的风景园林建筑更应注意对植物生态系统的保护和利用。这种地段往往空间局促，这就需要设计者在创作过程中尽可能高效地利用营造空间，较少地砍伐树木或破坏植被，以维持原有生态系统的完整性。因此，风景园林建筑平面布局应尽量采用紧凑集中的布局形式，尽量避免占地面积过大的分散式布局，以减少被伐树木。

除此之外，还可以采用其他的方法来满足风景园林建筑对林地环境的适应性。比如，使用架空底部的建筑形式，减少建筑与地面的接触，以保留植被，同时能减少土方的挖掘，减少地表的障碍，以便使地面流水穿过平台下面的地面排走，这种形式对体量较小、功能较单一的风景园林建筑来说非常适合，同时体现了对自然场所生态系统的尊重，能达到风景园林建筑与自然风景环境和谐共生的目的。

2.利用植物建构风景园林建筑空间主题

作为构成风景园林的基本要素之一，植物常常被用来作为建构风景园林建筑空间主题的重要手段。这在我国古典园林中非常常见，并且一直被沿用至今，在现代风景园林的景观塑造中，常常起到画龙点睛的作用，最常用的方法就是利用植物在中国传统文化中的寓意来确定风景园林建筑环境的意境，风景园林建筑的空间布局、整体形象及构景手法都围绕这一主题或意境来展开。比如，苏州拙政园的梧竹幽居亭，梧、竹都是至清、至幽之物，亭周围共植梧竹，其意境凸显一个"幽"字。此亭位于园中部东端，背靠游廊，面朝水面，于一角坐观整个中部园区，位置掩蔽幽静。亭的外观简单朴素大方，开圆形的洞门，造型沉静稳重，亦突出一个"幽"字。坐于亭中，透过四面圆形洞门，竹子、古柏、游廊等不同的景色像一幅山水画一样，呈现在人们面前，可谓"清风明月，竹梧弄影"，动静对比，诗情画意（图5-3）。

图5-3　苏州拙政园梧竹幽居亭

3. 绿化的景观性与风景园林建筑的植物化生态处理

这种手法的目的是在风景园林建筑外部形态上达到与自然的融合，可以在建筑的造型处理中，引入植物种植，如攀缘植物、覆土植物等。通过构架和构造上的处理，在风景园林建筑的屋顶或墙面上覆盖或点缀绿色植物，从而使构筑物隐匿于植物环境当中，藏而不露，以最原始、最生态的外部形象与绿色自然环境相协调，这种方法适用于植物环境要求较高的地段。

风景园林建筑周边的绿化对建筑的环境景观性具有重大意义。绿篱可以划分出多种不同性质的空间，在建筑前面划分出公共外环境与室内环境之间的过渡空间，属于半私密性的区域，在建筑后面可划分出完全隐蔽的私密空间。藤本植物可以攀爬在建筑立面上，可以在建筑外墙上形成整片的绿壁，也可起到改善室内环境的作用。绿化的景观性必须结合树木和建筑来考虑，高大的树木既能柔和建筑物轮廓，又能通过与建筑物形体的对比和统一构成一系列优美的构图：低矮建筑配置高大树木会呈现出水平与垂直间的对比；低矮建筑配置低矮的树木，则体现了亲切舒缓的环境气氛。

（四）人文景观要素与风景园林建筑

1. 对传统文化内涵的传承

（1）"人本主义"的社会伦理观。中国传统文化最关注的是人精神领域方面的问题，人文价值最被看重。处在社会中的人，创造了一系列的伦理关系，包括人与人、人与社会、社会各群体之间相互关系的基本道德准则，每个人都同社会这个群体息息相关。中国古典园林的设计也是基于这一人本主义的思想基础，并为这一伦理秩序而服务。各种宗教祭祀性风景园林建筑，便是这一精神功能的物化体现。在这种秩序森严的人伦观的影响下，便形成了威严气派的皇家园林，对称的中轴线、严整的空间序列，体现了皇权至上、尊卑有序的观念，为人们提供了一种安全感、稳定感、永恒感、威严感和自豪感。

（2）天人合一的自然环境观。人与自然的关系，从总的演变过程来看，大致是经过这样一个历程，即生于自然—敬畏自然—神话自然—人化自然—崇尚自然—向往自然—重返自然。所谓的"天人合一"，是中国哲学中关于人与自然之间关系的一种观点。经历过对自然从怕到敬、从远离到回归的一个过程，中国传统文化中对待自然的态度形成了"上下与天地同流""天地与我并生，万物与我为一"的人与自然和谐统一的观点。中国传统园林空间除了要考虑如何满足人的需要外，还要考虑古人讲的天、地、人三者之间的关系，即人、建筑与环境的关系应当十分和谐。这种对自然环境的态度在中国的自然式山水园林上得到了完美的体现，"天人合一"成为风景园林艺术追求的最高境界。

（3）传统哲学辩证观的影响。《周易》中所研究的"气"之流动，指导古人建成了许多生存环境优越、布局合理的聚落，这种空灵流动的理念同样深深地影响着中国古典园林的造园思想，典型的表现就是对空间的表达。在中国古典园林中，无论建筑还是自然环境都追求连贯流动的空间形态。在这里，空间不再是一个静止的画面，而是随着视线、视点的变化而变化的动态画面，时曲时真、时动时静、时虚时实、时隐时现，步移景异。这种空间的连续性使园林空间活泼而有节奏，不仅使环境、空间"活"了起来，还挑动着人类在城市中日渐麻木的感觉和神经。

（4）传统文学艺术的渗透与审美精神的借鉴。由于古代造园者多为文人雅士，所以封建社会形成的安静淡雅、浪漫隐逸的文人思想深深地渗透于古典园林的造园思想、手法中。文人造园，最注重情和意的表达，追求文学艺术与环境艺术的交融。中国古典园林发展到唐宋，田园诗、山水画渐渐与园林艺术融为一体，文人们常常根据诗与画中表达的意境叠山理水，并通过匾额和对联来表达文学意境，引导欣赏者进入一个"诗情画意"的世界。他们认为，建园必先立意，先有意而后有形，"得意忘形"甚至成为传统文化的特殊表达。

中国传统风景园林文化的审美情趣崇尚"不似之似""虽由人作，宛自天开""迁想妙得""外施造化，中得心源"这种写意的审美特征，拓展了风景园林的创作思路，超越了自然与现实的界限，创作出一种现实世界并不存在的鲜活灵动的艺术。事实证明，中国传统风景园林特有的审美精神是激发现代风景园林创作灵感的不竭源泉。在现代风景园林的设计中，只延续传统的意境已经不能适应现代人的审美观，因此在继承传统文化的同时，应不断加以开创发展。

2. 与风景环境文化脉络之联系

风景园林建筑文化，广义的理解是指风景园林建筑的物质功能和风景园林建筑形态所表现的精神属性。风景园林的环境文脉是指风景区或风景园林地段的历史文化脉络。中国古典园林经过数千年的发展，理论及设计手法已经相当成熟，许多城市公园、新园林、风景名胜区等都是将中国古典园林加以改造发展起来的。在这种状况下，新旧的交融自然成为国内建筑师、景观设计师应思考的问题。

（1）风景园林建筑的物质功能与风景园林环境文化的联系。风景园林建筑的物质功能要融合于风景园林环境的历史文化或时代文化中。由于社会性质的转变、旅游业的发展，风景园林的开放对象由小部分群体扩大到整个社会阶层，人流量是过去无法比拟的。随之生成的是风景园林建筑的服务功能，这些新生的建筑类型处于历史痕迹明显的风景园林环境之中，怎样融合于历史文化脉络之中，并成为文脉中代表当前文化活动的一环延续下去成为"未来的历史"，就成了设计中不得不慎重考虑的一个方面。

（2）风景园林建筑的外部造型与风景园林环境文化的联系。除了物质功能，风景园林建筑的形态景象也要融于风景园林环境的历史文脉中，最鲜明的表象便是建筑风格的确定。当一个地区或一个环境有或曾经有显著的历史时空遗迹时，新创作的建筑如果能尽量体现这种历史风格，就能把游人的思绪引向此地的历史空间，将游客置于一个特定的民族文化氛围之中。比如，西安作为中国封建社会鼎盛时期（汉唐时期）的都城，城市形象已离不开唐风汉韵的渗透（图5-4和图5-5），如果新建风景园林建筑能表现这种风格，便能使历史文化脉络得以延续下去。

（a）

（b）

图5-4　西安大唐芙蓉园

图 5-5　西安钟楼

3. 风景园林建筑的地域性

风景园林建筑的地域性首先要考虑的是人文的地方性，它包括地区社会的意识形态、组织结构、文化模式等，它是地方文脉传承的文化特性，影响着风景园林建筑的形态和气质，是最具代表性的人文形态；其次是生态的地方性传承，主要是指生态环境和建造技术的地区性差异，包括气候条件、地方材料等，是能影响风景园林建筑设计的物质载体。

在当今全球化日趋严重的建筑背景下，风景园林建筑只有对地区理性的回归，充分尊重地方传统、文化、生态及相关建造技术，并融入现代先进的技术和经验，才能使地方特性得以充分发展与进步。

中国幅员辽阔，不同地区的地域性建筑文化各不相同。因此，不同地区的风景园林建筑对乡土建筑文化的吸收和表达也存在着差异。在现代风景园林建筑设计中，有很大一部分位于民族、地域建筑文化特色浓郁的特殊地区，如岭南、江浙等汉族中地域文化传统较特殊的地区，或少数民族区域。这些地区民族、地域文化内涵具有特殊的地域性，如果设计者能以这种地域文化为创作基点，比如民俗、服饰等，对这些乡土文化加以提炼，将具备地域认同感的色彩、材料、装饰等以现代手法表现出来，更容易获得人们的共鸣。对乡土文化的提升和转化通常有以下两种形式。

一是基本遵循传统民居的布局、形体、尺度特征，为适应现代结构和功能，建筑细部做简化、抽象处理，在传统的气氛中体现现代风景园林建筑的特征。

二是在现代结构、材料、形体的基础上，融入乡土建筑的语汇，用现代的手法加以改造、变形、重组，使之具有鲜明的时代特点，并透出地方风格。

杨廷宝先生曾经说过"风景区内的建筑，不妨多采用一些民居的手法，也能创作出好的作品"。一些风景园林建筑由于体量较小、布局灵活，与民居存在一定的相似性，所以在创作时可以在遵循当地传统民居的布局、造型、尺度等特征的基础上，对细部或局部加以简化变形，在传统的气质中透露出现代风景园林建筑的特征，还可以在采取现代技术材料的基础上融入地域建筑（特别是民居）的语汇，透出地方风格。

三、交通系统与风景园林建筑设计

（一）场地道路与建筑的关系

场地道路的功能、分类取决于场地的规模、性质等因素。一般中小型风景园林建筑场地中道路的功能相对简单，应根据需要设置一级或二级可供机动车通行的道路以及非机动车、人行专用道等；大型场地内的道路需依据功能及特征明确确定道路的性质，充分发挥各类道路的不同作用，组成高效、安全的场地道路网。场地内的道路可根据功能划分为场地主干道、场地次干道、场地支路、引道、人行道等。

场地道路的形态会影响风景园林建筑的布局。场地主干道是场地道路的基本骨架，通常交通流量较大、道路路幅较宽、景观要求较高。有时场地主干道的走向、线形等因素甚至能决定建筑的布局形态。场地次干道是连接场地次要出入口及其他组成部分的道路，它与主干道相配合。场地支路是通向场地内次要组成部分的道路，交通流量稀少，路幅较窄，一般是为保证风景园林建筑交通的可达性及消防要求而设置。引道即通向建筑物、构筑物出入口，并与主干道、次干道或支路相连的道路。人行道包括独立设置的只供行人和非机动车通行的步行专用道、机动车道一侧或两侧的人行道，可与绿化、广场或绿化带相结合，形成较好的风景园林建筑景观。

（二）场地停车场与建筑的关系

停车场是指供各种车辆（包括机动车和非机动车）停放的露天或室内场所。停车场一般和绿化、广场、建筑物以及道路等结合布置，有两种类型：地面停车场和多层停车场。地面停车场构造简单，但占地较大，是一种最基本的停车方式。多层停车场是高层建筑场地中解决停车问题的主要方式，以有效减少停车场占用基地面积为目的，为其他内容留出更多余地，有效实现地面的人车分离，创造安全、安静、舒适的建筑环境。

停车场的布局可分为集中式和分散式两种：

（1）停车场的集中式布局有利于简化流线关系，使之更具规律性，易做到人车活动的明确区分，用地划分更加完整。其他用地可相应集中，有利于提高用地效率、形成明晰的结构关系。

（2）停车场的分散式布局可使场地交通的分区组织更明确，流线体系划分更细致具体，易于和场地中的其他形态相协调，提高了用地效益，但会增加场地整体内容组织形态的复杂程度。

停车场的布局是城市交通的重要组成部分，选址要符合城市规划的要求。机动车停车场的选址要和城市道路有便捷的连接，避免造成交叉口交通组织的混乱，从而影响干道上的交通。机动车停车场还会产生一定程度的噪声、尾气等环境污染问题，为保持环境宁静，机动车停车场和建筑之间应保持一定的距离。

（三）场地出入口与建筑的关系

风景园林建筑出入口在布局时要充分，合理地利用周围的道路及其他交通设施，以争取便捷的对外交通联系，同时应减少对城市干道交通的干扰。当场地同时毗邻城市的主干道和次干道时，应优先选择次干道一侧作为主要机动车出入口。根据有关规定，人员密集的建筑场地至少应有两个以上不同方向通向城市道路的出入口，这类场地或建筑物的主要出入口应避免布置在城市主要干道的交叉口。

第六章　风景园林建筑的内部空间设计

第一节　风景园林建筑空间的分类与相关因素

一、建筑空间的概念

人们的一切活动都是在一定的空间范围内进行的。其中，建筑空间——包括室内空间、建筑围成的室外空间以及两者之间的过渡空间给予人们的影响和感受是最直接、最普遍、最重要的。

人们从事建造活动，耗力最多、花钱最多的地方是在建筑物的实体方面，如基础、墙垣、屋顶等，但是人们真正需要的却是这些实体的反面，即实体所围起来的"空"的部分，也就是"建筑空间"。因此，现代建筑师都把空间的塑造作为建筑创作的重点来看待。

人们对建筑空间的追求并不是什么新的课题，是人类按自身的需求，不断地征服自然、创造性地进行社会实践的结果。从原始人定居的山洞、搭建最简易的窝棚到现代建筑空间，经历了漫长的发展历程，而推动建筑空间不断发展、不断创新的，除了社会的进步，新技术和新材料的出现，给创作提供了可能性外，最重要、最根本的就是人们不断发展、不断变化着的对建筑空间的需求。人与世界接触，因关系及层次的不同而有不同的境界，人们就要求创造各种不同的建筑空间去适应不同境界的需要：人类为了满足自身生理和心理的需要而建立私密性较强、具有安全感的建筑空间；为满足家庭生活的伦理境界，建造了住宅、公寓；为适应宗教信仰的境界而建造寺观、教堂；为适应政治境界而建造官邸、宫殿、政治大厦；为适应彼此交流与沟通的需要而建造商店、剧院、学校……风景园林建筑空间是人们在追求与大自然的接触和交往中所创造的一种空间形式，有其自身的特性和境界，人类的社会生活越发展，建筑空间的形式也必然会越丰富、越多样。

中国和西方在建筑空间的发展过程中，曾走过两条不同的道路。西方古代石材结构体系的建筑，呈团块状集中为一体，墙壁厚，窗洞小，建筑的跨度受石料的限制使内部空间较小，建筑艺术加工的重点自然放到了"实"的部位。建筑和雕塑总是结合为一体，追求雕塑美，因此人们的注意力就集中到所触及的外表形式和装饰艺术上。后来发展了拱券结构，建筑空间得到了解放，于是建造了像罗马的万神庙、公共浴场、歌德式的教堂，以及一系列有内部空间层次的公共建筑物，建筑的空间艺术有了很大发展，内部空间尤其发达，但仍未突破厚重实体的外框（图6-1）。我国传统的木构架建筑，由于受木材及结构本身的限制，内部的建筑空间一般比较简单，单体建筑相对定型。在布局上，总是把各种不同用途的房间分解为若干栋单体建筑，每幢单体建筑都有其特定的功能与一定的"身份"，以及与这个"身份"相适应的位置，然后以庭院为中心，以廊子和墙为纽带把它们结合为一个整体。因此，就发展成为以"四合院"为基本单元的建筑形式（图6-2）。庭院空间成为建筑内部空间的一种必要补充，内部空间与外部空间的有机结合成为建筑设计的主要内容。建筑艺术处理的重点，不仅表现在建筑结构本身的美化、建筑的造型及少量的附加装饰上，还强调建筑空间的艺术效果，精心追求一种稳定的空间序列层次。我国古代的住宅、寺庙、宫殿等，大体都是如此。我国的园林建筑空间为追求与自然山水相结合的意趣，把建筑与自然环境更紧密地配合起来，因而更加曲折变化、丰富多彩。

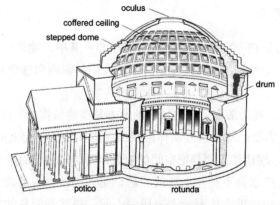

图6-1 罗马万神庙剖面

图6-2 老北京四合院鸟瞰图

由此可见，除建筑材料与结构形式上的原因外，由于中国与西方对空间概念的认识不同，就形成了两种截然不同的空间处理方式，产生了代表两种不同价值观念的建筑空间形式。

二、建筑空间的分类

建筑空间是一个复合型的多义型概念，没有统一的分类标准。因此，按照不同的分类方式可以进行以下划分。

（一）按使用性质分类

（1）公共空间是可以由社会成员共同使用的空间。如展览馆、餐厅等。

（2）半公共空间指介于城市公共空间与私密或专有空间之间的空间。如居住建筑的公共楼梯、走廊等。

（3）私密空间指由个人或家庭占有的空间。如住宅、宿舍等。

（4）专有空间指供某一特定的行为或为某一特殊的集团服务的建筑空间。既不同于完全开放的公共空间，又不是私人使用的私密空间。如小区垃圾周转站、配电室等。

（二）按边界形态分类

空间的形态主要靠界面、边界形态来确定，分为封闭空间、开敞空间、中介空间。

（1）封闭空间：这种空间的界面相对较为封闭，限定性强，空间流动性小。具有内向性、收敛性、向心性、领域感和安全感。如卧室、办公室等。

（2）开敞空间：指界面非常开敞，对空间的限定性非常弱的一类空间。具有通透性、流动性、发散性。相对封闭空间来说，显得大一些，驻留性不强，私密性不够。如风景区接待建筑的入口大厅、建筑共享交流空间等。

（3）中介空间：介于封闭空间与开敞空间之间的过渡形态，具有界面限定性不强的特点。如建筑入口雨篷、外廊、连廊等。

（三）按组合方式分类

按不同空间组合形式的不同，可分为加法构成空间、减法构成空间。

（1）加法构成空间：在原有空间上增加、附带另外的空间，并且不破坏原有空间的形态。

（2）减法构成空间：在原有的空间基础上减掉部分空间。

（四）按空间态势分类

相对围合空间的实体来说，空间是一种虚的东西，通过人的主观感受和体验，产生某种态势，形成动与静的区别，还具有流动性。可分为动态空间、静态空间、流动空间。

（1）动态空间：指空间没有明确的中心，具有很强的流动性，产生强烈的动势。

（2）静态空间：指空间相对较为稳定，有一定的控制中心，可产生较强的驻留感。

（3）流动空间：在垂直或水平方向上都采用象征性的分隔，保持最大限度的交融与连续，视线通透，交通无阻隔或极小阻隔，追求连续的运动特征。

（五）按结构特征分类

建筑空间存在的形式各异，其结构特征基本上分为两类：单一空间和复合空间。

（1）单一空间：只有一个形象单元的空间，一般建筑、房间多为简单的抽象几何形体。

（2）复合空间：按一定的组合方式结合在一起的，具有复杂形象的空间。大部分建筑都不只有一个房间,建筑空间多为复合空间,有主有次,以某种结构方式组合在一起。

(六)按分隔手段分类

有些空间是固定的,有些空间是活动的,围合空间出现的变化产生了固定空间和可变空间。

(1)固定空间:是经过深思熟虑后,使用不变、功能明确、位置固定的空间。

(2)可变空间:为适应不同使用功能的需要,用灵活可变的分隔方式(如折叠门、帷幔、屏风等)来围隔的空间,具有可大可小,或开敞或封闭,形态可产生变化。

(七)按空间的确定性分类

空间的限定性并不总是明确的,按其确定性程度的不同,会产生不同的空间类型,如肯定空间、模糊空间、虚拟空间。

(1)肯定空间:界面清晰、范围明确,具有领域感。

(2)模糊空间:其性状并不十分明确,常介于室内和室外、开敞和封闭两种空间类型之间,其位置也常处于两部分空间之间,很难判断其归属,也称灰空间。

(3)虚拟空间:边界限定非常弱,要依靠联想和人的完形心理从视觉上完成其空间的形态限定。它处于原来的空间中,但又具有一定的独立性和领域感。

三、建筑空间设计的相关因素

建筑的发展过程一直表现为一种复杂的矛盾运动形式,贯穿于发展过程中的各种矛盾因素错综复杂地交织在一起,只有抓住其中的本质联系,才能发现建筑发展的基本规律。建筑空间的相关因素主要包括:空间与功能、空间与审美、空间与结构、空间与行为和心理。

(一)空间与功能

建筑功能是人们建造建筑的目的和使用要求。功能与空间一直是紧密联系在一起的。对人来说,建筑真正具有的使用价值不是实体本身,而是所围合的空间。马克思主义哲学中"内容与形式"的辩证统一关系能很好地说明功能与空间的关系:一方面功能决定空间形式;另一方面,空间形式对功能具有反作用。在建筑中,功能表现为内容,空间表现为形式,两者之间有着必然的联系,如居室、教室、阅览室等功能不同,构成空间形式不同;而办公、商店、体育馆、影剧院等建筑物也因不同的功能布局形成各自独特的空间形态和空间组织方式。

功能决定空间,主要表现在功能对空间的制约性方面。

首先,功能对单一空间的制约性主要表现在三个方面:量的制约、形的制约、质的制约。

(1)量的制约。空间的大小、容积受功能的限定。一般以平面面积作为空间大小的设计依据。例如,卧室在 10 ~ 20 平方米可基本满足要求;在一个住宅单元中,起居室是家庭成员最为集中的地方,活动内容比较多,因此面积最大,餐厅虽然人员也相对集中,但只发生进餐行为,所以面积可以比起居室小。

(2)形的制约。功能除了对空间的大小有要求,还对空间的形状具有一定的影响。居住建筑中的房间，矩形房间利于家具布置（虽然异形房间更富有趣味，但不利于家具布置）。教室虽然也为矩形，但由于有视听的要求，长、宽比有一定的要求。电影院、剧院等观演建筑，由于视听要求更高，空间形状的差异更大。

（3）质的制约。空间的"质"主要指采光、通风、日照等相关条件，涉及房间的开窗和朝向等问题，少数房间还有温度、湿度以及其他技术要求，这些条件的好坏，直接影响空间的品质。以开窗为例，开窗的基本目的是采光和通风，开窗的大小取决于房间的使用要求，如居住建筑窗地比为 1/10～1/8，阅览室为 1/6～1/4 等。此外，不同的功能要求还会影响开窗的形式，从而对具体的空间形式产生制约性，如有的房间要求单侧采光，有的要求双侧采光，有的要求高侧窗或间接采光，还有些需要顶部采光。

其次，功能对多空间组合的制约性。大多数建筑都是由多个房间组成的。各个空间不是彼此孤立的，而是具有某种功能上的逻辑关系。因此，功能不只对单一空间有制约性，对空间的组合也有制约性，即根据建筑物的功能联系特点来创造与之相适应的空间组合形式，这种空间组成形式并不是单一的，而是千变万化的，具有灵活性。只有把握好制约性和灵活性的尺度，才能创造出既经济实用又生动活泼的建筑形式。

社会的发展对建筑不断提出新的功能内容要求。从建筑的发展来看，功能对建筑空间的要求不是静止的，时时刻刻都在发生变化。这种要求必然与旧空间形式产生矛盾，导致对旧空间形式的否定，并最终产生新的空间形式。随着现代建筑的发展，现代建筑师又提出了"多功能性空间"或"通用空间"的概念。

功能对空间形式具有决定作用，但不能忽视空间形式本身的能动性，一种新的空间形式出现后，不仅适应了新的功能要求，还会促使功能朝着更新的高度发展。如现代大跨度结构使室内大空间得以实现，使室内的大型聚会成为可能。

（二）空间与审美

众所周知，只有人类才具有理性思维和精神活动的能力，这是其他生物不能比拟的。人类有思维能力，就会产生精神上的需要，所以建筑这种人为的产物不仅要满足人类的使用要求，还要满足人类的精神要求。建筑给人提供活动空间，这些活动包括物质活动和精神活动两方面。在建筑漫长的发展过程中，人类在满足自我精神需要的同时，养成了一定的审美习惯。因此，建筑空间可以看成是受功能要求制约的合用空间和受审美要求制约的视觉空间的综合体。

建筑是人类社会的特有产物，因此建筑的审美观念不是孤立存在的，必然受到文化、宗教、民族、地域等方面社会性要素的影响，如东西方建筑的差异、南北地区建筑的差异、不同宗教建筑的差异等。人类的审美观念是对客观对象的一种主观反映形式，属于意识形态，它是由客观存在决定的。当客观现实改变以后，思想观念也必然会改变。因此，人类的审美习惯不是一成不变的，它将随着时代的发展而产生变化。无论古典建筑还是现代建筑，都遵循着形式美"多样统一"的原则，如巴黎圣母院和美国国家美术馆东馆，它们的比例都很合适，构图也很均衡，只是在具体处理中由于审美观念的差异而采用不同的标准和尺度（图 6-3

和图6-4）。前者满身都是装饰，后者却完全抛弃了装饰。

图6-3　巴黎圣母院

图6-4　美国国家美术馆东馆

此外，建筑是一种文化，是人们从事各项社会活动的载体，一切文化现象都发生在其中。它既表达自身的文化形态，又比较完整地反射出人类文化史。就建筑的物质属性而言，它是时代科技的结晶，反映最先进的科学技术发展水平，具体表现在建筑材料、建筑结构、建筑技术、建筑设备等，是时代物质文明的缩影。而在社会属性方面，人类的一切精神文明的成果也都渗透其中。雕刻、雕塑、工艺美术、绘画、家具陈设等可见的形象，是建筑空间和建筑环境的组成部分。而比较隐蔽的象征、隐喻、神韵等内涵，作为建筑之魂也都与人的精神生活和精神境界相联系。这些就是建筑空间的审美特征。即：环境气氛、造型风格、象征含义。

（1）环境气氛。由于空间特征的不同，造成不同环境气氛，如温暖的空间、寒冷的空间、亲切的空间、拘束的空间、恬静的空间、典雅古朴的空间……空间之所以给人以这些不同的感觉，是因为人特有的联想感觉产生了审美的反映，赋予了空间各种性格。平面规则的空间比较单纯、朴实、简洁；曲面的空间感觉比较丰富、柔和、抒情；垂直的空间给人以崇高、庄严、肃穆、向上的感觉；水平空间给人以亲切、开阔、舒展、平易的感觉；倾斜的空间给人以不安、动荡的感觉。

不同的空间形式带来不同的环境气氛。空间形式受到功能因素和审美因素的双重制约，因此既要满足功能因素，又要满足审美因素，有时审美因素的比重要大于功能因素。例如，住宅的层高，2.2米就能满足各种人体尺度，但很显然这一高度过于压抑了。所以从人的感受出发，一般采用2.8～3.6米的层高。并且这个数据在频繁使用过程中，产生一种相对固定的审美感觉，过高、过低都被认为是不舒服的。又如单纯从宗教祭祀活动的使用要求看，教堂的高度即使降为原来的1/3也不影响使用。但其崇高、神秘的宗教气氛和艺术感染力就将荡然无存。由此可见，在某些空间中，左右空间形式的与其说是物质功能，还不如说是精神方面的需求。

（2）造型风格。建筑空间的造型风格也是建筑审美特征的集中体现。风格是不同时代思潮和地域特征通过创造性的构思和表现而逐步发展成的一种有代表性的典型形式。可以说每一种风格的形成莫不与当时当地的自然和人文条件息息相关，尤其与社会制度、民族特征、文化潮流、生活方式、风俗习惯、宗教信仰等关系密切。如20世纪以前的各个不同历史时期，中西方传统建筑风格迥异，但从21世纪开始由于交通逐渐发达和文化的融合，地域性差异已经减少到最低甚至于消失。

（3）象征含义。建筑艺术与其他艺术形式不同，虽然也能反映生活，却不能再现生活。因为建筑的表现手段不能脱离具有一定使用要求的空间和形体，只能用一些比较抽象的几何形体，运用各组成部分之间的比例、均衡、韵律等关系来创造一定的环境气氛，表达特有的内在含义。从这个意义上说，建筑是一门象征性艺术。所谓象征，就是用具体的事物和形象来表达一种特殊的含义，而不是说明该事物的自身。象征属于符号系统，为人类所独有。象征是人类相互间进行文化交流的载体，属于人类文化的范畴，它具有时代性、民族性和地域性。

（三）空间与结构

无论通过想建筑空间来满足物质功能要求，还是满足精神审美要求，要实现这些目的，必须有必要的物质技术手段来作保证，这个手段便是建筑空间的结构形式，建筑物要在自然界中得以生存，首先要依赖于结构。

建筑是技术与艺术的结合，技术是把建筑构思转变为现实的重要手段，建筑技术包括结构、材料、设备、施工技术等，其中结构与空间的关系最密切。中国哲学家老子有关于空间"故有之以为利，无之以为用"的论述，清楚地说明了实体结构和内部空间之间的关系，即"有"与"无"是"利"与"用"的关系，也就是手段与目的的关系。

结构既是实现某种空间形式的手段，又往往对空间形式产生制约。如传统建筑结构形式穹顶最大可做到42米的跨度，直到19世纪末，新结构、新材料产生之后才有了更大的跨度。

我们把符合功能要求的空间称为适用空间，符合审美要求的空间称为视觉空间，把符合力学规律和材料性能的空间称为结构空间。在建筑中，这三者是一体的，建筑创造的过程就是这三者有机统一为一体的过程。首先，不同的功能要求都需要一定的结构形式来提供相应的空间形式；其次，结构形式的选择要服从审美的要求。另外结构体系和形式反过来也会对空间的功能和美观产生促进作用。

（四）空间与行为和心理

虽然建筑是一种为人服务的媒介和手段，可以诱发某种行为和充当某种功能的载体，但真正的行为主体是人，唯有人自己才是需要和活动行为的动因。倘若建筑空间中没有任何人的行为发生，则空间只是闲置在那里，没有任何价值；反之，没有建筑空间作为依托，许多人类社会行为也就不会发生。因此，空间与行为是相辅相成的一对元素，从环境意义上考虑空间的创造，才能形成真正的建筑空间。人类的行为与人类的心理特征是分不开的，人类有关建筑方面的心理需求包括：基础性心理需求和高级心理需求。

1.基础心理需求

停留在感知和认知心理活动阶段的心理现象、需求都为基础心理需求，如建筑空间给人的开放感、封闭感、舒适感等。

2.高级心理需求

（1）领域性与人际距离。人在进行活动时，总是力求其活动不被外界干扰和妨碍，因此每一个人周围都有属于自己的范围和领域，这个领域称为"心理空间"。它实质是一个虚空间。如在公共汽车上，先上来的人总是各自占据双排座位中的一个。另外，人进行不同的活动，接触的对象不同，所处的场合不同，都会对人与人之间的距离远近产生影响。如密切距离：0 ~ 0.45米；社会距离：1.2 ~ 3.6米；公众距离：>3.6米。

建筑空间的大小、尺度以及内部的空间分隔、家具布置、座位排列等方面都要考虑领域性和人际距离。

（2）安全感与依托感。人类总是下意识的有一种对安全感的需求，从人的心理感受来说建筑空间并不是越大越好，空间过大会使人觉得很难把握，进而感到无所适从。通常在这种大空间中，人们更愿意有可供依托的物体。人类的这种心理特点反映在空间中称为边界效应，它对建筑空间的分隔，空间组织、室内布置等方面都很有参考价值。

（3）私密性与尽端趋向。如果说领域性是人对自己周围空间范围的保护，那么私密性则是进一步对相应空间范围内其他因素更高的隔绝要求。如视线、声音等，私密性不仅是属于个人的，也有属于群体的，他们自成小团体，而不希望外界了解他们。此外人们常常还要有一种尽端趋向。尽端趋向是指人们经常不愿意选择在门口处或人流来往频繁的通道处就座，而喜欢带有尽端性质的座位，例如餐厅座位、自习室座位、学生宿舍的铺位。

（4）交往与联系的需求。人不只有私密性的需求，还有交往与联系的需要。人际交往的需要对建筑空间提出了一定的要求，要做到人与人相互了解，则空间必须是相对开放、互相连通的，人们可以走来走去，但又各自有自己的空间范围，也就是既分又合的状态，如"共享空间"。

（5）求新与求异心理。如果某件事物较为稀罕或特征鲜明，就极易引起人的注意，这种现象反映了人的求新和求异心理。一些具有招揽性信息的建筑，如商业建筑、娱乐建筑、观演性建筑、展览性建筑，就是在针对人的这种心理，力求在建筑外空间的造型、色彩、灯光和内部空间特色方面有所创新，显出与众不同的个性，以吸引人们。

（6）从众与趋光心理。人们在不明情况下，往往会有一种从众心理，看见大多数人都那样做，自己也会不自然地跟从。这对建筑空间的防火防灾设计提出了要求，空间要有导向性，以便引导人流疏散。另外人还有趋光的心理，明亮的地方总是吸引人，在建筑空间设计中要巧妙利用照明布置来加强空间的吸引力，创造趣味。

（7）纪念性与陶冶心灵的需求。这是人类更高层次的心理需求，人类进行艺术创作就是要使心灵得以升华，建筑是一种艺术，它既有实用性，又有艺术性，它的最高目的就是作用于人的心灵，给人们美的享受。

第二节　风景园林建筑内部空间设计的主要内容与方法

一、设计的主要内容

（一）空间组织

建筑一般由使用空间、辅助空间、交通联系空间三类空间组成。使用空间为起居、工作、学习等服务；辅助空间为加工、储存、清洁卫生等服务；交通联系空间为通行疏散服务。建筑的面积、层数、高度与建筑空间使用人数、使用方式、设备设施配置等因素有关。

建筑空间之间存在并列、主从、序列三种关系。如宿舍楼、教学楼、办公楼中的宿舍、教室、办公室，功能相同或相近似，相互之间没有直接依存关系，属于并列空间关系；影剧院中的观众厅与门厅、休息廊等，商场中的营业厅与库房、办公管理用房等，图书馆中的目录厅与阅览室、书库等，功能上有明显的关联及从属关系，属于主从空间关系；交通建筑、纪念建筑、博览建筑等，空间上有明显的起始、过渡、高潮、终结等时序递进关系，属于序列空间关系。

建筑空间组织一般遵循功能合理、形式简明和紧凑等基本原则。空间组织有"点状聚合""线性排序""网格编组""层面叠加"四种方式。如观演建筑、体育建筑等即"点状聚合"；文教建筑、办公建筑、医疗建筑等多为"线性排序"和"层面叠加"；交通建筑、博览建筑、商业建筑等多为"网格编组"及"层面叠加"（图6-5、表6-1）。

图 6-5　建筑空间组织方式

表 6-1　建筑空间组织方式及特点

点状聚合	线性排序	网格编组	层面叠加
单元式——围绕"实点"聚合成多元空间，如单元式住宅、幼儿园等 中庭式——空间围绕"虚点"聚合成多元空间＊如四合院、共享空间等	廊道式——空间以廊道等间接方式联系，如旅馆、医院、办公楼等 串联式——空间以直接方式联系，如博物馆、展览馆等	厅堂式——空间联合、包容无柱的复合空间，如影剧院、体育馆等 空间式——空间联合、包容有柱的复合空间，如商场、食堂等	门厅式——空间通过门厅联系，如图书馆、档案馆等 梯间式——空间通过楼梯、电梯联系，如多层建筑、高层建筑等

（二）流线组织

一般建筑空间中的流线主要有人流和货流两种类型。其中，人流活动呈通行、驻留、疏散三种方式及状态。一般情况下，人流通行由建筑的室外流向室内，交通联系空间及设备设施组织应当结合人流量、人流通行方向、人流活动规律及特点等因素考虑。紧急情况下，人流疏散由建筑的室内流向室外，疏散线路分为房间到房门、房门到走道及楼梯电梯出入口、走道及楼梯电梯出入口到建筑出入口三段设置，人流疏散时间取决于门厅位置、走道长度与宽度、坡道坡度与长度、楼梯电梯位置及数量等因素。

流线组织遵循明确、便捷、通畅、安全、互不干扰等原则。明确是指加强流线活动的方位引导；便捷与通畅即控制流线活动的长度和宽度；安全可以通过流线活动的硬件配置与软件管理得到保证；互不干扰指应当明确并区分流线活动内外、动静、干湿、洁污等关系，分别设置不同的空间及构件设施。

流线组织有枢纽式、平面式、立体式三种组织方式。

枢纽式组织主要进行门厅设计，涉及门廊或雨棚、过厅、中庭等空间设置问题，如过厅是门厅的附属空间，一般一幢建筑只有一个门厅，可以有若干过厅。

平面式组织主要进行走道设计及坡道设计。走道长度与人流通行疏散口分布、走道两侧采光通风口分布、消防疏散时间要求等因素有关；坡道一般为残疾人、老年人和儿童等特殊人群通行疏散、特殊车辆出入建筑提供服务。

立体式组织主要进行楼梯、电梯设计。

（三）结构构件设置

建筑实体构件按照功能作用，可划分为支撑与围护结构、分隔与联系构件等。基础、梁板柱所构成的框架、屋面等是建筑的支撑结构，发挥稳定建筑空间的作用；地面、外墙、屋顶等是建筑的围护结构，发挥围合、遮蔽建筑空间的作用；内墙、楼板等是建筑的分隔构件，具有分隔建筑空间的作用；门廊或雨棚、楼梯、坡道、阳台等是建筑的联系构件，具有联系建筑空间的作用；电梯、自动扶梯、水暖电管线及设备、燃气管线及设备等是建筑的设备设施配件，为人群活动提供服务，同时改善建筑空间性能及品质（图6-6）。

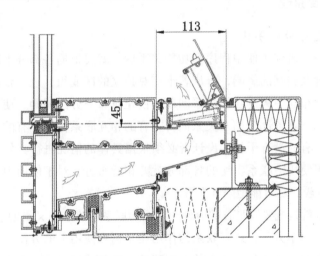

图6-6 建筑通风采光

一般情况下，支撑结构、围护结构、分隔与联系构件由建筑师负责选型，完成材料及构造设计，再由结构工程师完成材料设计和力学计算；电梯、自动扶梯由机械工程师负责设备设计，由建筑师负责设备选型；给水排水、暖气通风、电力电信中的各种管线及设备，由水暖电工程师负责配置及设计。

（四）建筑空间形态控制

建筑空间形态控制主要包括建筑长度、宽度、高度等方面的内容。

单元空间中，单面通风采光的空间一般为开间/进深=1：1~1：1.5,双面通风采光的空间层高/跨度一般为1：1.5~1：4。

建筑单体中，平面空缺率=建筑长度/建筑最大深度，空缺率过大意味着建筑平面及立面凹凸变化过大，有利于建筑造型，但不利于建筑空间保温隔热及建筑用地合理使用。因此，设计师经常选取小面宽、大进深的单元空间进行空间组合。其中最为合理的单元空间立面高

宽比 = 建筑高度 / 宽度 =1:0.618, 符合黄金分割比例。因此，设计师经常通过调整建筑立面高宽比，以及建筑立面视角、视距关系等进行建筑形态控制。

建筑群体当中，展开面间口率（建筑群立面空隙总宽度 / 建筑群立面总长度）=6% ～ 7%，间口率的大小与建筑单体变形缝设置、建筑群体之间山墙面防火间距要求等因素有关。间口率过大意味着建筑群体关系松散，有利于建筑群体立面及轮廓线变化，但不利于建筑用地合理使用。山墙面间距控制涉及建筑日照间距、通风间距、防火间距等问题，建筑日照间距及通风间距一般决定建筑山墙面的高距比，建筑日照间距（建筑山墙面高度 / 山墙面间距）1 : 0.8 ～ 1 : 1.8, 建筑通风间距（山墙面高度 / 山墙面间距）1 : 1.5 ～ 1 : 2.0; 建筑防火间距有 6 米、9 米和 13 米三种要求，即高层建筑之间为 13 米，高层建筑与多层建筑、低层建筑之间为 9 米，低层建筑之间为 6 米。

二、设计的主要原理

（一）合理地进行功能分区

在设计的过程中，研究了使用程序和功能关系后，就要根据各部分不同的功能要求、各部分联系的密切程度及相互的影响，分成若干相对独立的区或组，进行合理的"大块"的设计组合，以解决平面布局中大的功能关系问题，使建筑布局分区明确、使用方便、合理，保证必要的联系和分隔。就各部分相互关系而言，有的相互联系密切，有的次之，有的就没有关系；有的有干扰，有的没有干扰。设计者必须根据具体的情况进行具体分析，有区别地加以对待和处理。对于使用中联系密切的各部分就要相近布置，对于使用中有互相之间干扰的部分，应有适当地分隔，尽可能地隔开布置。

合理的功能分区就是既要满足各部分使用中密切联系的要求，又要创造必要的分隔条件。联系和分隔是矛盾的两个方面，相互联系的作用在于达到使用上的方便，分隔的作用在于区分不同使用性质的房间，创造相对独立的使用环境，避免使用时的相互干扰和影响，以保证有较好的卫生隔离和安全条件，并创造较安静的环境等。下面将功能分区的一般原则与分区方式具体讨论。

1.功能分区原则

公共建筑物是由各个部分组成的，它们在使用中必然存在着性质的差别，因而也会有不同的要求。因此，在设计时，不仅要考虑使用性质和使用程序，而且要按不同功能要求进行分类，进行分区布置，以达到分区明确而又联系方便的目的。

在分区布置中，为了创造较好的卫生或安全条件，避免各部分使用过程中的相互干扰以及满足某些特殊要求，在平面空间组合中功能的分区常常需要解决以下几个问题。

（1）处理好"主"与"辅"的关系。任何一类建筑都是由主要使用部分和辅助使用部分所组成的。主要使用部分为公众直接使用的部分，如学校的教室、展览馆的展室等基本工作用房；辅助使用部分包括附属及服务用房。前者可称主要使用空间，后者又称为辅助使用空间。在进行空间布局时必须考虑各类空间使用性质的差别，将主要使用空间与辅助使用空间合理地进行分区。一般的规律是：主要使用部分布置在较好的区位，靠近主要入口，保证良好的朝向、采光、通风及景观和环境等条件；辅助或附属部分则布置在较次要的区位，朝向、采光、通风等条件可以差一些，并设置单独的服务入口。

（2）处理好"内"与"外"的关系。建筑区间，有的对外性强，直接为公众使用；有的对内性强，主要供内部工作人员使用，如内部办公、仓库及附属服务用房等。在进行空间组合时，也必须考虑这种"内"与"外"的功能分区。一般来讲，对外性强的用房（如观众厅、陈列室、演讲厅等）人流量大，应该靠近入口或能够直接进入，使其位置明显，便于直接对外，通常环绕交通枢纽布置；而对内性强的房间则应尽量布置在比较隐蔽的位置，以避免公共人流穿越而影响内部的工作。例如，临街的商店、营业厅是主要使用房间，对外性强，就应该临街布置；库房、办公纯属辅助的对内性的用房，就不宜将它临街布置在顾客容易穿行的地方。展览建筑中，陈列室是主要使用房间，对外性强，尤其是专题陈列室、外宾接待室及演讲厅等一般都是靠近门厅布置，而库房办公等用房则属对内的辅助用房，就不应布置在这种明显的位置。

（3）处理好"动"与"静"的分区关系。一般供学习、工作、休息等用途的房间希望有较安静的环境，而有的用房在使用中嘈杂喧闹，甚至产生机器噪声，这两部分的房间要求适当地隔离。这种"动"与"静"的分区要求在很多类型的建筑中都会经常遇到。例如：小学校中的公共活动教室（如音乐教室、室内体育房等）及室外操场在使用中则会产生噪声，而教室、办公室则需要安静，两者就要求适当地分开；医院建筑中门诊部人多嘈杂，也需要与要求高度安静的病区分开，以免相互干扰；图书馆建筑（尤其是公共图书馆）儿童阅览室及陈列室、讲演厅等公共活动部分也因人多嘈杂，应与要求安静的主要阅览区分开布置。因此在设计时都要认真仔细地分析各个部分的使用内容及使用特点，分析各部分"动"与"静"的情况与要求，有意识地进行分区布置。即使是同一功能的使用房间也要进行具体分析，区别对待。如商店的营业厅，一般都比较喧闹，但乐器和唱片等柜台不只是一般的喧闹，而且因试奏试听而产生较强的噪声。因此，在同一营业厅的布置中也有一个局部的分区问题，往往就将它们放置一角或分开布置，通常都要设视听间。

（4）处理好"清"与"污"的分区关系。建筑中某些辅助或附属用房（如厨房、锅炉房、洗衣房等）在使用过程中会产生气味、烟灰、污物及垃圾，必然要影响主要使用房间，在保证必要联系的条件下，要使二者相互隔离，以免影响主要工作用房。一般应将它们置于常年主导风向的下风向，且不在公共人流的主要交通线上。此外，这些房间一般比较零乱，也不宜放在建筑的主要一面，避免影响建筑的整洁和美观。因此在处理"清"与"污"的区分关系时常以前后分区为多，少数产生污染的辅助用房可以置于底层或最高层。

除了上述按功能进行分区以外，还有其他的因素也常常作为分区的原则。例如有的根据空间大小、高低来分区，尽量将同样高度、大小相近的空间布置在一起，以利于结构与经济；有的根据各部分的建筑标准来分区，不将标准相差很大的用房混合布置在一起；如有的附属用房可采用简易的混合结构，我们就不必把它们布置在框架结构的主体中。

当然，上述的分区都是相对的，它们彼此不仅有分隔而且又有相互联系的一面，设计时要仔细研究，合理安排。

2.功能分区方式

按照功能要求分区，一般有以下几种方式。

（1）分散分区：即将功能要求不同的各部分用房分别按一定的区域，布置在几个不同的单幢建筑之中。这种方式可以达到完全分区的目的，但也必然导致联系的不便。因此在这种情况下就要很好地解决相互联系的问题，常加建连廊相连接。

（2）集中水平分区：即将功能要求不同的各部分用房集中布置在同一幢建筑的不同的平面区域，各组取水平方向的联系或分隔，但要联系方便，平面外形不要设计得太复杂，保证必要的分隔，避免相互影响。一般是将主要的、对外性强的、使用频繁的或人流量较大的用房布置在前部，靠近入口的中心地带；而将辅助的、对内性强的、使用人流少的或要求安静的用房布置在后部或一侧，离入口远一点。也可以利用内院，设置"中间带"等方式作为分隔的手段。

（3）垂直分区：即将功能要求不同的各部分用房集中布置于同一幢建筑的不同层上，以垂直方向进行联系或分隔。但要注意分层布置的合理性，注意各层房间数量、面积大小的均衡，以及结构的合理性，并使垂直交通与水平交通组织紧凑方便。分层布置的设计一般是根据使用活动的要求，不同使用对象的特点及空间大小等因素来综合考虑。例如，中小学校可以按照不同年级来分层，高年级教室布置在上层，低年级教室布置在底层；多层的百货商店宜将销售量大的日用百货及大件笨重的商品置于底层，其他如纺织品、文化用品等则可置于上面的各层。

上述方法还应结合建筑规模、用地大小、地形及规划要求等外界因素来考虑，在实际工作中，往往是相互结合运用的，既有水平的分区，也有垂直的分区。

（二）合理地组织交通流线

人在建筑内部的活动，物品在建筑内部的运用，就构成建筑的交通组织问题。它包括两个方面：一是相互的联系；二是彼此的分隔。合理的交通路线组织就是既要保证相互联系的方便、简短，又要保证必要的分隔，使不同的流线之间不相互交叉干扰。在使用频繁、有大量人流的医院、影剧院、体育馆、展览馆等建筑物中显得尤为重要。交通流线组织的合理与否是评鉴平面布局的重要标准。它直接影响到平面布局的形式。下面着重介绍一下交通流线的类型、流线组织的要求以及组织方式。

1.交通流线的类型

建筑内部交通流线按其使用性质可分为以下几种类型：

（1）公共人流交通线：即建筑主要使用者的交通流线。如餐厅中就餐者流线、车站中的旅客流线、商店中的顾客流线、体育馆及影剧院中的观众流线、展览建筑中的参观路线等，它是建筑平面设计中要解决的重要问题。不同类型的建筑交通流线的特点有所不同，有的是集中式的，在一定时间内很快聚集和疏散大量人流，如影剧院、体育馆、火车站等；有的是自由的，如商业建筑、图书馆等；而有的则是持续连贯的，如展览馆、博物馆等。它们都需要具备组织大量人流进与出的能力，并应满足各种使用程序的要求。公共人流线按其人流流动的动向，可以分为进入人流线和外出人流线两种，在车站建筑中就是旅客进站流线和出站流线，在影剧院中就是进场流线和退场流线。

公共人流交通线中不同的使用对象也构成不同的人流，这些不同的人流在设计中都要分别组织，相互分开，避免彼此的干扰。例如，车站建筑中的进站旅客流线就包括一般旅客流线、母婴流线、软席旅客流线及军人流线等。一般旅客流线中通常按其乘车方向构成不同的流线，体育建筑中公共人流线除了一般观众流线外还包括运动员的流线、贵宾及首长流线等。

（2）内部工作流线：即内部管理工作人员的服务交通线，在某些大型建筑中还包括摄影、记者、电视等工作人员流线。

（3）辅助供应交通流线：如餐厅中的厨房工作人员服务流线及食物供应流线，车站中的行包流线，医院中食品、器械、药物等服务供应流线，商店中货物运送流线，图书馆中书籍的运送流线等，都属于辅助供应交通流线。

2. 交通流线组织的要求

人是建筑的主体，各种建筑的内外部空间设计与组合都要以人的活动路线与人的活动规律为依据，设计要尽量满足使用者在生理上和心理上的合理要求。因此，应当把"主要人流路线"作为设计与组合空间的主导线。根据这一主导线把各部分设计成一连串的丰富多彩的有机结合的空间序列。例如，设计图书馆应该以"读者人流路线"作为设计的主导线，把各个阅览室及为之服务的相关空间有机地组织起来；设计博物馆应该以"观众参观路线"作为组合空间的主导线，把各个陈列室连贯而又灵活地组织起来。对于某些有多种使用人流的建筑，如火车站，它有一般旅客人流，又有贵宾、军人等其他人流，显然应该以普通旅客进、出站的人流为主要人流，并以它为设计的主导线，而不应该过于侧重考虑首长、迎宾活动，忽视一般旅客的基本使用。

总之，交通流线的组织要以人为主，以最大限度地方便主要使用者为原则，应该顺应人的活动，不是要人们勉强地接受或服从设计者强加的"安排"。正因为"人的活动路线"是设计的主导线，交通流线的组织直接影响到建筑空间的布局。在明确主导线的基本原则后，一般在平面空间布局时，交通流线的组织应具体考虑以下几点要求。

（1）不同性质的流线应明确分开，避免相互干扰。这就要做到使主要活动人流线不与内部工作人员流线或服务供应流线相交叉；主要活动人流线中，有时还要将不同对象的流线适当地分开；在人流集中的情况下，一般应将进入人流线与外出人流线分开，以防止出现交叉、聚集、"瓶颈"的现象。

（2）流线的组织应符合使用程序，力求简捷明确、通畅、不迂回，最大限度地缩短。这对每一类建筑设计都是重要的，直接影响着平面布局和房间的布置。比如在图书馆的设计中，人流路线的组织就要使读者方便地来往于借书厅及阅览室，并尽可能地缩短运书的距离，缩短借书的时间。

（3）流线组织要有灵活性，因为在实际工作中，由于情况的变化，建筑内部的使用安排经常是要调整的。

例如，图书馆设计（尤其是大学图书馆）既要考虑全馆开放时人流的组织又要考虑局部开放（如大学寒暑假期间）时不影响其他不开放部分的管理。在展览建筑中，流线组织的灵活性尤为重要。它既要保证参观者能按照一定的顺序参观各个陈列室，又使观众能自由地取舍，同时既便于全馆开放也便于局部使用，不致因某一陈列室内部调整布置而影响全馆的开放。这种流线组织的灵活性直接影响到建筑布局以及出入口的设置。以展览建筑为例（图6-7）。其中，各个陈列室相套布置，参观路线很连贯，但是没有一点灵活性，一旦调整某一陈列室的布置，全馆就不能开放。

（a）　　　　　　　　　　　　　（b）

图 6-7　流线型展览建筑

当然，流线组织的连贯与灵活孰主孰次根据建筑的使用性质而有所不同，这就要根据具体情况来分析，从调查研究着手，区别对待。以展览建筑来说，历史性博物馆由于陈列内容是断代的、连贯的，因此主要是考虑参观路线的连贯，而艺术陈列馆或展览馆的参观路线则要求灵活性更多一些。

（4）流线组织与出入口设置必须与室外道路密切结合，二者不可分割，否则从单体平面上看流线组织可能是合理的，但从总平面上看可能就不合理，反之亦然。

3. 交通流线组织的方式

流线组织虽然各有自己的特点及要求，但也有共同要解决的问题，即把各种不同类型的流线分别予以合理组织以保证方便地联系和必要地分隔。因此，在流线组织方式上也有共同之处，综合各类建筑中实际采用的流线组织方式，不外乎以下三种基本方法。

（1）水平方向的组织。即把不同的流线布置在同一平面的不同区域，与前述水平功能分区是一致的。例如，在商业建筑中将顾客流线和货物流线分别布置于前部和后部；在展览建筑中，将参观流线和展品流线按照后或左右分开布置。这种水平分区的流线组织垂直交通少，联系方便，避免了大量人流的上上下下。在中小型的建筑中，这种方式较为简单，但对某些大型建筑来讲，单纯水平方向组织交通流线不易解决复杂的交通问题或往往使平面布局复杂化。

（2）垂直方向的组织。即把不同的流线布置在不同的层，在垂直方向上把不同流线分开。如同前述，在医院建筑中将门诊人流组织在底层，各病区人流按层组织在其上部；展览建筑中将展品流线组织在底层，把参观人流线组织在二层以上。这种垂直方向的流线组织，分工明确，可以简化平面，对较大型的建筑来说更为适合。但是，它增加了垂直交通，同时分层布置要考虑荷载及人流量的大小。一般来说，总是将荷载大、人流量多的部分布置在下部，而将荷载小、人流量少的置于上部。

（3）水平与垂直相结合的流线组织。指既在平面上划分不同的区域，又按层组织交通流线，常用于规模较大、流线较复杂的建筑。

流线组织方式的选择一般应根据建筑规模的大小、基地条件及设计者的构思来决定。一般中小型建筑，人流活动比较简单，多采取水平方向的组织；规模较大、功能要求比较复杂、基地面积不大或地形有高度差时，常采用垂直方向的组织或水平和垂直相结合的流线组织方式。

（三）创造良好的朝向、采光与通风条件

建筑是为工作、生产和生活服务的。从人体生理来说，人在室内工作和生活需要一个良好的环境，因而建筑空间的设计要适应各地气候与自然条件就成为一项重要的课题，也是对设计提出的一项基本的功能要求。我国古代劳动人民在长期的建筑实践中，就认识到要适应自然气候条件必须注意朝向的选择，解决好采光、通风问题。

建筑中除了某些特殊房间（如暗室、电影厅、放映室等）以外，一般都需要自然采光和通风，只在大型公共建筑中，如观众厅、会议大厅或特殊要求的房间，可以采用机械通风和人工照明。

自然采光与朝向密切相关。我国地处北半球，为使冬季取得较多的日照，一般建筑都以南向或偏南向居多。在西安出土的半坡村遗址中民居大多是朝南的，古人李渔就提出"屋以面南为正向，然不可必得，则面北者宜虚其后，以受南"，这就说明建筑要朝南，如果是坐南朝北，也要在南面多开窗以争得阳光。如果四周无法开窗，则"开窗借天以补之"，用天井或天窗来采光与通风。就北纬大多数地区来讲，建筑的朝向以南向最好，北向次之，东西向较差，但我国东北、云南、贵州等地区例外。贵州地区因"天无三日晴"，终年阴雨天，日照少，不少建筑采用西向，以"宁受西晒而不失阳光"。

所以，在建筑设计中一般将人们工作、学习、活动的主要房间大多布置在朝南或东南向的位置，而将次要的辅助房间及交通联系部分都置于朝向较差的一面，以保证主要房间有充分的日照及良好的自然采光条件。

通风与朝向、采光方式关联密切。利用自然采光的房间，一般就采用自然通风，采用人工照明为主时，则需有机械通风设备。

自然通风主要是合理地组织"穿堂风"，保证常年的主导风向能直接吹向主要工作房间或室外活动院落，避免吹不到风的"闷角"。一般主要用房应迎主导风向布置，辅助用房尤其是有烟、气味的辅助用房则应置于主要房间的下风向。

通风的组织关系到平面、空间的布局及门窗的安排。在外廊平面中，房间两面可开窗，通风较好；中间是走廊两边是房间的平面，一般可以在内墙面开设高窗、气窗，以改善通风条件。最好两面房间门相对设置，通风会更好，但这样一来有可能会产生干扰，所以在不少旅馆中又要求将门互相错开布置，其实这种布置方法对室内通风是不利的。当房间只有一个方向能开门窗时，应尽量利用门的上下开洞口，组织上下对流或换气。

一般平面形式简单的平面，如"一""L"形等，比较容易解决朝向、采光及通风问题，形式复杂的平面，如"口""日"字形等，要完全解决好朝向、采光、通风问题是较难的，不可避免地会出现一些东西向的房间、不通风的"闷角"和"暗房"，甚至需要采用局部的人工照明和机械通风相辅助。与此相反，如果采用人工照明和机械通风，这就给平面布局带来极大的灵活性。它可以不受朝向、风向的约束，因而平面布局可以更灵活、更紧凑。

自然通风是我国南方地区建筑要解决的一个突出问题，长期以来南方居民在这方面积累了丰富的经验，创造了很多通风效果良好的处理手法，是值得我们学习和借鉴的。例如，他们在空间组合中灵活运用天井院落，并使各组成部分彼此互相联系，保持气流通畅；自由地采用不同的层高，形成通畅的气流通径；在室内外空间组合中，采用开敞式厅堂，内外连接，又用通透的内部隔间（常用屏风、隔断、门罩及挂落等）分隔室内空间，虽隔却通，隔而不堵，保证了良好的穿堂风。

最后，还需指出，理想的朝向、采光及通风的要求常常与实际情况是有矛盾的。在实际工作中，当建筑位于城市拥挤的地段，或者当建筑位于风景区时，由于各方面的矛盾，有时就不可能使朝向、采光要求都得到理想的解决。在拥挤地区，平面布局受到限制，为了使平面布局紧凑，往往就会有一部分主要使用房间面向不好的朝向。在风景区，有时为了照顾景向，便于观景、借景，要求主要房间能面向景区。如果风景区位于建筑朝向不好的一面，建筑的主要房间还是要布置在朝向风景区的那一面。这时景向相对更主要，建筑的不良朝向带来的问题采用其他方法来解决。

三、风景园林建筑的空间处理手法

在风景园林建筑设计中，为了丰富空间的美感，往往需要采用一系列空间处理手法，创造出"大中见小，小中见大；虚中有实，实中有虚；或藏或露，或浅或深"的富有艺术感染力的风景园林建筑空间。与此同时，还须运用巧妙的布局形式将这些有趣的空间组合成为一个有机的整体，以便向人们展示出一个合理有序的风景园林建筑空间序列。

（一）风景园林建筑空间的类型

风景园林建筑空间的组合，主要依据总体规划上的布局要求，按照具体环境的特点及使用功能上的需要而采取不同的方式。风景园林建筑空间形式概括起来有以下几种基本类型。

1. 内向空间

这是一种以建筑、走廊、围墙四面环绕，中间为庭院，以山水、小品、植物等素材加以点缀而形成的一种内向、静雅的空间形态。这种空间里最典型的就是四合院式。我国的住宅，从南到北多采用这种庭院式的布局。由于地理气候上的差异，南方的住宅庭院布局比较机动灵活，庭院、小院、天井等穿插布置于住房的前后左右，室内外空间联系十分密切，有的前庭对着开敞的内厅，室外完全成为内部空间延伸的一个组成部分。为防止夏季日晒，庭院空间进深一般较小。北方典型的四合院或庭院一般比较规整，常以中轴线来组织建筑物以形成"前堂后寝"的格局，主要建筑都位于中轴线上，次要建筑分立两旁。设计者用廊、墙等将次要建筑环绕起来，根据需要组成以纵深配置为主、以左右跨院为辅的院落空间。北方庭院为争取日照，院落比南方的大。这种布局形式当然也很符合长幼有序、内外有别、主从关系分明的封建宗法观念和宗族制度的需要。

我国的私家园林，都是在这种住宅庭院基础上进一步延伸和扩大的。如江南园林中常在有限的空间内创造许多幽静的环境，特别是在园林中用来居住、读书、会客、饮宴的部分，常组成相对独立的安静小院，以满足使用与心理上的需要。北方的皇家园林，当位于宫城内时，由于基地范围有限，缺乏开阔自然的环境，多组成较封闭的内向空间，以山石、植物的不同布局来寻求空间组合上的变化。

内向空间按照大小与组合方式的不同，又可分为"井""庭""院""园"四种基本形式。

（1）井即天井。一般其深度比建筑的高度小，其作用以采光、通风为主，人不进出。常位于厅、室的后部及边侧或游廊与墙的交界处所留出的一些小空间，在其内适当点缀山石花木，在白墙的衬托下也能获得生动的视觉效果。

（2）庭即庭院。以其位置的不同可分为前庭、中庭、后庭、侧庭等。庭的深度一般与建筑的高度相当或稍大。这种庭院空间一般都从属于一个主要的厅堂，庭院四周除主要厅堂外以墙垣、次要房屋、游廊环绕。庭院内部可布置树木、花卉、峰石，但一般不放置水池。

（3）院即一种具有小园林气氛的院落空间。范围比庭大，以墙、廊、轩、馆等建筑环绕，平面布局上灵活多样。院内以山石花木、小的水面、小型的建筑物组成有一定空间层次的景观。在主要空间的边侧部位偶尔分离出一些小空间，以形成主次空间的对比。

（4）园是院落的进一步扩大。园一般以水池为中心，周围布置建筑、山石、花草树木，空间较为开阔，布局灵活变化，空间层次较多，但基本上仍是建筑物所环绕起来的小园林，是建筑空间中的自然空间。许多小型私家园林，以及一些大型园林中的"园中园"都属于这种形式。

2.外向空间

这种空间最典型的是建于山顶、山脊、岛屿、堤岸等地的风景园林建筑所形成的开敞空间类型。这类建筑物常以单体建筑的形式布置于具有显著特征的地段上，起着点景和观景的双重作用。由于是独立建置，建筑物完全融合于自然环境之中，四面八方都向外开敞，在这种情况下，建筑布局主要考虑的是如何取得建筑美与自然美的统一。这类建筑物随着环境的不同而采取不同的形式，但都是一些向外开敞、通透的建筑形象。例如，临湖地段由于面向大片水面，常布置亭、榭、舫、桥、亭等比较轻盈活泼的建筑形式，基址三面或四面伸入水中，使与水面更紧密地结合，既便于观景，又成为水面景观的重要点缀（图6-8）。

图 6-8　承德避暑山庄烟雨楼

山顶、山脊等地势高敞地段，由于空间开阔，视野展开面大，因此常建亭、楼、阁等建筑，并辅以高台、游廊组成开敞性的建筑空间，可用来登高远望，四面环眺，欣赏周围景色。在山坡与山麓地带的建筑多属这种形式。在地势有较大起伏的情况下，常以叠落的平台、游廊来联系位于不同标高上的两组游赏性建筑物。两头的景观特点可以有所不同，可以用各种的开敞性建筑组成景观的停顿点，使得从游廊的这一头到那一头可以进行动态的观赏，获得步移景异的变化效果。这种开敞性建筑群的布局通常是十分灵活多变的，建筑物参差错落的形态与环境的紧密结合能取得十分生动的构图效果。围绕水面、草坪、树木、休息场地布置的游廊、敞轩等建筑物，也常取开敞性的布局形式，以取得与外部空间的紧密联系。

总之，开敞性的外向风景园林建筑空间最常出现在自然风景园林和结合真山真水的大型园林中，而在一些范围较小的私家园林中较少应用，但偶尔也可见到。

3. 内外空间

通常，由风景园林建筑所创造出的空间形态，运用最多的是内外空间。这类空间兼有内向空间与外向空间两方面的优点，既具有比较安静、以近观近赏为主的小空间环境，又可通过一定的建筑部位观赏到外界环境的景色。造型上有闭有敞而虚实相间，形成富有特色的建筑群体。建筑布局多根据地形地貌的特征，自由活泼地布置，一般把主体建筑布置于重点部位，周围以廊、墙及次要建筑相环绕。这种空间形态讲究内外空间流通渗透，布局轻巧灵活，具有浓厚的风景园林建筑气息。

（二）风景园林建筑空间的处理手法

人们在园林中游赏时对客观环境所获得的认识和感受，除了山水、花木、建筑等实体的形象、色彩、质感外，主要是视域范围内形成的空间给予的，不同的空间产生不同的情感反映。在风景园林建筑设计中，依据我国传统的美学观念与空间意识（美在意境，虚实相生，以人为主，时空结合）总是把空间的塑造放在最重要的位置上。当建筑物作为被观赏的景观时，重在其本身造型美的塑造及其与周围环境的配合；而当建筑物作为围合空间的手段和观赏景物的场所时，侧重点在建筑物之间的有机结合与相互贯通，侧重在人、空间、环境的相互作用与统一。风景园林建筑正是受这种思维模式的影响，创造出了丰富变幻的空间形式，这些美妙空间的形成得益于灵活多样的空间处理手法，它们主要包括空间的对比、空间的渗透以及空间的序列几个方面。

1. 空间的对比

为创造丰富变化的景观和给人以某种视觉上的感受，中国风景园林建筑的空间组织经常采用对比的手法。在不同的景区之间，两个相邻而内容又不尽相同的空间之间，一个建筑组群中的主次空间之间，都常形成空间上的对比。其中主要包括空间大小的对比、空间虚实的对比、次要空间与主要空间的对比、幽深空间与开阔空间的对比、空间形体上的对比、建筑空间与自然空间的对比等。

（1）空间大小的对比。将两个显著不同的空间相连接，由小空间进入大空间以衬得后者更为宽敞的做法，是风景园林空间处理中为突出主要空间而经常运用的一种手法。这种小空间既可以是低矮的游廊，小的亭、榭，小院，也可以是一个以树木、山石、墙垣所环绕的小空间，其位置一般处于大空间的边界地带，以敞口对着大空间，以取得空间的连通和较大的进深。当人们处于一种空间环境中时，总习惯于寻找到一个适合于自己的恰当的"位置"，在风景园林环境中，游廊、亭轩的座凳，树荫覆盖下的一块草坪，靠近叠石、墙垣的座椅，都是人们乐于停留的地方。人们愿意从一个小空间中去看大空间，愿意从一个安定的、受到庇护的小环境中去观赏大空间中动态的、变化着的景物。因此，风景园林中布置在周边的小空间，不仅衬托和突出了主体空间，给人以空间变化丰富的感受，而且能满足人们在游赏中心理上的需要，因此这些小空间常成为风景园林建筑空间处理中比较精彩的部分。

空间大小对比的效果是相对的，它是通过大小空间的转换，在瞬间产生强烈的大小对比，使那些本来不太大的空间显得特别开阔。例如苏州的留园、网师园等都利用空间大小强烈对比而获得了小中见大的艺术效果（图6-9、图6-10）。

图 6-9　留园中隔着漏窗窥见园内景物

图 6-10 网师园中隔着漏窗窥见园内景物

（2）空间形状的对比。风景园林建筑空间形状对比，一是单体建筑之何的形状对比，二是建筑围合的庭院空间的形状对比。形状对比主要表现在平、立面形式上的区别。方和圆、高直与低平、规则与自由，在设计时都可以利用这些空间形状上互相对立的因素来取得构图上的变化，突出重点。从视觉心理上说，规矩方正的单体建筑和庭园空间易于形成庄严的气氛，而比较自由的形式，如三角形、六边形、圆形和自由弧线组合的平、立面形式，则易形成活泼的气氛。同样，对称布局的空间容易给人以庄严的印象，而不对称布局的空间则多为一种活泼的感受。庄严或活泼，主要取决于功能和艺术意境的需要。传统私家园林，主人日常生活的庭院多取规矩方正的形状，憩息玩赏的庭院则多取自由形式。从前者转入后者时，由于空间形状对比的变化，艺术气氛突变而倍增情趣。形状对比需要有明确的主从关系，一般情况主要靠体量大小的不同来体现。如北海公园里的白塔和紧贴白塔前面的重檐琉璃佛殿，体量上的大与小、形状上的圆与方、色彩上的洁白与重彩、线条上的细腻与粗犷，对比都很强烈，艺术效果极佳（图 6-11）。

图 6-11 北海琼华岛白塔

（3）空间明暗虚实的对比。利用明暗对比关系以求空间的变化和突出重点，是风景园林建筑空间处理中常用的手法。在日光作用下，室外空间与室肉空间存在着明暗不一的现象，室内空间愈封闭则明暗对比愈强烈，即使是处于室内空间中，由于光的照度不均匀，也可以形成一部分空间和另一部分空间之间的明暗对比关系。在利用明暗对比关系上，风景园林建筑多以暗处的空间为衬托，明亮的空间往往为艺术表现的重点或兴趣中心。

我国传统的风景园林空间处理中常常利用天然或人工洞穴所造成的暗空间作为联系建筑物的通道，并以之衬托外面的明亮空间，通过这种一明一暗的强烈对比，在视觉上可以产生一种奇妙的艺术情趣。有时，风景园林建筑空间的明暗关系又同时表现为虚实关系。例如，墙面和洞口、门窗的虚实关系，在光线作用下，从室内往外看，墙面是暗，洞口、门窗是明；从室外往里看，则墙面是明，洞口、门窗是暗。风景园林建筑中非常重视门窗洞口的光线对比，着重借用明暗虚实的对比关系来突出艺术意境（图6-12）。

图6-12　园林建筑的门窗洞口

风景园林建筑中池水与山石、建筑物之间也存在着明与暗、虚与实的关系。在光线作用下，水面有时与山石、建筑物比较，前者为明，后者为暗，但有时又恰恰相反。在风景园林建筑设计中可以利用它们之间的明暗对比关系和形成的倒影、动态效果创造各种艺术意境。室内空间，如果大部分墙面、地面、顶棚均为实面处理（即采用各种不透明材料做成的面），而在小部分地方采用虚面处理（即采用空洞或玻璃等透明材料做成的面），就可以通过虚实的对比作用，将视觉重点将集中在面处理部位，反之亦然。但若虚实各半则会造成视觉注意力分散失去重点而削弱对比的效果。

空间的虚实关系，也可以扩大理解为空间的围放关系，围即实，放即虚，围放取决于功能和艺术意境的需要。若想在处理空间围放对比时取得空间构图上的重点效果，形成某种兴趣中心，就要尽量做到围得紧凑、放得透畅，并需在被强调突出的空间中，精心布置景点。

（4）建筑与自然景物的对比。在风景园林建筑设计中，严整规则的建筑物与形态万千的自然景物之间包含着形、色各种对比因素，可以通过对比突出构图重点获得景效。建筑与自然景物的对比，也要有主有从，或以自然景物烘托突出建筑，或以建筑烘托突出自然景物，使两者结合成为协调的整体。有些用建筑物围合的庭院空间环境，如池沼、山石、树丛、花木等自然景物是赏景的兴趣中心，建筑物反而成了烘托自然景物的屏壁或背景（图6-13）。

图6-13　建筑与自然景物的对比

　　风景园林建筑空间在大小、形状、明暗、虚实等方面的对比手法，经常互相结合，交叉运用，使空间有变化、有层次、有深度，使建筑空间与自然空间有很好的结合与过渡，以达到风景园林建筑实用与造景两方面的基本要求。

　　2. 空间的渗透

　　在风景园林建筑空间处理时，为了避免单调并获得空间的变化，常常采用空间相互渗透的方法。人们观赏景色，如果空间毫无分隔和层次，无论空间有多大，都会因为一览无余而感到单调、乏味；相反，置身于层次丰富的较小空间中，如果布局得体能使人获得众多美好的画面，则会使人在目不暇接的视觉感受过程中忘却空间的大小限制。因此，处理好空间的相互渗透，可以突破有限空间的局限性取得大中见小或小中见大的变化效果，从而得以增强艺术的感染力。如我国古代有许多名园，占地面积和总的空间体量并不大，但因能巧妙使用空间渗透的处理手法，造成比实际空间要广大得多的错觉，给人的印象是深刻的。处理空间渗透的方法概括起来有以下两种。

　　（1）相邻空间的渗透。这种方法主要是利用门、窗、洞口、空廊等作为相邻空间的联系媒介，使空间彼此渗透，增添空间层次。在渗透运用上主要有以下手法：

　　① 对景指在特定的视点，通过门、窗、洞口，从一个空间眺望另一空间的特定景色。对景能否起到引人入胜的诱导作用与对景景物的选择和处理有密切关系，所组成的景色画面构图必须完整优美。视点、门、窗、洞口和景物之间为一固定的直线，形成的画面基本上是固定的，可以利用窗、洞口的形状和式样来装饰画面。门、窗、洞口的式样繁多，采用何种式样和大小尺寸应服从艺术意境的需要，切忌公式化随便套用。此外，不仅要注意"景框"的造型轮廓，还要注意尺度的大小，推敲它们与景色对象之间的距离和方位，使之在主要视点位置上能获得最理想的画面（图6-14）。

图 6-14　园林"景框"的造型轮廓

　　② 流动景框指人们在流动中通过连续变化的"景框"观景，从而获得多种变化着的画面，取得扩大空间的艺术效果。李笠翁在《一家言》"居室器玩部"中曾谈到坐在船舱内透过一固定花窗观赏流动着的景色可以获取多种画面。在陆地上由于建筑物不能流动，要达到这种观赏目的，只能在人流活动的路线上，通过设置一系列不同形状的门、窗、洞口去摄取"景框"中的各种不同画面。

　　③ 利用空廊互相渗透。廊不仅在功能上能够起交通联系的作用，也可以作为分隔建筑空间的重要手段。用空廊分隔空间可以使两个相邻空间通过互相渗透把对方空间的景色吸收进来以丰富画面，增添空间层次和取得交错变化的效果。如广州白云宾馆底层庭院面积不大，但在水池中部增添了一段紧贴水面的桥廊，把它分隔为两个不同组景特色的水庭，通过空廊的互相借景，增添了空间的层次，取得了似分似合、若即若离的艺术情趣（图 6-15）。用廊分隔空间形成渗透效果，要注意推敲视点的位置、透视角度、廊的尺度及其造型的处理。

（a）　　　　　　　　　　　　　　　（b）

图 6-15　园林空廊

④ 利用曲折、错落等变化增添空间层次。在风景园林建筑空间组合中常常采用高低起伏的曲廊、折墙、曲桥、弯曲的池岸等手法来化大为小分隔空间，增添空间的渗透与层次感。同样，在整体空间布局上也常把各种建筑物和园林环境加以曲折错落的布置，以求获得丰富的空间层次和变化。特别是在一些由各种厅、堂、榭、楼、院单体建筑围合的庭院空间处理上，如果缺少曲折错落的安排则无论空间多大，都势必造成单调乏味的弊病。错落变化时不可为曲折而曲折，为错落而错落，必须以功能合理、视觉景观上能获得优美画面和高雅情趣为前提。为此，设计时需要认真仔细推敲曲折的方位角度和错落的距离、高度、尺寸。在我国古典园林建筑中巧妙利用曲折错落的方式以增添空间层次，取得良好艺术效果的例子有苏州网师园的主庭院、杭州三潭印月、小瀛洲，北方皇家园林中的避暑山庄万壑松风，北京北海公园白塔南山建筑群、静心斋、濠濮间（图6-16），颐和园佛香阁建筑画中游、谐趣园，等等。

图 6-16　北京北海濠濮间

（2）室内外空间的渗透。建筑空间室内室外的划分是由传统的房屋概念形成的。所谓室内空间一般指具有顶、墙、地面围护的室内部空间，在它之外的称作室外空间。通常的建筑，空间的利用重在室内，但对于风景园林建筑，室内外空间都很重要。按照一般概念，在以建筑物围合的庭院空间布局中，中心的露天庭院一般被视为室外空间，四周的厅、廊、亭、榭被视为室内空间；但从更大的范围看，也可以把这些厅、廊、亭、榭视如围合单一空间的手段，用它们来围合庭院空间，亦即形成一个更大规模的半封闭（没有顶）的"室内"空间。而"室外"空间相应是庭院以外的空间了。同理，还可以把由建筑组群围合的整个园内空间视为"室内"空间，而把园外空间视为"室外"空间。扩大室内外空间的含义，目的在于说明所有的建筑空间都是采用一定手段围合起来的有限空间。室内室外是相对而言的，处理空间渗透的时候，可以把"室外"空间引入"室内"，或者把"室内"空间扩大到"室外"，在处理室内外空间的渗透时，既可以采用门、窗、洞口等"景框"手段，把邻近空间的景色间接地引入室内，也可以采取把室外的景物直接引入室内，或把室内景物延伸到室外的办法来取得变化，使园林与建筑能交相穿插，融合成为有机的整体。

总之，借景是中国风景园林建筑艺术中特有的一种手法，如果运用恰当，必将收到事半功倍的艺术效果。

3. 空间的序列

任何风景园林建筑，若要证明它置身于优秀建筑的行列是当之无愧的，它的外观和内景对于有敏锐审美能力和有观赏兴趣的观者来说，就应是一个独特的、连续不断的审美体验。所以，作为空间艺术的风景园林建筑，同时也是时间艺术；园林建筑作为一个审美的实体，如同它存在于空间那样，也存在于时间之中。时间和空间一起，构成了人类生活的必要条件。当人们处于园林环境中时，单调而重复的视觉环境，必然令人产生心理上的厌倦，造成枯燥乏味的感觉。人们偏爱空间的丰富变化，以引起兴趣和好奇心。因此，园林空间的组织就要给人们的这种心理欲望以某种必要的满足。精心地组织好空间的序列，就是经常采用的一种设计手法。

将一系列不同形状与不同性质的空间按一定的观赏路线有秩序地贯通、穿插、组合起来，就形成了空间上的序列，序列中的一连串空间，在大小、纵横、起伏、深浅、明暗、开合等方面都不断地变化着，它们之间既是对比的，又是连续的。人们观赏的园林景物，随时间的推移、视点位置的不断变换而不断变化。观赏路线引导着人们依次从一个空间转入另一个空间。随着整个观赏过程的发展，人们一方面保持着对前一个空间的记忆，一方面又怀着对下一个空间的期待，最终的体验由局部的片段逐步叠加，汇集成为一种整体的视觉感受。空间序列的后部都有其预定的高潮，而前面是它的准备。设计师按风景园林建筑艺术目的，在准备阶段使人们逐渐酝酿一种情绪、一种心理状态，以便使作为高潮的空间最大限度地发挥艺术效果。

中国古代建筑的结构没有能力把一系列空间覆盖在一幢建筑物里。同时，中国的风景园林建筑是穿插、点缀在自然环境之中，建筑的内部空间与外部空间总是彼此渗透、相互交融的。因此，中国风景园林建筑的空间序列，是一连串室内空间与室外空间的交错，包含着整座园林，层次多、序列长、曲折变化、幽深丰富。风景园林建筑序列的表现形式分为规则式与不规则式两种基本类型。

（1）对称规则式以一根主要的轴线贯穿其中，层层院落依次相套地向纵深发展，高潮出现在轴线的后部，或者位于一系列空间的结尾处，或者在高潮出现之后还有一些次要的空间延续下去，最后才有适当的结尾。我国古代的宫殿、庙宇、住宅一般都采取这种空间组合形式，建在园林中的这类性的建筑其空间序列大体也是如此。如皇家园林中的宫廷区、私家园林中的住宅部分、风景名胜区中的寺庙等。其典型的实例如北京颐和园万寿山前山中轴部分排云殿、佛香阁一组建筑，从临湖的"云辉玉宇"牌楼起，经排云门、二宫门、排云殿、德辉殿至佛香阁，穿过层层院落，地平随山势逐层升高，至佛香阁大平台提高数十米，平台上建起八面三层四重檐、巍峨挺秀的高阁，成为这组建筑群空间序列的高潮，也成为全园前山前湖景区的构图中心。而其后部的"众香界"与"智慧海"则是高潮后的必要延续。佛香阁前部的一进进庭院以及中轴西侧的"宝云阁""清华轩"，中轴东侧的"转轮藏""介寿堂"，都是为了烘托、陪衬高潮的。这种空间序列形式的一个显著特点是，观赏路线一般在中轴穿过，因此看到的一进进庭院和一座座建筑物都是一点透视的对称效果，给人以庄重、肃穆的感受（图6-17）。

图6-17 北京颐和园佛香阁

（2）不对称自由式以布局上的曲折、迂回见长，其轴线的构成具有周而复始、循环不断的特点。在其空间的开合之中安排有若干重点的空间，而在若干重点中又适当突出某一重点作为全局的高潮。这种形式在我国风景园林建筑空间中大量存在，是最常见的一种空间组合形式，但它们的表现又是千变万化的。典型的实例如苏州的留园，其入口部分的空间序列，其轴线的曲折、围透的交织、空间的开合、明暗的变化，都运用得极为巧妙。它从园门入口到园林内的主要空间之间，通过恰当高明的建筑空间处理手法，化不利因素为有利因素，把两侧有高墙夹峙的，由门厅、甫道分段连续而成的建筑空间，营造成大小、曲直、虚实、明暗等不同空间效果的对比，使人在通过"放—收—放""明—暗—明""正—折—变"的空间体验之后，更感到山池立体空间的开阔、明暗。虽然这是个幽深、狭长的空间，当你游览其中时却不单调，不沉闷，不感到被人捉弄，反而空间总是在引导着你、吸引着你，让你抱着逐步增强的期待心理，去迎接将会出现的高潮。显然，这种通过充分的思想酝酿和情绪的准备所获得的景观效果，与没有这种酝酿和准备所获得的景观效果是极为不同的（图6-18）。

图6-18 北京颐和园前山中轴部分

　　然而，就皇家园林和大型私家园林整体而言，风景园林建筑空间组织并非上述某一种序列形式的单独应用，往往是多种形式的并用。如颐和园前山排云殿佛香阁为典型串联的规则式空间序列，园中园谐趣园为典型的不对称自由式空间序列；大型私家园林苏州留园中，风景园林建筑构成的空间序列也是多个形式不同的"子序列"互相结合而成。这些园林自入口到中部近似为对称规则式序列，中部以水面为中心近似构成不对称自由序列。由此可见，大型园林中的风景园林建筑构成的空间序列实际是一种综合式空间，是几种"子序列"的综合应用，所以往往有多种游览路线的组织方式。

　　综上所述，为了增强意境的表现力，风景园林建筑在组织空间序列时，应该综合运用空间的对比、空间的相互渗透等设计手法，并注意处理好序列中各个空间在前后关系上的连接与过渡，形成完整而连续的观赏过程，获得多样统一的视觉效果。

第三节　风景园林建筑的空间组合与设计

一、空间组合的方式

　　风景园林建筑空间组合就是根据上述建筑内部使用要求，结合基地的环境，将各部分使用空间有机地组合，使之成为一个使用方便、结构合理、内外体型简洁而又完美的整体。但是由于各类建筑使用性质不同，空间特点也不一样，因此必须合理组织不同类型的空间，不能把不同形式、不同大小和不同高度的空间简单地拼联起来，否则势必造成建筑形体复杂、屋面高高低低、结构不合理、造型也不美观的结果。不同的矛盾，只有用不同的方法才能解决。对待不同类型的风景园林建筑，要根据它们空间构成的特点采用不同的组织方式。就各类风景园林建筑空间特征分析，有些类型的建筑由许多重复相同的空间所构成，属于这类空间组织的建筑如办公楼、疗养院、旅馆、学校等，它们要求有很多小空间的办公室、病房、客房和教室等。这些房间一般使用人数不多、面积不大、层高不高，要求有较好的朝向、自然采光和通风。各个小空间既要能独立使用、保持安静，又要和公共服务及交通设施（如卫生间、门厅、楼梯等）联系方便。有的风景园林建筑主要由一个主体大空间所构成，如电影院、剧院的观众厅及体育馆的比赛厅等，这类风景园林建筑人流量大而集中，除主体大空间外，还有一些为之服务的小空间。有的风景园林建筑则由几种大小不同的使用空间所组成。建筑空间组合必须考虑这些不同空间的特点。下面将按内部空间的联系方式介绍几种基本的空间组合的形式，也就是在设计时如何根据不同类型的风景园林建筑，选择不同的平面组合方案。

（一）并联式的空间组合

　　这种空间组合形式的特点是各使用空间并列布置，空间的程序是沿着固定的线型组织的，各房间以走廊相连。它是学校、疗养院、办公楼、旅馆等建筑常采用的组合方法。它既要求各房间能独立使用，又需要使安静的教室、病房、办公室及客房等空间和公共门厅、厕所、楼梯等联系起来。这种方式的优点是：平面布局简单、横墙承重（低层时）、结构经济、房间使用灵活、隔离效果较好，并可使房间有直接的自然采光和通风，同时也容易结合地形组织多种形式。在组织这类空间时，一般需注意房间的开间和进深应该统一，否则就宜分别组织，分开布置。如医院的病房建筑，普通病房进深较大，而单人病房近深较小，两者就不宜布置在一起，通常是将单人病房与同样进深较小的护士站辅助房间一起布置。同时也要注意将上下空间隔墙对齐，以简化结构，合理安排受力。

根据房间和走廊的布局关系又可分为内廊和外廊等几种基本形式。

（1）外廊式。它是使用房间沿走廊的一侧布置，即一边为使用空间，另一边为交通空间，如图6-19所示。如果是南北向布置，它可以使所有的房间朝向较好的方向，可以两面开窗，确保直接自然通风，并使底层房间能方便地与室外空间相联系。它是幼儿园、中小学及疗养院等建筑最常用的组织方法，其缺点是交通面积比例大，不够经济。

当建筑是南北向布置时，它又有南北走廊之分。一般情况下会设置北走廊，以保证主要使用房间的采光。当建筑是东西向布置时则有东西走廊之别，一般作西走廊较多，兼作遮阳之用。

图6-19 内廊式布局

（2）内廊式。也可称之为中廊式。它是各使用房间沿着走廊的两侧布置，即交通空间置于使用空间之间（图6-20）。此时，尽量把主要使用房间布置在朝向较好的一面，而将次要的辅助用房、厕所及楼梯间等布置在朝向较差的一面。通常是南面为主，北面为次，东面较西面好一些。这种方式较外廊式布置要紧凑，结构简单，外墙少，节省交通面积，内部联系路线缩短，冬季供暖较为有利，故北方用得多。但有部分房间朝向不好，通风不够直接。

采用这种空间组合的方式，要防止在平面转角处形成暗房间，也要避免中间走廊光线不足、通风不良及因走廊过长而产生的单调感。为了避免上述弊端，可以把走廊通过建筑的处理划分为几段较短的空间，其具体手法可以在走廊的中部设置开敞的空间，如楼梯间、休息厅等，也可以采用转折型走廊，在转折处形成"过厅"；也可将部分走廊扩大加宽，打破单一的方向感。

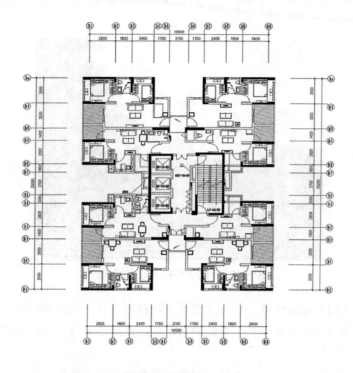

A座四～二十七层平面图1:100

图 6-20　外廊式建筑

（3）内外廊混合式。它是上述两种方式的结合，即部分使用房间沿着走廊的两侧布置，部分使用房间沿走廊的一侧布置。它较外廊式要节省过道，较内廊式要大大改善房间通风和走廊的采光。在医院、疗养院、中小学常采用这种方式，一般将辅助用房置于北面，如医院建筑中的护士站、医疗室、厕所、贮藏室等。

（4）复廊式。即使用房间沿着两条中间走廊成三列或四列布置，常以四列居多，像轮船客舱式的布置。采用这种形式一般是将主要使用房间布置在外侧，辅助用房和交通枢纽布置在内侧，并采用人工照明和机械通风。其优点是布局紧凑、集中，进深大，对结构有利，多用于高层办公楼、旅馆、医院等建筑中。

（二）串联式的空间组合

各主要使用房间按使用程序彼此串联，相互穿套，无须廊联系。这种组合方式使房间联系直接方便，具有连通性，可满足一定流线的功能要求，同时交通面积小，使用面积大。它一般应用于有连贯程序且流线明确简捷的某些类型的建筑，如车站、展览馆、博物馆、游泳馆等。比如，用于展览馆，串联式空间组合的建筑（尤其是历史博物馆）可使流线紧凑，方向单一，可以自然地引导观众由一个陈列空间通往另一个陈列空间，以解决参观顺序问题，南京雨花台烈士纪念馆就是这样的实例（图 6-21）。这种组合方式同时可使参观

流线较短，不重复、不交叉。比如，用于游泳馆可以保证售票—更衣—淋浴—游泳最短的
流程。

图 6-21　南京雨花台烈士纪念馆

这种组合方式同走廊式一样，所有的使用房间都可以自然采光和通风，也容易结合不同
的地形环境而有多样化的布置形式。它的缺点是房间使用不灵活，各间只宜连贯使用而不能
独立使用。

此外，由于房间相套，使用有干扰，因此不是功能上要求连贯的用房最好不要采用串联
式。如果一定要使用这种形式，那么就应该注意宜用大的空间套小的空间，如在图书馆中，
读者不应通过研究室到达阅览室，但不得已时，读者可以通过阅览室到达研究室。因为前者
干扰大，而后者干扰要小一些。

串联式空间组合的另一种形式是以一个空间为中心，分别与周围其他使用空间相串联，
一般是以交通枢纽（如门厅等）或综合大厅为中心，放射性地与其他空间相连。这种方式流
线组织紧凑，各个使用空间既能连贯又可灵活单独使用。其缺点是中心大厅人流容易迂回、
拥挤，设计时要加强流线方向的引导。

（三）单元式的空间组合

单元式空间组合是按功能使用要求将建筑划分为若干个独立体量的使用单元，再将这些
独立体量的单元以一定的方式组合起来。著名的包豪斯校舍布局的最大特点就是按各种不同
的使用功能把整个校舍分为几个独立的部分，同时又按它们的使用要求把这些部分联系起来
（图 6-22）。

单元的划分一般有以下两种方式。

一种是按建筑内部不同性质的使用部分划分为不同的单元，将同一部分的用房组织在一
起。比如，医院可按门诊部、各科病房、辅助医疗、中心供应及手术部等划分为不同的单元；
学校可按普通教室、实验室、行政办公及操场划分为几个单元；图书馆可按阅览、书库、采
编办公等来划分单元。

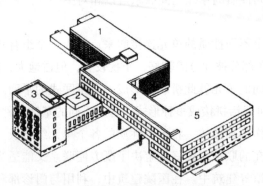

1.作坊　2.教室、餐厅、健身房　3.公寓　4.办公　5.工艺美术学校

图6-22　包豪斯校舍

另一种是将相同性质的主要使用房间分组布置，形成几种相同的使用单元。比如，幼儿园可按各个班级的组成（如每班的活动室、休息室、盥洗室等组织单元）；医院病房也可按病科划分为若干护理单元，每一个护理单元把一定数量的病室及与之相适应的护理用房（护士站、医疗室等）和辅助用房等组织起来；中小学校可按不同的年级划分若干教室单元，每一单元由同一年级的几个班及相应的辅助用房、厕所等组成；旅馆建筑中也可将一定数量的客房及服务用房（服务台、盥洗室、厕所及贮藏室等）划分为一个单元。各个单元根据功能上联系或分隔的需要进行适当的组合。这种平面组合功能分区较明确，各部分干扰少，能有较好的朝向和通风，布局灵活，可适应不同的地形，同时也方便分期建设，便于按不同大小、高低的空间合理组织、区别对待，因此较广泛地应用于许多类型的建筑中（图6-23）。

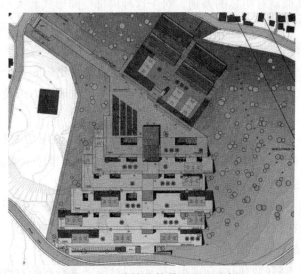

图6-23　旅馆建筑单元平面示例

单元之间要保证必要的联系，尤其是按各个组成部分划分的不同性质的单元彼此之间的

联系是必不可少的，相同性质的单元之间联系可以相对少一些。根据具体情况，单元的组合可以有以下几种方式。

（1）利用廊道把各个不同性质的单元连接起来，形成一个组合式的平面。这种方式组合灵活，室内外结合好，各部分彼此分隔较好，干扰较少，但占地大，廊道多，距离稍远。

（2）将使用性质相同的单元彼此拼联，形成一个拼联式的平面。这种方式保证了必要的分隔，彼此干扰少，并可灵活拼接成多种形式，适应不同的基地条件，布局紧凑，节约用地。

（3）利用单元本身作为连接体，将不同性质的各个单元组合成一个整体。这种连接体单元与各个部分都要有内在的联系，较好地解决了既方便联系又能适当分隔的要求。它广泛应用于医院、旅馆、图书馆等建筑中。在医院建筑中，利用与门诊部和病房都需要联系的辅助医疗部分作为连接体单元，将三者连接起来，组合成有机的整体；在旅馆建筑中，利用与客房单元和厨房服务单元均有联系的餐厅作为连接体单元，把三者连接起来，组合成有机的整体；在图书馆建筑中，一般按照书库、借书、阅览划分单元，通常是利用借书厅作为连接体单元，将书库和阅览室部分联系起来，组合成有机的整体。此外，有的单元也可独立布置，或用楼梯将不同的单元连接起来。

（四）综合空间组合

由于内部功能要求复杂，某些建筑由许多大小不同的使用空间所构成，常见的如车站、旅馆、商场等。在车站中，它有大型的空间，如候车室、售票厅、行包房，还有一般小空间的办公室等；旅馆除了由许多小空间的客房组成以外，还需有较大空间的餐厅、公共活动室、娱乐室等；图书馆有阅览室、书库、采编办公等用房，层高要求也很不一样，阅览室要求较好的自然采光和通风，层高一般 4～5 米，而书库为了提高收藏能力，取用方便，层高只需2.5 米，这样空间的高低就有明显的差别。对于这种内部空间形式和大小多种多样的建筑，就要求很好地解决内部空间组合协调问题，使内部空间组织使用方便、结构合理、造价经济。

1.建筑内部空间组织的原则

内部空间组织的主要任务除了满足功能要求外，还要使建筑的各个部分在垂直方向上取得全面的协调和统一，以解决建筑内部空间要求复杂与建筑形式力求简单的矛盾。为此，在进行内部空间组织时，通常要考虑以下问题。

（1）空间的大小、形状和高低要符合功能的要求，包括使用功能和精神功能两个方面。如剧院的门厅空间，有的设计较高，没有夹层，这在观众厅有楼座的剧院中是合理的；反之，如果没有楼座，门厅空间过高，既不经济又不实用。

（2）结构围合的空间要尽量与功能所要求的空间在大小、高低和形状上相吻合，以最大限度地节省空间，这在较大的空间组织中尤为重要。因为在满足使用要求的情况下，缩小空间体积对空调、音响的处理都有利。

（3）大小、高低不同的空间应合理组织，区别对待，进行有针对性的排列。即根据它们不同的性质、不同的大小而将各种空间分组进行布局，同一性质和相同大小的空间分组排列，避免不同性质、不同高低的大小空间混杂置于同一高度的结构骨架内。这种不同性质、不同大小的空间分组后，通常是借助于水平或垂直的排列使它们成为一个有机的整体。当采用垂直排列时，通常是将较大的空间置于较小空间之上，以免上部空间的分隔墙体给结构带来过多负荷，否则要采用轻质材料。

（4）最大限度地利用各种"剩余"空间，达到空间使用的经济性。例如，通常大厅中的夹层空间、屋顶内的空间、看台下的结构空间以及楼梯间的下部空间等，可以利用它们做使用空间和设备空间，如图6-24所示为建筑空间的利用。

图6-24　建筑空间的利用

2.不同类型的空间组织方法

不同空间类型的建筑由于空间构成的特点不一，因而也需采用不同的组织方式。分析各类空间构成的特点，一般有以下几种情况。

（1）重复小空间的组织．属于这类空间组织的建筑，如办公楼、医院、旅馆及学校等，这些房间一般使用人数不多，面积不大，空间不高，要求有较好的朝向、自然采光和通风。各个小空间既要独立使用，保持安静，又要和公共服务、交通设施（厕所、楼梯、门厅等）联系方便。这种重复相同小空间的组织通常采用并联式布置，以走廊和楼梯把它们在水平和垂直方向排列组织起来。在组织这类空间时，一般要注意以下几个问题。

① 房间的开间和进深应尽量统一，否则宜分别组织，分开布置。比如，医院的病房区，普通病房进深较大，单人病房面积小，进深也小，通常就不与进深大的病房并联布置，而是与护士站等辅助房间布置在一起，这样可保持相同的进深。

② 上下空间隔墙要尽量对齐，以简化结构，使受力合理，如采用轻质隔墙，灵活分隔则另当别论。

③ 高低不同的空间要分开组织，如学校中的教室和办公室，教室面积较大，空间相应要高一些，办公室面积较小，空间可低一些，二者分开布置就会更经济一些。

（2）附有大厅的空间组织。在某些建筑中，其空间的构成是以小面积的空间为主，又附设有 1 ～ 2 个大厅式的用房，如办公楼中的报告厅、旅馆中的餐厅和大休息厅等。对于这类建筑空间的组织通常采用以下的办法。

① 附建式. 大厅与主要使用房间（也就是小空间的用房）分开组合，置于小空间组合体之外，与小空间组合体相邻或完全脱开。这种空间组织灵活，二者层高不受牵制，且便于大量人流集散，结构也较简单。

② 设于底层。将大厅设于小空间组合体下部一至两层。为了取得较大空间及分隔的灵活，底层常用框架、大柱子的开间，底层空间较高。这种空间组织一般用于地段较紧张或沿街的建筑中，常见的如沿街综合办公楼、旅馆等。底层为营业厅、餐厅，上部为住宅、办公室、客房等。这种空间组织方式一般受结构限制较多，二层管道通过一层空间需加以处理。

③ 设于顶层。将大厅置于小空间组合体的上部，可以不受结构柱网的限制。但在人流量大又无电梯设备的条件下，会带来人流上下的不便。一般人流大、不经常使用的大厅或者有电梯设备时可以采用这种方式，如办公楼中的大会议室或礼堂，宾馆中的餐厅、宴会厅等。在实际建设中，往往是将上述三种方式互相结合、综合运用。

（五）空间的联系与分隔

风景园林建筑是由若干不同功能的空间所构成，它们之间存在着必要的联系和分隔。比如，餐饮建筑中的餐厅和备餐间、备餐间与厨房；旅馆中的客房与盥洗室；图书馆的借书厅与阅览室等。它们之间既有密切的联系，又带有一定的分隔。设计中处理好这种空间的关系，不仅具有实际的功能意义，而且会获得良好的室内空间效果（图 6-25）。

图 6-25　附有大厅的空间组织方式

联系和分隔的空间组织方式很多，通常最简单的是设墙或门洞，保证相邻空间在功能上的联系和分隔。在相邻两空间不需要截然分开的情况下，常常在两者之间的天花板或地面上加以处理，用一些柱、台阶和栏杆等把它们分开，以显示出不同的空间"领域"。有时在同一室内，需要分成若干部分，还可以利用家具、屏风、帷幕、镂空隔断等，使得各部分之间既有联系又有分隔，还能够显示不同的空间领域。在餐饮建筑中，可以利用屏风、帷幕或隔断把餐厅分成若干就餐区；在图书馆中，可以利用书架将阅览室划分为若干个较安静的小阅览区；在百货商店里，可以利用柜台将营业员和顾客的使用空间分开，利用商品货架将小仓库和大营业厅分开；在展室，利用展板、展柜把它分成若干展区，达到使用的灵活；在休息室和接待室，也常用传统的屏风或博古架等来分隔空间，使空间又分又合（图 6-26）。

图 6-26　屏风或博古架分隔空间

另外，在垂直方向空间联系和分隔的手段主要是依靠楼梯和开敞的楼层（包括夹层）处理。楼梯是联系上下空间必要的手段，在设计中适当处理，能得到很好的空间联系效果。为了取得这种联系，建筑中的主要楼梯常采用开敞式（图 6-27）。

图 6-27　开敞式建筑楼梯

在设计中，不仅要合理地组织建筑内部的使用空间，还必须考虑室内外空间有机地结合。有些建筑要求与室外有密切的联系，如幼儿园中的活动室与室外活动场地，公园茶室中的餐厅和露天茶室，展览建筑中的陈列室和室外陈列场地等。它们都是室内使用空间的延伸和补充，具有实际的使用功能，必然要求内外空间既分隔又联系。此外，室内外空间联系也有助于扩大空间、丰富空间，使建筑与环境很好地结合起来。

二、博览建筑的空间组合与设计

（一）博览建筑的组成

博览建筑主要涵盖博物馆、美术馆、陈列馆、展览馆、纪念馆、水族馆、科技馆、民俗馆、博物园、博览会10种类型，它们之间除了共性之外，都有各自的特殊要求。

1.博览建筑的组成内容

博览建筑的规模、性质不同，组成内容各异，就当前国内外博览建筑的组成看，大多包括六大部分，即藏品储存、科学研究、陈列展出、修复加工、群众服务、行政管理。由于博览建筑任务及性质的不同，各部分又有不同的侧重和强化，使之具有不同的特点和个性。

（1）藏品储存部分。藏品储存部分包括接纳、登记、编目整理、暂存库房、永久库房、特殊库房、消毒间等。有时为了专业研究的需要，藏品库还可对专业人员开放，供研究之用。这种库房就成为开架式的藏品库，附设有更衣室、办公室、化验室、珍品库等房间。

（2）科学研究部分。科学研究部分包括各种专业的分析室、鉴定室、实验室、研究室、摄影室、编目室、资料室、阅览室等。美术馆、艺术博物馆还设有一定数量的工作室。

（3）陈列展出部分。根据陈列的内容，陈列展出部分包括基本陈列室、专题陈列室、临时陈列室，以适应社会的不同要求。大型博览建筑设有室外展场以展出大型机械和陈列古代兵器，农业展览馆有时需设室外培植场。

（4）修复加工部分。修复加工部分包括各种技术用房、模型室、标本室、加工房、修复工场、文物复制室、展品加工室等。作为展览馆，其修复加工部分一般设置得面积较小，多利用陈列室临时制作加工。

（5）群众服务部分。群众服务部分包括集会厅、报告厅、放映厅、教室、咨询室、资料室、培训部以及纪念品销售部、小卖部、茶室、小吃部、文化服务设施、休息室等，有时为了扩大业务范围，附设有文娱、游乐和商业部分。

（6）行政管理部分。行政管理部分包括行政办公、会议、接待，信息中心、对外交流及库房等场所。

根据博览建筑六大组成部分相互之间的关系，可利用因式进行原则性的排列，这对于把握主要空间的关系十分清晰。

这六大组成部分，按建筑的不同性质和规模各有不同的侧重。

2.博览建筑的规模与分类

各地博览建筑有不同的名称和不同的组成内容，有世界级的，有国家级的，也有地方性的，有的利用古建筑，如北京故宫博物院、法国卢浮宫。

（1）大型博览建筑属于国家和省、自治区、直辖市的博览建筑，建筑规模在10000～50000平方米，如上海博物馆、全国农业展览馆。

（2）中型博览建筑。属于各系统的省、厅、局直属的博览建筑和专业性的各类博览建筑，建筑规模在5000～10000平方米，如西安半坡博物馆、北京鲁迅博物馆。

（3）小型博览建筑。一般属于市、地、县的博览建筑，建筑规模在 1000 ~ 5000 平方米，如雷锋纪念馆。

3.博览建筑各部分组成面积分配

陈列展出部分是博览建筑的主体，其建筑面积占总建筑面积的 50% ~ 80%，其中博物馆偏低限，展览馆偏高限。至于藏品储存建筑面积，展览馆偏低，博物馆偏高，博物馆的藏品储存面积为陈列展出面积的 1/4 ~ 1/3。

（二）博览建筑的功能分区与流线组织

1.功能分区

（1）博览建筑各部分面积分配。根据博览建筑的性质与用途，各部分面积分配有很大差异，一般博览建筑的各部分面积分配如表 6-2 所示。

表6-2　博览建筑面积分配

陈列用房面积	库房面积	服务设施
50% ~ 80%	10% ~ 40%	10%

（2）博览建筑总体功能分区。博览建筑的藏品储存、陈列展出、科学研究、修复加工、群众服务、行政管理六大部分应具有明确的分区，视博览建筑的性质，则各有侧重。一般陈列展出部分和群众服务部分为主要部分，是博览建筑的主体，因考虑观众流线要尽量短，容易接近，这两部分应临近基地的主要广场和道路。

藏品储存要有明确的运输路线，有单独出入口，不应与观众流线相交叉，以免受干扰。必要时，可与修复加工运输材料线路结合考虑。此时应注意其与陈列展出部分联系的方便。朝向以北向为宜（自然保存为北向，若有空调，则可随意），或位于地下室。一般藏品储存在主体建筑地下室、底层、上层或与陈列展出同层。个别博物馆的储藏要求不同，或面积较大，可设独立的藏品库。

科学研究与行政管理部分工作人员进出流线，一般是围绕陈列展出与展品运输而运行的，特别是科学研究部分，应有单独的进出口，使之与陈列、运输流线有明确的划分。

2.流线组织

博览建筑的流线十分重要，它涉及博览建筑对外的联系、广场的位置、人流的聚集与分流，这些都与博览建筑内部功能组织相关联。

（1）总平面流线组织原则。

①博览建筑应有一个鲜明突出的进出口，以便接纳大量的人流、车流。

②具有较为宽大的入口广场，一方面是便于进出人流的车辆回转，另一方面也有助于大量人流的集散，以便与各个陈列室有直接的联系。

③门前广场应与停车场密切相连，忌以广场代替停车场，影响建筑的观瞻。

④ 博览建筑的主次入口以及不同的陈列展区应有明显的标志，以利于人流的导向。其标志的设置，可以为大门、雕塑或标志物，视建筑具体情况而定。

（2）总平面流线组织。总平面中流线主要有三条，即观众流线、展品流线和工作人员流线，三者应有明确区分，避免相互交叉和干扰，并力求安排紧凑合理，不得有不必要的迂回。

① 观众流线。一般是以广场作为接纳人流的基点，然后分散进入各陈列室参观。另外，也可由广场进入门厅或序厅，然后再进入各个陈列部分。这时也可以借助于楼梯和自动扶梯进入不同的展区。当建筑呈水平方向拓展时，广场可以直接进入一个宽大的廊道，使人流分散再进入不同的展区。进入门厅后，人流的行进一般是呈线形自左向右行进，也可以采用穿过式的廊道联系不同的展室。

② 展品流线。展品路线关系到展品的运输，以免与观众流线交叉，应有单独入口。若限于由广场进出，其运输流线宜在观众流线的外围。

一般博览建筑多在建筑的侧面、后面增设入口，为展品的进出和加工制作的材料运输服务。同时，考虑到运输展品车辆的停放，应设置足够的停车面积。储存库的入口应设置装卸平台、卸包空间，有时要设提升机，使之直达需要的层面。入口内外地面可设坡道。

③ 工作人员流线。关于工作人员与研究部人员的出入口，因为该部分的层高较低，空间小，不宜与陈列展出空间并列，需要单独处理，如美国国家美术馆东馆，其陈列展出部分为五层，而研究部及行政部办公室为七层，二者分别设出入口。

（三）博览建筑的平面组合

1. 平面组合基本原则

（1）平面组合的核心问题是处理好流线、视线、光线的问题。

（2）观众流线要求有连续性、顺序性、不重复、不交叉、不逆向、不堵塞、不漏看。

（3）观众流线要简洁通畅，人流分配要考虑聚集空间的面积大小，并有导向性。

（4）内部陈列空间应根据不同博览建筑的要求，决定恰当的空间尺度。

（5）观众流线在考虑顺序性的同时，还应有一定的灵活性，以满足观众不同的要求。

（6）观众流线、展品流线、工作人员流线三者应力求清晰，互不干扰。观众流线不宜过长，在适当地段应分别设观众休息室和对外出入口。

（7）室内陈列与外部环境有良好的结合。

（8）建筑布局紧凑，分区明确，一般博览建筑的陈列室应视为主体，位于最佳方位。

2. 平面组合流线分析

（1）串联式平面组合。各陈列室首尾相接，顺序性强，无论是单线、双线或复线陈列，观众都由陈列室一端进入，另一端为出口，连续参观。

参观路线连续、紧凑，人流交叉少，不易造成流线的紊乱、重复和漏看现象。根据这种流线组织的平面较紧凑，但参观路线不够灵活，不能进行有选择的参观，不利于单独开放。

由于人们的兴趣不同，人流在中间会出现拥挤现象。博览建筑的朝向选择有一定局限，但可成片组织。

（2）并联式平面组合。考虑到参观的连续性和选择性，在各陈列室前要以走道、过厅或廊子将陈列室联系起来。陈列室具有相对的独立性，便于各陈列室单独开放或临时修整。

并联式平面组合能将观众休息室结合起来加以组织，陈列室大小可以灵活。全馆参观流线可以分为若干单元，亦可闭合连贯。

（3）大厅式平面组合。陈列馆的整个陈列是利用一个大厅进行组织。大厅内可以根据展品的特点进行不同的分隔，灵活布置。观众参观可根据自己的需要，有自由选择的可能性。

由于大厅式平面组合交通线路短，建筑布局要紧凑。如大厅过大时，各分隔部分应设有单独疏散口或休息室。大厅的采光、通风、隔音要采取相应的措施。一般适用于工业展览和博览会。

（4）放射式平面组合。各陈列室通过中央大厅或中厅联系，形成一个整体。所有人流都汇集于中央大厅进行分配、交换、休息。

参观路线一般为双线陈列，中央大厅有一个总的出入口，在陈列室的尽端设置疏散口。此种平面组合形式的优点是观众可以根据需要，有选择地进行参观，各陈列室可以单独开放。陈列室的方位易于选择，采光、通风容易解决。

如展览馆的参观路线过长时，可以采用此种布局方式，但因参观路线不连贯，参观者容易漏看。

（5）并列式平面组合。并列式平面组合的人流组织是单向进行的，出入口分开设置，以免人流逆行。在人流线路上安排不同的陈列室，其体量、形状可根据需要进行变换。参观者可以自由选择展厅进行参观，有一定的灵活性。此种方式适用于交易会和博览会等。

（6）螺旋式平面组合。螺旋式平面组合的人流线路系按立体交叉进行组织。其优点是人流线路具有强烈的顺序性；根据人流线路可从平面、自下而上或自下而上引导观众参观。它具有节约用地、布置紧凑的特点。

三、餐饮建筑的空间组合与设计

（一）餐饮建筑的组成

餐饮建筑的组成可简单分为"前台"及"后台"两部分，前台是直接面向顾客、供顾客直接使用的空间：门厅、餐厅、雅座、洗手间、小卖部等，而后台由加工部分与办公、生活用房组成，其中加工部分又分为主食加工与副食加工两条流线。"前台"与"后台"的关键衔接点是备餐间和付货部，这是将后台加工好的主副食递往前台的交接点。

餐饮建筑可分为餐馆和饮食店。饮食店的组成与餐馆类似，但是由于饮食店的经营内容不同，"后台"的加工部分会有较大差别，如以经营粥品、面条、汤包等热食为主的，加工部分类似于餐馆，而咖啡厅、酒吧则侧重于饮料调配与煮制、冷食制作等，原料大多为外购成品（图6-28、图6-29）。

图 6-28 餐饮建筑

图 6-29 餐饮建筑内部空间

（二）空间设计的原则与方法

在人们进行餐饮活动的整个过程中，室内是客人停留时间最长，对其感官影响最大的场所。餐饮建筑能否上档次、有品位，能否给客人以良好的心理感受，主要在于空间设计的成败。因此，空间设计是餐饮建筑设计的重点所在。

空间设计是一个三维概念，它将餐饮建筑的平面设计与剖面设计紧密结合，同步进行。餐饮空间的划分与组成是餐饮建筑平面及剖面设计之本，离开空间设计而孤立进行平面或剖面设计，将使设计缺乏整体连贯性，无法达到大中有小、小中见大、互为因借、层次丰富的餐饮空间效果。本节将餐厅的平面、剖面设计融进空间设计中讨论，并结合实例加以分析。

（1）餐饮空间设计的原则。

① 餐饮空间应该是多种空间形态的组合。可以想象，在一个未经任何处理、只有均匀布置餐桌的大厅，即单一空间（如食堂）里就餐，是非常单调乏味的。如果将这个单一空间重新组织，用一些实体围合或分隔，将其划分为若干个形态各异、相互流通、互为因借的空间，将会有趣得多。可见，人们厌倦空间形态的单一表现，喜欢空间形态的多样组合，希望获得多彩的空间。因此，餐饮建筑内部空间设计的第一步是设计或划分出多种形态的餐饮空间，

并加以巧妙组合，使其大中有小、小中见大、层次丰富、相互交融，使人置身其中感到有趣和舒适。

② 空间设计必须满足使用要求。建筑设计必须具有实用性，因此，所划分的餐饮空间的大小、形式及空间之间如何组合，必须从实用出发，也就是必须注重空间设计的合理性，方能满足餐饮活动的需求。尤其要注意满足各类餐桌椅的布置和各种通道的尺寸以及送餐流程的便捷合理。

③ 空间设计必须满足工程技术要求。材料和结构是围合、分隔空间的必要的物质技术手段，空间设计必须符合这两者的特性，而声、光、热及空调等技术，又是为空间营造某种氛围和创造舒适的物理环境的手段。因此，在空间设计中，必须为上述各工种留出必要的空间并满足其技术要求。

虽然人们喜欢的餐饮空间是多种空间形态的组合，但这种空间又是由各式单一空间组合而来。因此，有必要先从单一空间开始，研究其构成规律，在此基础上再研究如何将它们组合成多种形态的空间。

研究单一空间时，我们采用对"空间限定"的理论和分解方法，结合餐饮空间设计来具体讨论其构成规律，即如何用实体来限定各种餐饮空间。

（2）厨房设计的原则。厨房是餐馆的生产加工部分，功能性强，必须从使用出发，合理布局，主要应注意以下几点。

① 合理布置生产流线，要求主食、副食两个加工流线明确分开，从初加工—热加工—备餐的流线要快捷通畅，避免迂回倒流，这是厨房平面布局的主流线，其余部分都从属于这一流线而布置。

② 原材料供应路线接近主食、副食初加工间，远离成品并应有方便的进货入口。

③ 洁污分流。对原料与成品、生食与熟食要分隔加工和存放。冷荤食品应单独设置带有前室的拼配间，前室中应设洗手盆。垂直运输生食和熟食的食梯应分别设置，不得合用。加工中产生的废弃物要便于清理运走。

④ 工作人员须先更衣再进入各加工间，所以更衣室、洗手间、浴厕间等应在厨房工作人员入口附近设置。厨师、服务员的出入口应与客用入口分开，并设在客人见不到的位置。服务员不应直接进入加工间取食物，应通过备餐间传递食物。

至于饮食店（冷热饮店、快餐店、风味小吃、酒吧、咖啡厅、茶馆等）的加工部分一般称为饮食制作间，而其中的快餐店、风味小吃等的制作间实质与餐馆厨房相近，而咖啡厅、酒吧、茶馆等的饮食制作间的组成比餐馆简单，食品及饮料大多不必全部自行加工，可根据饮食店的规模、经营内容及要求，因地制宜地设计。

（2）厨房布局形式。

① 封闭式。在餐厅与厨房之间设置备餐间、餐具室等，备餐间和餐具室将厨房与餐厅分隔，对客人来说厨房整个加工过程呈封闭状态，从客席看不到厨房，客席的氛围不受厨房影响，显得整洁和高档，这是西餐厨房及大部分中餐厨房用的最多的形式。

② 半封闭式。有的餐饮建筑从经营角度出发，有意识地主动露出厨房的某一部分，使客人能看到有特色的烹调和加工技艺，活跃气氛，其余部分仍呈封闭状态。露出部分应格外注意整洁、卫生，否则会降低品位和档次。在室内美食广场和美食街上的摊位，也常采用半封闭式厨房，将已经接近成品的最后一道加热工序露明，让客人目睹为其现制现烹，增加情趣。

③ 开放式。有些小吃店，如南方的面馆、馄饨店、粥品店等，直接把烹制过程显露在顾客面前，现制现吃，气氛亲切。

（三）餐饮空间的组合设计

一般来说，如果餐饮空间仅仅是一个单一空间，将是索然无味的，它应该是多个空间的组合，创造层次丰富的空间，才能吸引客人。在餐饮空间设计中，比较常见的空间组合形式是集中式、组团式及线式，或是它们的综合与变形。下面结合实例来阐述以上三种常见的空间组合形式。

（1）集中式空间组合。这是一种稳定的向心式的餐饮空间组合方式，它由一定数量的次要空间围绕一个大的占主导地位的中心空间构成。这个中心空间一般为规则形式，如圆形、方形、三角形、正多边形等，而且其大小要大到足以将次要空间集结在其周围（图6-30）。

次要空间的形式或尺寸，也可互不相同，以适应各自的功能。相对重要性或周围环境等方面的要求、次要空间中的差异，使集中式组合可根据场地的不同条件调整它的形式。

至于周围的次要空间，在餐饮建筑中，一般都将其做成不同的形式，大小各异，使空间多样化。其功能也可不同，有的次要空间可为酒吧，有的可为餐厅。这样一来，设计者可根据场地形状、环境需要及次要空间各自的功能特点，在中心空间周围灵活地组合若干个次要空间，建筑形式空间效果比较活泼而有变化。

图6-30　集中式空间组合

入口的设置，由于集中式组合本身没有方向性，一般根据地段及环境需要，选择其中一个方向的次要空间作为入口。这时，该次要空间应明确表达其入口功能，以区别于其他次要空间。集中式组合的交通流线可为辐射形、环形或螺旋形，且流线都在中心空间内终止。

在餐饮建筑设计中，集中式组合是一种较常运用的空间组合形式。一般将中心空间做成主题空间，作为构思的重点。这样，整个餐馆或饮食店从饮食文化的角度看，主题明确，个性突出，气氛易于形成。

（2）组团式空间组合。这是一种将若干空间通过紧密连接使它们之间互相联系，或以某空间轴线使几个空间建立紧密联系的空间组合形式。

在餐饮空间设计中组团式组合也是较常用的空间组合形式。有时以入口或门厅为中心来组合各餐饮空间，这时入口和门厅成了联系若干餐饮空间的交通枢纽，而餐饮空间之间既可以是互相流通的，又可以是相对独立的。

比较多见的是几个餐饮空间彼此紧密连接成组团式组合，分隔空间的实体大多通透性好，使各空间之间彼此流通，建立联系。组团式组合可以将建筑物的入口作为一个点，或者沿着穿过它的一条通道来组合其空间。这些空间还可以组团式地布置在一个划定的范围内或者空间体积的周围。

由于组团式组合图形中没有固定的重要位置，因此必须通过图形中的尺寸、形式，或者朝向，才能显示出某个空间所具有的特别意义。如图6-31和图6-32所示。

就餐空间组合起来也可以沿着一条穿过组团的通道来组合几个餐饮空间，通道可以是直线形、折线形、环形等。通道既可用垂直实体来明确限定，也可只用地面或顶面的图案、材质变化或灯光来象征性地限定，如果是后者，则所组合的各空间彼此流通感强。

另外，也可以将若干小的餐饮空间布置在一个大的餐饮空间周围。这时，组团式组合有点类似于集中式空间组合，但不如后者紧凑和有规则，平面组合比较自由灵活。

图6-31　竹竿及地面局部抬高来限定空间

图 6-32　餐饮空间直线形通道

　　一般来说，在组团式组合中，并无固定某个方位更重要。因此，如果要强调某个空间，必须将这个空间加以特别处理，如比其余空间大、形状特殊等，方能从组团空间中显示其重要性。

　　（3）线式空间组合。线式空间组合实质上是一个空间序列，它可以将参与组合的空间直接逐个串联，也可以同时通过一个线式空间建立联系。线式组合易于适应场地及地形条件，"线"既可以是直线、折线，也可以是弧线；可以是水平的，也可以沿地形高低变化。线式空间组合的实例如图 6-33 所示，在一条略加转折的通道两侧，组合十余个小的就餐空间，这些空间通过这一线式空间来建立联系，有的彼此分隔，互无联系，私密感较好；有的能相互流通渗透，空间层次有变化，适应不同客人的习惯及使用要求。

　　当序列中的某个空间需要强调其重要性时，该空间的尺寸及形式要加以变化，也可以通过所处的位置强调某个空间，这时往往将一个主导空间置于线式组合的终点。

图 6-33　线式空间组合

　　上面分别阐述了餐饮建筑常见的三种空间组合形式——集中式、组团式及线式，在方案设计阶段，设计者究竟要采用哪种空间组合形式，也就是要组织什么样的空间序列，是至关重要的，应该首先要解决好。这几种空间组合形式各有特点及适应条件，设计者要根据构思所需、使用要求、场地形状等多种因素综合考虑，在理性分析的基础上进行空间组合设计，有时候可以是上述组合形式的综合运用。

当采用集中式空间组合时，由于中间有一个主导空间，位置突出，主题鲜明，成为整个设计的中心。同时，四周有较小的次要空间衬托，主导空间足够突出，成为控制全局的高潮。这种空间组合方式由于是以一定数量的次要空间环绕主导空间向心布置的格局，主导空间一般又是规则的几何形，因此，场地一般要求偏方形，若是狭长地段，往往不易形成向心的效果。

组团式空间组合平面布局灵活，空间组合自由活泼，所组合的各个空间可以有主有次，也可以主次划分，在重要性上大致均衡。其形状大小及功能可以各异，可以随场地、地形变化而进行空间组合。

线式空间组合的特征是空间序列长、有方向性、序列感强。人在连续行进中从一个空间到另一空间，逐一领略空间的变化，从而形成整体印象。在这里，时间因素对空间序列的影响尤为突出。在餐饮建筑中，这种空间组合形式大多用于狭长的地段。

由于餐饮建筑是供人们休闲与社交的公共场所，随着生活质量的提高，对餐饮环境的欣赏品位亦在提高，餐饮空间形态应该多样化，层次丰富。设计时要灵活运用上述几种空间组合形式，巧妙组织各种不同餐饮空间，创造出有个性特色、饶有情趣的餐饮环境。

四、旅馆建筑的空间组合与设计

（一）旅馆建筑的组成

旅馆建筑的基本功能是向旅客提供住宿与膳食。随着时代的发展、生活水平的提高，旅馆满足基本功能的具体方式也进化并发展着，在旅馆管理日趋科学、信息交流日益广泛和迅速的今天，不同的经营特点还派生出各种新的功能要求。

现代旅馆不论类型、规模、等级如何，其内部功能均遵循分区明确、联系密切的原则，一般可分为入口接待、住宿、餐饮、公共活动、后勤服务管理这五大部分。

虽然旅馆自身的内在规律形成其功能不同程度的封闭性，但旅馆特别是城市旅馆与社会有着密切关系。在与周围环境社会功能的相互补充、渗透中也形成其功能不同程度的开放性，即有利于所在地区经济繁荣的旅馆功能的社会化。因此出现两种情况：其一，大型城市旅馆除满足住店旅客的需要外，还承担了相当的社会活动功能，其公共活动部分的内容和面积在总建筑面积中所占比例增加，这部分收益在旅馆总收益中的比例也相应地增加；其二，一般中小型、中等级别和经济级的城市旅馆本身的设施不一定齐全，可借助周围环境，依靠城市整体功能的调节、补充，使旅馆的部分功能在社会中实现，如利用社会的餐馆、洗衣房、停车场等。

（二）旅馆建筑的流线组织

旅馆建筑的流线是科学地组织和分析功能的结果，也是旅馆服务水平的反映。一个旅馆的流线设计直接影响经营。流线设计除了需明确表现各部门的相互关系，使客人和工作人员都能一目了然、各得其所之外，还需体现主次关系和效率。客人用的主要活动空间位置及到达的路线是流线中的主干线，而围绕着主空间的辅助设施、服务路线则应紧凑、短捷。

合理的流线设计将有助于发挥建筑空间的疏密有致、情趣气氛，提高服务效率和质量，也有利于设备系统的运行和保养。

旅馆的流线从水平到竖向，分为客人流线、服务流线、物品流线和情报信息流线四大系统。

流线设计的原则是客人流线与服务流线互不交叉，客人流线十分直接明了，决不令人感到迷乱；服务流线短捷高效；情报信息流线快而准确。

1. 客人流线

中、小旅馆的客人流线，客人走一个出入口，有利于管理。城市大、中型旅馆的客人流线分为住宿客人、宴会客人、外来客人三种。为避免住宿客人进出旅馆及办手续、等候时与宴会的大量人群混杂而可能引起不快，有向社会开放的大、中宴会厅的现代旅馆需将住宿客人与宴会客人的流线分开。

（1）住宿客人流线。住宿客人中又有团体客人与零散客人之分，现代高级旅馆为适应团体客人的集散需要，常在主入口边设专供团体客车停靠的团体出入口，中小旅馆客人流线示意图设团体客人体息厅。

（2）宴会客人流线。高级城市旅馆的宴会厅承担相当的社会活动功能，主要来自当地社会的客人同时集散。故需单独设宴会出入口和宴会门厅，中低档宾馆不必单独设置。

宴会出入口应有过渡空间与大堂及公共活动场所、餐饮设施相连，避免各部分单独直接对外。我国有的高级旅馆将对社会开放的餐厅、商店等出入口单独设置。出入口过多也存在不便管理的问题，大型高级旅馆以三个出入口为宜，即主要出入口、团体出入口、宴会与顾客出入口。

（3）外来客人流线。外来客人一般指进入旅馆的当地人士，国外旅馆普遍对市民开放，除住宿之外也可让访客进入餐饮及公共活动场所，其对旅馆的收益有一定作用，所以需重视这条流线，多数旅馆对外来客人如同住宿客人一样，也从主入口出入，以示一视同仁。

2. 服务流线

现代旅馆的管理与服务质量水平与我国传统旅馆的区别之一就是客人流线与服务流线的区分，中间避免交叉，工作人员从专用的出入口进出，首先需集中更衣，穿好制服自服务梯进入各自岗位，这是给旅客留下良好印象的基础。

3. 物品流线

为了提高工作效率，保证清洁卫生，大中型旅馆均设计有物品流线，其中以布件进出量最大，如果旅馆本身无洗衣房，每天更需大量进出。食品也需每日补给，其流线应严格遵守卫生防疫部门的规定，清污分流、生熟分流。

在现代旅馆中及时处理大量垃圾也是不可忽视的，从收集、分类、清洗到冷冻的路线需避免对其他部门的干扰。

4.情报信息系统流线

在大、中型旅馆中，情报信息系统是由电脑与各场所的终端机及连接两者的通信电缆构成的，电脑是该系统的中心，用以提高旅馆的管理水平和效率。

情报信息系统主要由以下各个系统组成。

（1）总服务台系统。处理总服务台业务和客房状况显示，随时掌握客房的状况，如有客人、正打扫、已预约、待租等。

（2）冰箱管理系统。冰箱内饮料、酒类被动用之后自动记账管理的系统。

（3）办公管理系统。处理各类财务、报表等业务。

（4）设备控制系统。对电、气、水、消防、电梯等设备运行情况的显示与监控。

一般小型旅馆常采用人工管理、服务，有条件者在部分管理系统中采用电脑。

（三）旅馆建筑的平面布局

旅馆建筑的平面布局随基地条件、周围环境状况、旅馆等级和类型等因素而变化，根据客房部分、公共部分、餐饮部分及行政后勤部分的不同组合，可概括为以下三种方式，简析如下。

1.分散式布局

总平面以分散式布局的旅馆，基地面积大，客房、公共、后勤等不同功能的建筑可按功能分区分别建造，多数低层，建造工期短、投资经济。其各幢客房楼可按不同等级采取不同标准，有广泛的适应性。

例如，北京友谊宾馆占地达20.3公顷，五栋5～7层客房楼共有客房近3 000间，还有礼堂、餐厅、会议楼等，总体为分散式对称布局，采用传统建筑形式的客房楼被郁郁葱葱的绿化带衬托着，环境优美。

但分散式布局也存在设备管线长、服务路线长、能源消耗增加、管理不便等问题。同时，还增加了服务员人数，不够经济。

2.集中式布局

（1）水平集中式。市郊、风景区旅馆总体布局常采用水平集中式。客房、公共、餐饮、后勤等部分各自相对集中，并在水平方向上连接，按功能关系、景观方向、出入口与交通组织等因素有机结合，庭院穿插其中，用地较分散式紧凑。

各类用房可按不同的结构体系、跨度、层高设计，分别施工。客房楼多数为低层和多层，便于化整为零吸取当地建筑传统进行新的造型创作。客房与公共部分有良好景观与自然采光通风条件。

（2）竖向集中式。适于城市中心、基地狭小的高层旅馆，其客房、公共、后勤服务在一幢建筑内竖向叠合。垂直运输靠电梯、自动扶梯解决。因此，足够的电梯数量、合适的速度与停靠方式对竖向集中式布局十分重要。竖向集中式由于结构的限制对公共部分大空间的设置有一定难度。

（3）水平与竖向结合的集中方式。这种布局是高层客房楼带裙房的方式，是国际上城市旅馆普遍采用的总体布局方式，具有交通路线短、紧凑经济的特点，又不像竖向集中式那样局促。随着旅馆规模、等级条件的差异，裙房公共部分的功能内容、空间构成也有许多变化。

3. 分散与集中相结合的布局

有些旅馆的基地面积较大或对客房楼高度有某种限制，这时常采用客房楼分散、公共部分集中这一分散与集中相结合的总体布局方式。

例如，杭州黄龙饭店位于黄龙洞风景区的名胜保护区范围内，周边环境要求客房楼避免过于庞大。为此，570 间客房被设计成三组，6 个 6 ~ 8 层的塔式客房楼均在首层与公共部分连成一片，内部的庭院变化丰富，客房楼互为因借，景观良好。

第七章 风景园林建筑设计中生态学原理的应用原则

第一节 系统与整体优先的原则

设计所要处理的任何场地和空间都从属于生态系统，都是系统中的一块内容或一个区段。生态学的突破性贡献在于建立生物与非生物间的关联研究，提示我们每一部分的变化都会或多或少引起其他部分的变化，就像棋盘上的棋子，某个棋子的得失都会影响到整盘棋的输赢。了解生态学的目的，也是要求相关行业通过更多地了解生物，认识到所有生物彼此间互相依赖的生存方式，将各个生物的生存环境彼此联系在一起考虑。因此，在规划设计过程中要有整体的意识，要小心谨慎地对待生物和环境，反对孤立、盲目的处理方法。

第二节 尊重场地自然特征的原则

如同世界上没有两片完全相同的叶子一样，世界上也不可能存在两片完全相同的场地。场地的自然条件因各种生物因子、气候水文、地质条件等的不同而呈现不同的特征，它们影响着场地中的各种生态关系和生态过程。

针对不同场地，在设计思路的选择上不存在放之四海而皆准的标准，在世界范围内也不存在统一的生态标准。但是，我们在设计时往往忽略了对场地特征的调研分析，把一种设计方式运用到多种场地上。这不仅出现了千城一面带来的文化缺失的现象，而且更重要的是干扰了自然的进程，这将引来对人类自身生存的威胁。古人造园时总结出的"因地制宜"在现代演变成了"因宜制地"，设计的出发点和标尺被改变了。

生态学的实质是研究个体与其周边环境的相互作用，这就要求我们对环境有充分的认识，如果忽略了环境的特征，则使生态学的内容丢掉了一半，更不用提如何进行生态设计了。

一、尊重地形特征

场地的地形特征是环境设计的基础，它给设计提供了一张立体的图纸。地形关系到地表径流、地表稳定性、场地小气候等诸多环境要素。在规划设计中，尊重场地地形特征要从流域尺度出发，综合分析地势向背、土壤性质、排水状况、植被情况等多方面因素，建立坡度与土地利用间协调的匹配关系。

二、尊重土壤特征

场地的土壤特征好比设计师图纸的质地，设计师在水彩纸、制图纸、硫酸纸上的表达有着截然不同的方法。尊重场地土壤特征，就是要借助科学的土壤调查来建立土壤适宜性评价，从而指导场地选择和设计。综合考虑土壤成分、土壤渗透性、基岩深度、地下水位、坡度等因子。此外，还要考虑土壤中固体废弃物和污水的掺杂程度，寻求能够克服土壤限制的处理方案。

三、尊重水文特征

水是场地环境设计的中心环节。尊重水文特征就是要求设计师关注水源的位置和规模、河谷及河漫滩的大小和形态、岸线的侵蚀情况等，掌握水流量、高水位海拔、水质状况等数据资料，避免因开发选择失误引起水质净化困难、地下水位下降、栖息地受破坏等潜在威胁。尽量通过植被缓冲、地形控制等手段减少对大型的、结构性的控水措施的依赖。加强滨水区生态环境监控和管理。

四、尊重气候特征

场地的气候特征包括温度、湿度、太阳辐射、风和空气污染程度五个主要的因素，其中太阳辐射作为能量的首要来源应作为首先考虑的因素。尊重场地的气候特征就是要考虑地区小气候的多样性，以气候特征为导向处理环境的空间布局，营造宜人的室外活动空间。

五、尊重植被和栖息地特征

植被和栖息地是与环境变化结合最为紧密的景观元素，它们的状况是环境变化的指示器。尊重场地现有植被和栖息地特征，就是要以保护为主、适当干预为指导思想，限定人的干扰，充分发挥植被和栖息地对径流、土壤侵蚀、小气候及噪声等起到的自然调节作用。同时还要考虑各植被和栖息地组团间的连续性，避免组团破碎化，保持生物间交流的畅通。

第三节　利用乡土资源原则

乡土资源是生态系统经长期进化后达到生态平衡状态下的产物，是维护该生态系统稳定的不可替代的主体。充分利用乡土资源能减少外来入侵物种带给系统的潜在威胁，帮助系统内生命体持续不断地繁衍生息。

一、使用乡土植被

在乡土资源中，乡土植被的地位不可忽视。所谓乡土植被，指在一个地方土生土长、在一定区域内天然分布的乔灌木。乡土植被中的树种是自然优胜劣汰、环境选择的结果，它们对当地的光、热、水、气、土壤条件已经有很强的适应性，对不利环境也有很强的抗性。它们与其固定的生长环境建立了相互依存的关系，长久地共荣共生。因此要充分使用乡土植被，发挥其稳定生态系统的核心作用。

二、挖掘民间智慧

民间流传下来的建造技艺是先民们长期积累的智慧结晶。在过去生产力不发达的年代，人对待自然的态度是谦虚的，人们知道要与自然为友才和谐。都江堰、灵渠等千年不衰的水利工程就是先民们用最简单的技术，用低石做堰，对生物和自然过程施以最少的干预。杭州江洋畈生态公园施工路的铺设，也是采用民间积累的在软土地上建房筑路的经验，用天然的毛竹排、毛竹片取代人工材料。因此，民间智慧是设计与生态环境相适应关系的高度体现。我们在设计时应充分挖掘民间流传下来的传统技艺，用科学的方式指导和改良，以期达到低干扰、高利用的效果。

第四节　就近取材原则

材料的异地运输会耗费大量的能源、资源，并释放废气，从长远角度看是得不偿失的做法。就近取材能将运输环节造成的环境损害降至最低范围，减少因开发建设带来的环境压力。在选择建设材料时不舍近求远、不好高骛远，保持不猎奇的心态，尽可能多地就近取材。

第五节　循环利用原则

生态系统有其自身的调节能力，系统的破坏主要归因于人类对自然能源、资源无限制的攫取以及随之带来的垃圾堆放。"体力透支"和系统"消化不良"引起了系统内的各种不适反应。解决的出路在于循环利用，这样可以减轻对生态系统的负担，将系统自身的恢复和再生能力控制在可承受的范围内，还系统以自身的弹性。

循环利用的原则出于两方面考虑。首先，生态系统中各个部分的作用告诉我们自然界中没有废物，我们要尽可能多地利用每一件物品。其次，时间不能倒退，既然建设中使用的物资在生产和加工环节给环境带来的负面影响已无法挽回，那么就需要通过循环利用的方式来降低对新物资的需要。在建筑中，这种循环利用的理念体现在构建物的重复利用、空间的多功能使用方面。在园林设计中，通过发挥设计的主观能动性和创造力，原本被遗忘的物资同样可以获得新的生命。

第八章 国内外生态风景园林设计实例

第一节 国内生态风景园林设计实例分析

一、菖蒲河公园

菖蒲河原名外金水河，源自北京皇城西苑中海，从天安门城楼前向东沿皇城南端流过，汇入御河，明代成为皇城内的一条河道，因长满菖蒲而得名。其西北为劳动人民文化宫（太庙），北侧为保留完整的四合院，其中包含了国家级文物皇史宬和普胜寺（今欧美同学会），同时菖蒲河也是南池子历史文化保护街的南边界。历史上这里是明代皇城内"东苑"的南端，因此它既是一条历史悠久的河道，又是一条城市景观河道。

20世纪60年代为了解决节日庆祝活动所用的器材存放，将菖蒲河加上盖板，上面搭建起仓库、住房，后来形成狭窄、脏乱的街巷，环境恶劣，与其所处地位极不相称。新出台的《北京历史文化名城保护规划》第七条"历史河湖水系的保护"中明确提出重点保护与北京城市历史沿革密切相关的河湖水系，部分恢复具有重要历史价值的河湖水面。菖蒲河是故宫水系的一部分，故应予恢复。

菖蒲河公园是继皇城根遗址公园之后的又一项保护古都风貌、促进旧城有机更新的重要工程。新建的菖蒲河公园位于原来的菖蒲河胡同两侧。具体范围是西起劳动人民文化宫，东至南河沿大街；北起飞龙桥胡同、皇史宬南墙、南湾子胡同等，南至东长安街北侧红墙，全长约510米，总规划面积3.8公顷，规划绿地、水面面积2.02公顷。在这段狭长的空间里设计师安排了"菖蒲迎春""天妃闸影""东苑小筑""红墙怀古""凌虚飞虹""东苑戏楼"等景点。

对菖蒲河旁的古树曾有两种不同的意见：一是为成全笔直的河道而将古树全部伐除，重新栽种；二是全部保留，但要增加设计难度。如果把古树伐掉，不但三年内形不成有规模的景观，开园时人们只能见到草坪一片，而且园林设计中所讲的生态效益根本无从谈起，这显然是设计师所不愿看到的。所以现在见到的菖蒲河河道是被裁弯的，这是菖蒲河公园在设计上的最大特色，目的就是为了保住沿岸的60棵古树（图8-1）。

图 8-1　菖蒲河公园

菖蒲河公园在设计中有四个特殊的地方。

（一）河水倒流

金水河的水是自西向东流的，而菖蒲河的水却自东向西流。

这其中的秘密就在东口"菖蒲球"旁的水池中。在水池中的铁质菖蒲丛中有一个隐藏着的井盖，井盖下是两台昼夜不停的水泵，水泵将菖蒲河水抽到池中，水再从"天妃闸"跌落而下，不仅自然形成了一个常年哗哗流淌、赏心悦目的小瀑布，水从"天妃闸"上跌落而下还起到了曝气的作用，可以保持和改善水质。

（二）水流很清

菖蒲河公园西边的假山特别高，站在怪石嶙峋的假山上足以望见故宫的内景。假山的里面藏着菖蒲河水常流常清的奥秘。

假山中藏着的一套水处理系统 24 小时工作，将来自北京市通州区的水抽到净水装置中进行处理，然后再排回河道，周而复始，循环利用。同时，目前河道中已经成活的香蒲、芦竹、芦苇、睡莲、水葱、千屈菜等十余种野生植物也将起到净水作用（图 8-2）。"清水"是为了"亲水"。

图 8-2　菖蒲河公园的"清水"

为方便市民游园，在设计中，不长的菖蒲河上架设了 4 座人行桥，还特意留了 10 处临水平台，游客可亲手触摸到水，坐在岸边咫尺赏鱼。

（三）人造山石

菖蒲河公园中 3/5 的石头都是假山石，在菖蒲河公园的设计中需要用大量形状各异的山石是肯定的，颐和园、圆明园等皇家园林中步步成景，山石的妙用功不可没。有些山石是从千里之外的太湖运来，而设计者考虑更多的是不破坏菖蒲河的同时，保留太湖山石本身的美感。寻一块造型奇特、品质优良的山石不仅耗费大量人力、物力、财力，更重要的是开采山石会对地的环境造成很大的危害。考虑再三，菖蒲河公园的方案提出了使用"人造石"的设想。设计人员在北京、河北、山西的名山精心挑选有特色的山石进行拓模，获得"克隆"的模具后再与有关技术人员共同研究，造出了由水泥、玻璃纤维等为主要成分的"人造石"。"人造石"抗老化能力强，寿命可达 20 年（图 8-3）。

图 8-3　菖蒲河公园的"人造石"

（四）清水现红鱼

菖蒲河公园开放时河道中放入了 1 吨锦鲤和红鱼，这些鱼儿为公园增色不少。园中水景游鱼是菖蒲河公园设计的亮点。鱼儿虽小，却是点睛之笔。游动的鱼一方面可以使园林更有生命力，另一方面可起到调节水生植物生长的作用（图 8-4）。

图 8-4　菖蒲河公园红鱼

二、成都活水公园

成都活水公园位于成都市东北隅，占地 24 000 平方米，被看作"中国环境教育的典范"，是世界上第一座以"水保护"为主题，展示国际先进的"人工湿地系统处理污水"的城市生态环保公园。它模拟和再现了在自然环境中污水是如何由浊变清的全过程，展示了人工湿地系统处理污水工艺具有比传统二级生化处理更优越的污水处理工艺。它充分利用湿地中大型植物及其基质的自然净化能力净化污水，并在此过程中促进大型动植物生长，增加绿化面积和野生动物栖息地面积，有利于良性生态环境的建设。建造人工湿地系统具体措施是引导府河的水依次流经厌氧沉淀池、水流雕塑、兼氧池、植物塘、植物床、养鱼塘等水净化系统，使之由浊变清（图8-5）。

图8-5　净化池

（一）厌氧沉淀池

厌氧沉淀池直径12米，高8.5米，容积780立方米。厌氧沉淀池把被人为污染的、水质达不到一般景观用水要求的、低于Ⅴ类水质标准的府河水泵入厌氧沉淀池进行预处理。在厌氧沉淀池中，经物理沉降作用，密度大于水的悬浮物沉到池底，密度小于水的悬浮物浮到水面，由人工清除；部分可溶性的有机污染物经厌氧微生物降解作用或被分解为甲烷、二氧化碳等气体排入大气（图8-6）。

图8-6　厌氧沉淀池

（二）水流雕塑

独具匠心的水流雕塑形似一串花朵。它利用水的落差使水在一个个石臼中欢跳、回旋、激荡，与大气充分接触、曝气、充氧，增加水中的溶解氧含量，使水更具活力。同时，水流雕塑把上下两个工艺单元有机联系在一起，具有较高的观赏价值（图8-7）。

图 8-7　水流雕塑

（三）兼氧池

兼氧池深1.6米，容积48立方米（图8-8）。从厌氧沉淀池流出的水经水流雕塑一路充分溶解空气中的氧，流入兼氧池。有机污染物在兼氧微生物的作用下，进一步降解成植物易于吸收的无机物。兼氧池中的兼氧微生物和植物对水有一定的净化作用。同时，兼氧池是人工湿地系统的配水装置。

图 8-8　兼氧池

（四）植物塘、植物床

植物塘、植物床是人工湿地系统处理污水工艺的核心部分，包括6个植物塘和12个植物床。这个系统仿造了黄龙寺五彩池的景观，种有浮萍、凤眼莲、荷花等水生植物和芦荟、香蒲、茭白、伞草、菖蒲等挺水植物，伴生有各种鱼类、青蛙、蜻蜓、昆虫和大量微生物及原生动物。它们组成了一个独具特色的人工湿地塘床生态系统，污水在这里经沉淀、吸附、氧化还原和微生物分解等作用，大部分有机污染物被分解为植物可以吸收的养料，污水就变成了肥水。在促进系统内植物生长的同时净化了水体，水质明显改善（图 8-9）。人工湿地塘床系统好似一个生态过滤池，污水通过这个过滤池可以得到有效净化。

图 8-9 植物塘、植物床

（五）养鱼塘

污水经人工湿地塘床系统净化处理后，再次经水流雕塑充分曝气、充氧，水中溶解氧含量大大增加，水质可全面达到Ⅲ类水质标准，可作公园绿化和景观用水。养鱼塘系统养殖了观赏鱼类和水草，鱼类以各种藻类和微生物为食物，同时排出鱼粪等无机物促进藻类植物生长。流水在这里通过曝气、沉淀、生物降解和逐级过滤，确保达到Ⅲ类水质标准。这个系统养殖的鱼类、水草在供游人观赏的同时，可以起到直观的生物检测作用。

（六）戏水池

戏水池是为游人提供戏水、亲水活动的场所。碧澄清澈的溪流吸引着人们亲水、戏水。爱惜水、保护水，把清水送还自然。人们在这里走进大自然，融入大自然，体验大自然的清纯、美妙。戏水池是活水公园的句号，而涓涓清流继续流向府河。

三、中山岐江公园

（一）岐江公园的前生

粤中船厂旧址占地 11 公顷，从 1953 年到 1999 年，走过了由发展壮大到消亡的可歌可泣的历程。到了 20 世纪 80 年代以后珠江三角洲的公路逐渐发达起来，船在日益丧失它作为交通工具的重要性，船厂逐渐没落。20 世纪 90 年代末，船厂解散。1999 年，中山市政府开始把船厂改建成公园。粤中船厂历经我国工业化进程艰辛而富有意义的沧桑历史、特定年代的艰苦创业历程，沉淀为真实并且弥足珍贵的城市记忆。

（二）设计方法与设计形式

从设计方法上，岐江公园面临着三个选择：借用地方古典园林风格；设计为西方古典几何式园林；借用现代西方环境主义、生态恢复及城市更新的路子，强调废弃工业设施的生态恢复和再利用。最终设计选取了第三种方式，整个设计贯穿了生态恢复和废物再利用的思想，国外一些园林实例中的许多方法也借鉴了这种设计（图8-10）。

图 8-10　中山岐江公园

岐江公园的个性正是在与以上三种设计思路的不同和相同中体现出来的。与岭南园林相比，岐江公园彻底抛弃了园无直路、小桥流水和注重园艺及传统的亭台楼阁的传统手法，代之以直线形的便捷道路，遵从"两点之间线段最短"的原理，充分提炼和应用工业化的线条和肌理。与西方巴洛克及新古典的西式景观相比，岐江公园不追求形式的图案之美，而是体现了一种经济与高效原则下形成的"乱"。蜘蛛网状结构的直线步道，"乱"的铺装，以及空间、路网、绿化之间的自由均为基于经济规则的穿插。与环境主义及生态恢复相比，岐江公园借鉴了现代西方环境主义对工业设施及自然的态度：保留、更新和再利用。与之不同的是，岐江公园的设计强调了新的设计，并通过新设计强化场地及景观作为特定文化载体的意义，揭示人性和自然之美（图8-11、图8-15和图8-16）。

图 8-11　岐江公园

这些形式与中国传统园林或西方古典景观设计大不相同，而更多地吸取了现代西方景观设计，特别是城市更新和生态恢复的手法。岐江公园"建造在一片废旧的造船厂的场地上，反映了我国50年工业化的不寻常历史。设计保留了船厂浮动的水位线、残留锈蚀的船坞及机器等，很好地融合了生态理念、现代环境意识、文化与人性"。

　　岐江公园位于中国广东省中山市西区的岐江河畔，是一个以工业为主题的市政公园。它是中山市政府投资 9 000 万元由粤中船厂的旧址改建而成，于 2001 年 10 月正式对公众开放。岐江公园在设计上保留了很多粤中船厂的工业元素和自然植被，并加入了一些和工业主题有关的创新设计。2002 年，该公园的设计和它的设计者获得了美国景观设计师协会2002 年度荣誉设计奖，成为第一个获得该奖项的中国项目和中国人（图 8-12）。

图 8-12　岐江河畔

　　岐江公园在设计上保留了粤中船厂旧址上的许多旧物，它们包括原址上的所有古树、部分水体和驳岸；两个不同时代的船坞、两个水塔、废弃的轮船和烟囱等。还有一些如龙门吊、变压器、机床等废旧机器经过改造、修饰和重组成了公园装饰品，提升了整个公园的艺术性。两个船坞被改造成游船码头和洗手间；两个水塔则变成了两个艺术品：一个称为"琥珀水塔"；另一个称为"骨骼水塔"。龙门吊、变压器、机床等废旧机器经艺术和工艺修饰后变成艺术品散落在公园各处（图 8-13~ 图 8-16）。

图 8-13　"琥珀水塔"

图 8-14 "骨骼水塔"

图 8-15 岐江公园中心景观

图 8-16 岐江公园

第二节　国外生态风景园林设计实例分析

一、城市景观

（一）雪铁龙公园

雪铁龙公园（Parc Andre Citroen）位于巴黎市西南角，濒临塞纳河，是利用雪铁龙汽车制造厂旧址建造的大型城市公园。雪铁龙公园的周围城市环境比较复杂——过去这片工业用地与城市之间是隔离地带，没有很好地与城市衔接起来，到处显露着断裂的痕迹。

园址总体上为不规则形，呈"X"形布局的三块用地使人难以感受到其整体性。公园周围建筑造型各异，在平面布局、层高、风格、材料、色彩与外观上都缺乏整体协调感，这就给为创造统一而开放的园林空间带来许多困难。

总体布局无论是在形式上还是在含义上均采用了一系列对应的手法，空间上显得均衡、稳定，有着古典美。克莱芒与贝尔热负责设计公园的北部，主要有白色园、两座大温室、六座小温室和六条水坡道夹峙的序列花园以及临近塞纳河的运动园等；而由普罗沃、维吉埃和若德里负责设计的公园南部包括黑色园和变形园、中央称为绿丛植坛的大草坪、大水渠以及边缘的山林水泽仙女洞窟等（图8-17）。

公园在空间布局上首先借鉴了巴黎塞纳河边已有的园林空间的处理手法，在园中央划出一个100米×300米的矩形大草坪，以此将公园与塞纳河联系在一起，而且在大草坪的四周环以狭窄的水渠，游人只能从两座石板桥上进入草坪。这种处理方式借鉴了法国传统园林中水壤沟的形式，使大草坪似

图8-17　雪铁龙公园

乎漂浮在水面上，既明确并强调了草坪空间的边界，又避免了游人随意进入草坪从而对草坪起到一定的保护作用，但是这无疑限制了草地上活动的游人量。雪铁龙公园垂直于塞纳河的几何形构图极具巴黎特色，与植物园、练兵场及荣军院广场相呼应。在像巴黎这样一个十分拥挤的大都市中，开放性的草坪空间更易使人心旷神怡，吸引众多市民。

雪铁龙公园的空间布局有着尺度适宜、对称协调、均衡稳定和秩序严谨的特点，反映出法国古典主义园林的特点。平面布置采用既有集中又有分区的手法，从开阔无垠的视线到细微景致的处理，从大空间到小空间，大、小尺度相互重叠，逐渐变化，空间互相渗透。建筑与自然之间的协调性和一致性反映出建筑师与风景园林师之间难得的一致及观念上的和谐。

自然是园林艺术永恒的主题，园林设计中的一个不可回避的问题就是表现怎样的自然以及如何表现自然。由于对这个问题有着多种多样的回答，园林艺术因而有着多种形式。雪铁龙公园的设计者希望用细腻的手法创造出一系列差异很大的空间，并在整体上构成一个真正意义上的园林。法国传统园林是作为建筑与自然之间的过渡设计的，雪铁龙公园的设计者将这一观念加以发挥，从特定的城市环境出发，提出了公园空间序列构成的四原则，即自然、运动、建筑与人工。雪铁龙公园的设计特色实际上就在于如何处理这四个原则及其相互关系。每个分区都体现这四个原则，只是随着各个分区地理位置的不同而各有偏重。

为了突出雪铁龙公园临近河流的特点，设计者将河边原有的城市干道改成 400 米长的地下隧道，并且在铁路线上修建了 100 多米长的高架桥，使游人能够方便地从公园行走到塞纳河边，公园与河流真正地连接在一起。同时，设计者建设了丰富的水景使其贯穿全园。不仅是公园的局部几乎都与水相联系，水景的表现形式也十分丰富，以人工化的处理手法表现自然中的雨、瀑、河、溪、泉等水景，有着比其自然状态更激动人心的效果。其中既有像大水渠及水壕沟那样完全法国式的镜面似的静水景观，又有像序列花园中的水坡道那样富有意大利特色的系列跌水，以及像大温室之间的喷泉广场以 80 股高低错落的水柱构筑成古罗马宅园中的柱廊园那样的动水景致。而洞窟与序列花园中水的主题更以抽象的方式得以表现，如硬质铺装模拟出的河流、河岸、海洋等变形处理手法，使园中水景更加变化多端。

雪铁龙公园是一个文化性公园，在其大量的造园要素中隐含着深刻的文化含义，综合反映出西方文化的各个层面。当然，个人的文化程度与社会背景、洞察力、好奇心和敏感程度不同，对其文化及引申含义的理解程度也会有所不同。所谓"内行看门道，外行看热闹"，雪铁龙公园在表现方式上兼顾了不同游客的不同要求。设计者充分运用了自由与准确、变化与秩序、柔和与坚硬、借鉴与革新、既异乎寻常又合乎情理的对立统一原则对全园进行统筹安排，雪铁龙公园继承并极大地发展了传统园林的空间等级观念，延续并革新了法国古典主义园林的造园手法。就像路易十四喜欢邀请外国使节参观凡尔赛园林并亲自介绍凡尔赛园林一样，雪铁龙公园的设计者也希望人们跟随导游参观这座公园，以便更好地理解其丰富的含义。

由上面可以看出，在雪铁龙公园中，直接体现生态学理念的是其对地域文化的传承。地域文化是当地人经过相当长的时间积累起来的，从生态的角度来说是和特定的环境相适应的，有着特定的产生和发展背景的，当地人生存的文化。设计要适宜于特定的场所，适宜于特定区域内的风土人情及其传统文化并反映当地人的精神需求与向往。雪铁龙公园根植于所处巴黎的特殊地理位置，综合考虑了法国古典主义园林和欧洲古典巴洛克园林的造园手法，在设计中以不同于传统的形象出现。从公园的总体布局到各个造园要素，如温室、大草坪、岩洞、大水渠以及植物配置等方面都很好地借鉴了古典园林的手法（图8-18）。

(a)

(b)

(c)

图 8-18　雪铁龙公园

（二）拉维莱特公园中的竹园

拉维莱特公园方案竞赛的获胜者、建筑师贝尔纳·屈米（Bernard Tschumi）1985 年邀请谢梅道夫创作拉维莱特公园中的主题花园之一——活力园。谢梅道夫在接受了这一邀请之后，仔细研究了屈米的拉维莱特公园总体设计思想，并且认真思考了"园林艺术"的创作思想：在拉维莱特公园序列景观中插入一个由下沉式空间形成的局部片段，园中布置象征自然的竹子和代表人工技术产品的混凝土，并使自然与人工有机地结合在一起。由于这个主题性小园完全采用竹类植物造景，因此人们又称之为竹园。拉维莱特公园的占地面积达到 30 公顷，但是竹园只占其中的一小部分。谢梅道夫希望人们将竹园看作一处集展示、试验、生产与再生等各种思潮于一体的场所，其中园艺知识与工程技术既对立又统一，相互依存。

拉维莱特公园中的竹园设计着重表现了一种人工创造小气候的高超技巧。竹园向人们展示的是一个"小气候的舞台"，舞台上的表演者便是在巴黎非常少见的竹类植物。虽然竹园的植物景观看上去似乎比较单一，实际上园内种有 30 多个品种的竹子，变化非常丰富，完全可以称得上是竹子专类园了。现在，竹园已成为好奇的巴黎市民跟随植物学家辨认竹子品种的理想场所，人们对各种竹子之间的细微不同表现出浓厚的兴趣。

竹园采用了下沉式园林的手法，创造出三维空间，以达到扩大视觉效果的目的。同时，低于原地面 5 米的封闭性空间处理形成了园内适宜的小气候环境，使竹子这类南方植物能够在巴黎露地越冬。园中种植了高大的毛竹，竹梢伸出地面，游人在公园中很容易找到竹园，提高了竹园的标识性。

由于采用了沉床式花园结构，场址中原有的地下管道完全暴露出来。从将工程技术与景观效果结合起来的设计观点出发，将这些通常隐藏在地下的设施裹以沥青和混凝土，巧妙地使其成为园中重要的景观要素之一。这种展现在游人眼前的是与众不同的景观，达到了一种化腐朽为神奇的独特效果。

下沉式竹园的排水处理同样遵循着技术与艺术相结合的设计思想，顺理成章地在园边设置环形水渠，既解决了排水问题，又增加了园内的湿度，同时是连接全园的景观带。

不仅如此，竹园的照明设计也体现了功能与美观融为一体的创作手法。设计采用类似雷达的锅形反射板，形成反射式照明效果。在将灯光汇聚并反射到园内的同时，将光源产生的热量一并反射到竹叶上，借此能够局部地改善竹园中的小气候条件，有利于竹子的生长。

为了突出竹园的原创性和艺术性特征，设计师谢梅道夫特地邀请了两位艺术家参与设计。莱特奈尔借鉴意大利园林中的水剧场，在园内建造了一座声学建筑，被称为"声乐管"。他利用斜坡和竹林环绕的两段半圆形的、带有壁泉和格栅的墙壁，将轻风吹拂的声音、竹叶的沙沙声和潺潺的流水声汇聚在一起，形成一座在此凝听自然之声的"音乐厅"。另一位艺术家比恩采用抽象而又含蓄的手法，用卵石在园路上铺设了一段黑白相间的条带，与拉维莱特公园总体构图的方向感相一致，令人联想到投射在地面上的毛竹的阴影，又使下沉式竹园与全园的构图相呼应（图 8-19）。

图 8-19　拉维莱特公园中的竹园

二、郊野公园——以巴黎苏塞公园为例

1979 年，巴黎北面的塞纳—圣德尼省（la Seine-Saint-Denis）组织了苏塞公园的方案竞赛，要求在城市边缘的农田上兴建一处面积达 200 平方千米的大公园，为市民提供一处以植物群落为主的自然环境。园址位于城市近郊的平原上，地形平坦，一览无余，周边环境以大片的耕地和水系等自然景观为主。水系包括萨维涅湖（lac de Savigny）以及两条小溪——苏塞（le Sausset）和华都（le Roideau）。已有的设施包括数条高压电线、水塔、高速公路、铁路线和一个郊区快速列车站。

苏塞公园中最有特色的设计思想有两点：一是在过去用于防洪的蓄水池周边建沼泽景观；二是苏塞公园的种植工程。

（一）沼泽景观

苏塞公园沼泽地的土垒上原先种了 27 种栽种物，其中有 4 种竹子是外来植物，加拿大伊乐藻（Elodea canadensis）和水龙（Jussieuarepens）这两种栽种物在法国已经乡土化。13 年之后这片沼泽地中的外地植物达到了 61 种，其中的桤木和垂叶薹草这两种是由管理者引入的，其余植物都是自然生发的，其中两种柳类的出现主要得益于 1986 年竹子遭冰冻后重新划定的沼泽地和土垒。期间，原先栽种的植物有 11 种自然消失了。

如果说植物品种数量的自生演化是迅速而重要的，那么植物群落的演化结果几乎推翻了原先的种植设计。澳大利亚芦苇（Phragmites australis）从栽种土垒中消失了，取而代之的是黄菖蒲（Iri spseudacorus）和千屈菜（Lythrum salicaria）。一种薹草（Carexacutiformis）占据了那些最高的土垒，远离其原先的种植区域。同时，香蒲（Typha latifolia）侵占了大量地盘。这种植物物种与植物群落的迅速演化源于几种现象：首先，借助水渠和流水得到更新的水量太少，造成水体的富营养化；其次，有大量的动物物种在消耗植物群落并介入入侵物种的竞争，就像黄菖蒲和芦荟之间所发生的那样；最后，遭到冻害的竹子没有补种。

传统造林技术形成多岔路口式的园路、林中空地、丛林等，构成法兰西平原传统上的树林果观，除此之外，还得加上从 1993 年起采取的一些管理措施的影响，如割除水渠水草，手工拔草和对付水龙的化学除草，以及选择性地伐除一些自生的柳类植物。所有这些短期的并且是全凭经验的行动，不能使沼泽地回归到栽种之初的面貌，但是限制了植物迅速填满场地并且使群落生态环境趋于多样性。实际上，对管理者来说保持甚至增加可以观察到的鸟类品种数量是非常重要的，到 1997 年，这里的鸟类已经达到 116 种，接近在圣冈丹·昂·伊夫林湖沼国家自然保护区所记录的鸟种数量的一半，而后者的面积却是前者 40 倍。

（二）种植工程

种植工程首先从公园的边缘开始做起，以便确立公园的边界，避免在长期的建设过程中公园用地遭到蚕食。塑料地膜这类新技术被用于种植设计，使种植的小树苗能够迅速生长。传统的造林技术措施大量运用在公园的建设中，如多岔路口式的园路、林中空地、树篱、丛林以及处理采伐迹地的措施等，以期形成与周围的树林类似的景观。

苏塞公园从 1981 年开始建设，当时种植的 30 万棵只有 30 厘米高的小树苗，尽管遭到野兔啃咬，但绝大部分成活下来成活下来的树木长势良好，现在长成粗壮的树木了。公园的建设还在良好的组织下有序地进行（见图 8-20）。

图 8-20　巴黎苏塞公园规划图

三、工业废弃地

（一）北杜伊斯堡风景园林

公园坐落于杜伊斯堡市北部，由属于 Internationale Bauausstellung（IBA）的 Tessen-Meiderich 鼓风炉改建成公园，成为这片旧厂区在生态学、经济学、社会学方面复兴的标志。现存的厂房和科技大楼被重新排列、重新演绎，传达着新的信息。它们已经成为景观的一个组成部分和自然的象征。

在规划之初，小组面临的最关键问题是这些工厂遗留下来的庞大的建筑和货棚、矿渣堆、烟囱、鼓风炉、铁路、桥梁、沉淀池、水渠、起重机等，能否真正成为公园建筑的基础，如果答案是肯定的，又怎样使这些已经无用的构筑物融入今天公园的景观之中。设计师彼得·拉茨的设计思想理性而清晰，他要用生态手段处理这片破碎的地段（图 8-21）。

图 8-21 北杜伊斯堡风景园林

首先，上述工厂中的构筑物都予以保留，部分构筑物被赋予新的使用功能（图 8-22）。

图 8-22 北杜伊斯堡部分建筑物

其次，工厂中的植被均得以保留，荒草也任其自由生长。工厂中原有的废弃材料也得到尽可能地利用。红砖磨碎后可以用作红色混凝土的材料，厂区堆积的焦炭、矿渣可成为一些植物生长的介质或地面面层的材料，工厂遗留的大型铁板可成为广场的铺装材料。

再次，水可以循环利用，污水被处理，雨水被收集，引至工厂中原有的冷却槽和沉淀池，经澄清过滤后，流入埃姆舍河。拉茨最大限度地保留了工厂的历史信息，利用原有的"废料"塑造公园的景观，从而最大限度地减少了对新材料的需求，减少了对生产材料所需能源的索取。

在一个理性的框架体系中，拉茨将上述要素分成四个景观层：以水渠和储水池构成的水园、散步道系统、使用区以及铁路公园结合高架步道。这些层自成系统，各自独立而连续地存在，只在某些特定点上用一些要素如坡道、台阶、平台和花园将它们连接起来，获得视觉、功能、象征意义上的联系。

由于原有工厂设施复杂而庞大，为方便游人的使用与游览，公园用不同的色彩为不同的区域做了明确的标识：红色代表土地，灰色和锈色区域表示禁止进入的区域，蓝色表示未开放区域。公园以大量不同的方式提供了娱乐、体育和文化设施（图8-23）。

图8-23　北杜伊斯堡风景园林部分区域

独特的设计思想为杜伊斯堡风景公园带来颇具震撼力的景观，在绿色成荫和原有钢铁厂设备的背景中，摇滚乐队在炉渣堆上的露天剧场中高歌，游客在高炉上眺望，登山爱好者在混凝土墙体上攀登，市民在庞大的煤气罐改造成的游泳馆内锻炼娱乐，儿童在铁架与墙体间游戏，夜晚五光十色的灯光将巨大的工业设备映照得如同节日的游乐场……我们从公园今天的生机与十年前厂区的破败景象对比中感到杜伊斯堡风景公园的魅力。这启发人们对公园的含义与作用重新思考（图8-24）。

图8-24　北杜伊斯堡风景公园风景

（二）萨尔布吕肯港口岛公园

1985—1989年，在布吕肯市的萨尔河畔，一处以前用作煤炭运输码头的场地上，拉茨规划建造了对当时德国城市公园普遍采用的风景式的园林形式的设计手法进行挑战的公园——港口岛公园。公园建成后立即引起广泛的争议，一些人热情洋溢地赞扬拉茨对当代新园林艺术形式所做出的探索和贡献；另一些人则坚决反对，认为那是垃圾美学，认为公园在材料、形式及表现手法上都非常混乱。拉茨的思想清晰坚定，他反对用以前那种田园牧歌式的园林形式描绘自然的设计思想。相反，他将注意力转到了日常生活中自然的价值，认为自然是要改善日常生活，而不只为改变一块土地的贫瘠与荒凉（图8-25）。

图8-25 萨尔布吕肯港口岛

港口岛公园面积约9公顷，接近市中心。二战时期这里的煤炭运输码头遭到了破坏，除了一些装载设备保留了下来，码头几乎变成一片废墟瓦砾。直到一座高速公路桥计划在附近穿过，港口岛作为桥北端桥墩的落脚点，人们才将注意力转到了这块野草蔓生的地区。拉茨采取了对场地最小干预的设计方法。他考虑了码头废墟、城市结构、基地上的植被等因素，首先对区域进行了"景观结构设计"，目的是保持区域特征，并且通过对港口环境的整治，再塑这里的历史遗迹和工业的辉煌。在解释自己的规划意图时，拉茨写道："城市中心区将建立一种新的结构。它将重构破碎的城市片段，联系它的各个部分力求揭示被瓦砾所掩盖的历史，结果是城市开放空间的结构设计。"拉茨用废墟中的碎石在公园中构建了一个方格网作为公园的骨架。他认为这样可唤起人们对19世纪城市历史面貌片段的回忆。这些方格网又把废墟分割出一块块小花园，展现不同的景观构成。原有码头上重要的遗迹均得到保留，工业的废墟，如建筑、仓库、高架铁路等都经过处理，得到很好的利用（图8-26）。

图8-26 萨尔布吕肯港口岛公园

公园同样考虑了生态的因素，相当一部分建筑材料利用了战争中留下的碎石瓦砾，成为花园的不可分割的组成部分与各种植物交融在一起。园中的地表水被收集，通过一系列净化处理后得到循环利用。新建的部分多以红砖构筑，与原有瓦砾形成鲜明对比，具有很强的识别性。在这里，参观者可以看到属于过去的和现在的不同地段，纯花园的景色和艺术构筑物巧妙地交织在一起。

（三）西雅图油库公园

1906 年，在美国西雅图市联合湖北部的山顶，西雅图石油公司修建了一座主要用于从煤中提取汽油的工厂。1920 年，这家工厂转为从石油中提炼汽油。几十年来，附近居民不得不忍受工厂排放的大量污染物对环境造成的巨大破坏。1956 年，由于铺设了一条天然气供应干线，这座庞大的工厂被废弃了。西雅图市政府十分重视环境保护工作，鉴于旧炼油厂所在地的生态环境质量极差，严重缺乏绿色空间，市政府决定买下工厂的所在地——一块位置重要的河边峭壁上的 10 公顷土地，将它改建为城市中央公园。1970 年，市政府委托理查德·哈格设计事务所负责该地的改建工作，包括进行场地分析、制定规划纲要、总体规划以及实施方案。

从看到在充满油渣的沼泽中的旧工厂建筑物开始，哈格就感到他应该做的事情不是立即调查地形，而是寻觅历史的痕迹。他彻底检查了所有破旧的铁塔，并在所有自己感兴趣的地方驻足体会，甚至将自己的工作室搬到工厂中，在那里工作和休息。他逐渐产生了一种设想，应该保护一些工业废墟，包括一些生锈的、被敲破的工业用品和被当地居民废弃了多年的工业建筑物，以作为对过去工业时代的纪念（图 8-27）。

西雅图市政府对哈格的设想非常支持，他们制定的政策不但没有限制哈格对旧炼油厂现存建筑设施重新利用的计划，而且批准了他的土地再生利用方案。旧炼油厂的土壤毒性很高，以至于几乎不适宜于任何用途。哈格没有采用简单、常规的用无毒土壤置换有毒土壤的方法，而是采用了一个史无前例的方法净化土壤。他利用细菌净化土壤表面现存的烃类物质，这样还减少了投资。炼油厂公园由 7 个风格迥异的地区组成，分别是：北部盆地的大草地、儿童娱乐场、南部的日光草坪、由南至北排列的炼油厂设备废墟、西部的斜坡、大型的人造土山和北部开敞的乡村。另外，北部建有一座停车场。所有的地区都有边界，北部用人造土丘和浓密的雪松林遮蔽停车场和附近的公路。从远处看，绿色草地上的黑色铁塔轮廓清晰，十分醒目，以明亮的拼贴画一般的海岸线为背景，构成了具有人类工业活动寓意的轮廓（图 8-28）。

公园内所有的空间都有它们自己的特色，带给观光者不同的感受。实施方法的简单、装点的朴素和总体设计上的明快，促使整个公园具有非同寻常的吸引力。设计者为了选择保护对象特征可谓煞费苦心。设计师们将这些工厂设施精心处理后，分散布置于公园各处，并为参观者保留了自由活动空间。位于公园西部的人造土山，增加了地形的起伏，从而便于参观者观看联合湖和城市的地平线。

西雅图的炼油厂公园是世界上对工业废弃地恢复和利用的典型案例之一（图 8-29）。它的地理位置、历史意义和美学价值使该公园及其建筑物成为人类对工业时代的怀念和当今对环境保护关注的纪念碑。除了在纪念工业时代方面的成功之外，该公园在丰富城市居民的生活方面也取得了相当大的成功。每年有 30 多万游人在此集会，庆祝 7 月 4 日美国独立纪念日，观看联合湖上壮观的焰火表演。放风筝、举行音乐会、公众聚会或者儿童游玩等广泛活动的开展，使炼油厂公园成为西雅图市民最佳的休闲、娱乐场所之一。

图 8-27　西雅图油库公园

图 8-28　西雅图油库公园废旧厂房

图 8-29　西雅图炼油厂公园

（四）海尔布隆市砖瓦厂公园

1995年，德国巴登—符腾堡州重要的工业与商贸城市海尔布隆市在原来的废弃砖瓦厂上，建成了一座砖瓦厂公园。

它的主要设计者是德国景观设计师、建筑师鲍尔。海尔布隆市的砖瓦厂由于债务原因，在开采了100余年的黄黏土后，于1983年倒闭。该市在1985年购得了这片近15平方千米的废弃地，目的是将它变成一个公园。1989年举办了设计竞赛，鲍尔获得一等奖，景观设计师斯托泽尔获得二等奖。1990年，市政府委托鲍尔负责总体规划及公园东部的设计，斯托泽尔负责公园西部的设计。

从生态的角度看，该公园的地段是非常有价值的。经过工厂停产至建园7年的闲置，基地的生态状况已经大为好转，一些昆虫和鸟类又回到这里栖息，有些还是稀有的濒危物种。鲍尔面临的中心问题是：如何在工业废弃地上建造新的景观，从而创造新的生态和美学价值，形成新的有承载力的结构，满足人们的休闲需要，同时不破坏7年闲置期所形成的生物多样性与生态平衡。鲍尔决定建立一个混合式公园，包括为市民提供运动与体育锻炼的部分，保护原有砖瓦厂历史痕迹的区域，以及野草与其他植物自生自灭的区域等（图8-30）。

图8-30　海尔布隆市砖瓦厂公园

鲍尔谨慎地遵循基地的特点，尽量减少对地形地貌的改造，基地的自然特征和人工特征都保留下来，并经过设计，得到强化。设计没有把砖瓦厂与景观的矛盾掩饰起来，而是将砖瓦厂与景观两者结合，形成新的生态综合体，成为吸引人的生活空间。以往砖瓦厂的痕迹，正是公园的独特个性。砖瓦厂的废弃材料也得到再利用。砾石作为路基或挡土墙的材料，或成为土壤中有利于渗水的添加剂，而石材砌成了干墙，旧铁路的铁轨则作为路缘。工厂停产后一面大约高15米的砖瓦厂取土留下的黄黏土陡壁成为多种生物栖息的场所，是公园内的重要标志之一。1991年，这片黄黏土陡壁成了自然保护地。鲍尔在土壁前设计了宽50米的绿地，形成一块遗迹生态保护区，使物种与景观的多样性得到严格保护。保护区外围有一条由砖厂废弃石料砌成的挡土墙，把保护区与公园分隔开。

公园的中心是一个1.2公顷的湖，这是公园中最吸引人的地区。湖岸有自然式的，也有人工建造的（图8-31）。岸边有沙滩、戏水广场和活动草坪。湖水源头在戏水广场后的小山上。湖西岸种植了大量湿生和水生植物。鲍尔在湖边设计了一座桥和一个船头状的平台。设计有意识地将园外古老的水塔组织到公园的视景线中，让水塔成为公园美妙的借景。公园的西部由斯托泽尔设计，以自然植物景观为主，有杨树广场、砂石堡等（图8-32）。

在20世纪80年代，这里还是砖瓦厂等工业建筑，如今已成为动人的自然景观和市民公园，受到不同阶层人士的喜爱。

图 8-31　海尔布隆市砖瓦厂公园

图 8-32　海尔布隆市砖瓦厂公园西部

四、建筑外环境——奥格斯堡巴伐利亚环保局大楼为例

德国巴伐利亚州环保部新楼位于奥格斯堡市南部，占地 5 公顷，由三座东西向的长条形主楼组成，并在东西两侧与南北向的附楼相连接（图 8-33）。

图 8-33　奥格斯堡

建筑由威默事务所设计，外部环境由瓦伦汀事务所瓦伦汀教授主持设计。该设计主要有以下的设计理念。

（一）维护自然界本身的缓冲和调节功能

生态设计的关键之一就是要把人类对环境的负面影响控制在最低程度。因为自然界在其漫长的演化过程中形成了自我调节系统，能自行维持生态平衡。其中，水循环、植被、土壤、小气候、地形等因素在这个自我调节系统中起重要作用。在规划设计时，应该因地制宜，利用原有地形及植被，避免进行大规模的土方改造，尽量减少因施工对原有环境造成的负面影响。

在总体规划设计时，设计师把建筑用地控制在最小比例，建筑用地只占总用地面积的20%；35%用作交通用地，其中一半是露天停车场和附属维修用地；其余约45%为绿地。并且对60%的屋顶进行绿化，使其发挥绿地功效，露天停车场种植高大冠密的落叶乔木以调节地面温度。

根据具体情况对交通用地地面材料进行选择。对地下水源可能产生污染的地段，如附属维修用地及主要车行道采用硬质材料，通过地面排水管道系统向地下排送雨水，并且在排水管出口设置过滤装置，防止地面油污污染地下水源。交通用地总面积的20%左右为硬质地面，60%为半硬质地面，15%为软质地面。

（二）为动植物创造出丰富多样的生存空间

在最大限度保护好原有生境条件的前提下，根据具体情况创造出不同的小生境，丰富植物群落景观。设计师在有限的空间内共设计了10种不同的草地群落景观。运用碎石、卵石或块石矮墙分隔组织空间，矮墙是经钢丝网加固定形、石料填充而成，极尽自然之美，其中空隙又能为昆虫和小型爬行动物提供良好的栖息空间。根据不同的立地条件选择本地植物，形成多样的地带性植物群落景观。

1.草地景观

奥格斯堡地区历史上典型的植被为平坦的牧场草地。与之相适应，设计师根据立地条件选择不同的乡土草种进行种植，形成主要的植被景观，其面积占整个绿化面积的70%。边缘地带由于多为沙质土壤，土壤养分贫乏，故种植耐干旱的草种。

建筑物附近土壤经过改良，可利用雨水渗透系统种植多花且喜湿的植物。在该区总共形成了10种不同的草地植物群落，它们的生长和演替情况将为环保部门的科研人员提供第一手资料。

2.植被自然演替理念

10%的绿地保留了原有的地带性植被群落，对该区的设计理念是优先保护好原有的生境条件，如土质、土壤湿度、日光照度，使原有群落演替进程不受施工影响照常进行。

设计师还巧妙地运用占地2 000立方米的太阳能储蓄池作为植被演替的试验场，由于储蓄池表面由不同的石质土（花岗岩、玄武岩、石灰石及砂石等）组成，为植物生态学家提供了不同的耐干旱贫瘠等极端生境条件，便于选择特殊植物种类。

（三）节约原材料，减少能源消耗

设计师经过合理分析和精确计算，使停车场面积比原定指标节省了10%。在施工中尽量采取简单而高效的措施，多选用本地建筑材料，对施工过程中报废的材料进行分类筛选，化腐朽为神奇，既节省原材料，又能产生令人惊奇的艺术效果。例如：在主要出入口处，设计师利用报废的混凝土预制板，创作出类似中国山石盆景的园林小品，极具情趣。

在道路建设中，基层材料多采用土石方工程中挖出的碎石料。屋顶绿化中所用的土壤一半来自施工中挖出的表层土。总长约1 300米的矮墙中40%的卵石和碎石采自土石方工程，25%的矮墙材料是建筑施工中的废料，大约有200立方米。

在种植设计上，设计师多选择地带性乡土植物，使其形成一个生长良好而稳定的生态群落，大大减少正常养护管理的费用及工作量（洒水、施肥等）。这部分绿地占总面积的90%左右。设计师合理利用雨水，使其作为主要的灌溉及水景资源从而减少水资源浪费。

（四）地表水循环设计理念

充分利用天然降水，使其作为水景创作的主要资源。尽量避免硬质材料作为地面铺装，最大限度地让雨水自然均匀地渗入地下，形成良好的地表水循环系统，以保护当地的地下水资源。该区90%的屋面和80%的地面排水可通过处理均匀地渗入地下。

对硬质地面，如主要道路或水泥铺面，利用地面坡度和设置雨水渗透口使雨水均匀地渗入地下。半硬质地面如镶草卵石、块石铺面，雨水可以直接渗入。而屋面雨水大部分（60%~70%）通过屋面绿化储存起来，经过蒸腾作用向大气散发，其余部分则经排水管系统向地面渗透或储存，并为水景创作提供主要的水源。水景集中在三座主楼形成的院落之间，为了使其各具特色，设计师采用了不同的处理方法，前提是水要取之于天然降水，这些水景的形式和容积是通过对屋面雨水的蓄积量计算设计的。建筑2/3的屋面进行了屋顶绿化，约有30%的屋面雨水日常能保持在600毫升左右，这就为院落总水景设计提供了重要参数。

设计师没有在北边的院落做水池或水渠，而是设计了一个雨水自然渗透系统，让屋面雨水自然而均匀地流到地面以形成一个半湿润的小生境，并配植桦木林灌丛，形成具有自然特色的院落景观。设计师在中间院落设计了一个长约100米的水渠，其间种植乡土草本植物和农家果林，极具地方特色。

而在南边院落，设计师设计了一组别具情趣的水池组合。每个水池的容积均为90立方米，其间由一个水池连接，且每个水池有高差变化，每当雨水充足时，可形成小瀑布景观，动静有致。水池中还留有种植池，种植不同的水生植物。

五、动态花园的设计思想

《动态花园》是法国风景园林师吉尔·克莱芒的著作，书中收集了他多年来潜心研究的心得和成果。出身于农学和园艺学的吉尔·克莱芒堪称是一位造诣很深的植物学家。他一反法国传统园林将植物仅仅看作绿色实体或自然材料的建筑式设计理念，而是将自然作为园林的主体来看待，研究新型园林的形态。他认为，人们过去建造的那些花园实际上和建筑一样，是对人类征服自然的一种炫耀。在城市中出现了弃地或荒地，被看作是人类对自然失去了控制能力或人类征服自然能力的退却，这一观点遭到公众的强烈不满。人类在其发展过程中不断迁徙，而植物也是如此。自然将运用它的所有能力使一片荒弃地成为各种迁徙植物的竞争之地。传统园林实际上上演了一场自然与人类混合作用的游戏。而新型园林应该是减少，甚至没有人类的参与而形成的真正自然的场所。

在吉尔·克莱芒看来，"荒地"意味着自然曾经不间断地劳作的地方，是极其富有生气的场地，因为它始终处于充满活力的状态。荒地实际上是一处完全得益于大自然恩赐的土地。为了使这一观点具体化，克莱芒在自己家乡克勒兹的一个山谷中居住了十几年，将一片荒地作为实现他的设计理念的实验地，营造理想中的新型花园。在这片荒弃的土地上，几十种类型的植物在生存，在竞争，在形成不断变化和发展的植被。

（一）雪铁龙公园

动态花园的设计理念完整地体现在20世纪90年代初期建成的巴黎安德烈·雪铁龙公园之中。他对法国传统园林的认识，对场址精神的理解以及人工与自然高度融合的设计理念，使雪铁龙公园既有类似传统园林的严谨开敞的自由空间，又有符合现代审美情趣的五彩缤纷的植物主题花园。

在雪铁龙公园中有一个主题花园，就叫"动态花园"，由野生草本植物精心配置而成。吉尔·克莱芒没有刻意地养护管理那些野生植物，而是接受它们并给它们定向，使其优势得以发挥，营造优美独特的园林景观。野生植物的生长变化完全处于设计师的掌握之中。动态起伏是克莱芒设计作品的风格，也是他着重论述的方式方法，自然或人工植物是他创作的主要素材，而丰富的知识和生活阅历是其作品宝贵的源泉。

（二）滨海博物馆海尤尔领地景观设计

滨海博物馆在法国南部地中海沿岸，位于拉瓦杜和圣托贝两市之间一处称为海尤尔的地方。这里自然景观独特、生态资源丰富。保护该地区丰富的生态资源和优美的海岸景观成了景观设计面临的重大课题。馆内的外来植物如桉树、棕榈、金合欢属等，经多年引种驯化，完全适应当地的生长条件，应对其进行保护和补充。为了营造更新更丰富的园林景观，滨海博物馆作为业主，邀请吉尔·克莱芒作为项目主持人，负责规划的进一步实施。

吉尔·克莱芒以其多年的研究心得和丰富的旅行阅历，对适应地中海气候条件的全球类似区域的大量植物资源有相当深刻的了解，在此基础上提出了应补充的植物景观类型。他首先要求合作者全面调查能够抵御冰冻、姿态雄伟壮丽、适合当地生长的各种树木，有选择地营造花园的背景与骨架；此外，他将各大陆的一些特色植物引种到花园中，再现山优美的林地和灌丛等类型的植物景观，在花园中游人可以欣赏到新西兰的薹草场（Carex）、澳大利亚的灌木状桉树林（Mallee）、智利的荒原（Puyas）、中美洲荒漠园中的岩石园和南非的乔木状蕨类山谷等充满异域风情的景观。

在吉尔·克莱芒看来，海尤尔领地景观的再现，就如同是一片熟地经过一场大火的焚烧之后，许多乡土植物逐渐出现，呈现出具有返祖性的景观特色。那些具有惊人适应能力的植物会很快在火烧迹地上重新生长起来，形成先锋植物群落。面对各种外来植物的入侵，植物群落在竞争中演替，直至新的熟地的出现。克莱芒所要营造的新型花园实际上是一片充满自然竞争、不断发展演变的场所。他更加关心的是科学与景观之间的关系问题。正像克莱芒所说的："火烧作为潜在的景观管理的工具，我们应将其看作是一种'生物'现实。生物现实证明地球上的所有过客是在不断发展变化的。"正像克莱芝所说的，自然在演变中发展，花园是演变中的过客，关注自然演变的规律，就是吉尔·克莱芒新型花园理念的核心内容。

参考文献

[1] 曹凑贵 . 生态学概论 [M]. 北京：高等教育出版社，2006.

[2] 常杰，葛滢 . 生态学 [M]. 杭州：浙江大学出版社，2001.

[3] 戴天兴 . 城市环境生态学 [M]. 北京：中国建材工业出版社，2002.

[4] 傅伯杰陈利顶，马克明等 . 景观生态学原理及应用（第二版）[M]. 北京 . 科学出版社，2011.

[5] 李景文 . 森林生态学 [M]. 北京：中国林业出版社，2004.

[6] 李俊清，牛树奎，刘艳红 . 森林生态学 [M]. 北京：高等教育出版社，2010.

[7] 李团胜，石玉琼 . 景观生态学 [M]. 北京：化学工业出版社，2009.

[8] 廖飞勇 . 风景园林生态学 [M]. 北京：中国林业出版社，2010.

[9] 刘建斌 . 园林生态学 [M]. 北京：气象出版社，2005.

[10] 柳劲松，王丽华，宋秀娟 . 环境生态学基础 [M]. 北京：化学工业出版社，2003.

[11] 彭一刚 . 建筑空间组合论 [M]. 北京：中国建筑工业出版社，1998.

[12] 侯幼彬 . 中国建筑美学 [M]. 哈尔滨：黑龙江科学技术出版社，1997.

[13] 边颖 . 建筑外立面设计 [M]. 北京：机械工业出版社，2008.

[14] 俞孔坚，庞伟 . 理解设计：中山岐江公园工业旧址再利用 [J]. 建筑学报，2002（8）:47-52.

[15] 王向荣，任京燕 . 从工业废弃地到绿色公园——景观设计与工业废弃地的更新 [J]. 中国园林，2003（3）:11-18.

[16] 俞孔坚，李迪华，吉庆萍 . 景观与城市的生态设计：概念与原理 [J]. 中国园林，2001（6）:3-10.

[17] 李冬梅 . 植物生态与植物景观 [J]. 陕西林业科技，2004（4）:73-74.

[18] 俞孔坚，李迪华 . 城市生态基础设施建设的十大景观战略 [J]. 上海城市管理职业技术学院学报，2007（6）:12-17.

[19] 俞孔坚，李迪华 . 可持续景观 [J]. 城市环境设计，2007（1）:7-12

[20] 陈茜 . 西方生态建筑理论与实践发展研究 [D]. 西安：西安建筑科技大学，2004.

[21] 陈益峰 . 现代园林地形塑造与空间设计研究 [D]. 武汉：华中农业大学，2007.

[22] 刘永德 . 建筑空间的形态·结构·含义·组合 [M]. 天津：天津科学技术出版社，1998.

[23] 刘福智，佟裕哲 . 风景园林建筑设计指导 [M]. 北京：机械工业出版社，2007.

[24] 卢济威，王海松 . 山地建筑设计 [M]. 北京：中国建筑工业出版社，2007.

[25] 尚廊 . 风景建筑设计 [M]. 哈尔滨：黑龙江科学技术出版社，2003.

[26] 刘滨谊 . 现代景观规划设计 [M]. 南京：东南大学出版社，2005.

[27] 周立军 . 建筑设计基础 [M]. 哈尔滨：哈尔滨工业大学出版社，2003.

[28] 田学哲.建筑初步（第二版）[M].北京：中国建筑工业出版社，2006.

[29] 张伶伶，孟浩.场地设计 [M].北京：中国建筑工业出版社，2002.

[30] 王向荣，林箐.西方现代景观设计的理论与实践 [M].北京：中国建筑工业出版社，2002.

[31] 盛连喜.环境生态学导论 [M].北京：高等教育出版社，2002.

[32] 宋永昌，戚仁海.生态城市的指标体系与评价方法 [M].城市环境与城市生态，1999（5）：16-19.

[33] 孙儒泳.基础生态学 [M].北京：高等教育出版社，2006.

[34] 温国胜，杨京平，陈秋夏.园林生态学 [M].北京：化学工业出版社，2007.

[35] 肖笃宁，李秀珍，高峻等.景观生态学（第二版）[M].北京：科学出版社，2010.

[36] 肖笃宁，李秀珍.景观生态学的学科前沿与发展战略 [J].生态学报，2003（8）：1615-1621.

[37] 杨士宏等.城市环境生态学 [M].北京：科学出版社，2003.

[38] 杨小波，吴庆书等.城市生态学 [M].北京：科学出版社，2006.

[39] 余新晓，牛健植，关文彬等.景观生态学 [M].北京：高等教育出版社，2006.

[40] 赵运林.城市生态学 [M].北京：科学出版社，2005.

[41] 周志翔.景观生态学基础 [M].北京：中国农业出版社，2007.

[42] 郑炘，华晓宁.山水风景与建筑 [M].南京：东南大学出版社，2007

[43] 黄华明.现代景观建筑设计 [M].武汉：华中科技大学出版社，2008.

[44] 王晓俊.园林建筑设计 [M].南京：东南大学出版社，2004.

[45] 陆楣.现代风景园林概论 [M].西安：西安交通大学出版社，2007.

[46] 王树栋.园林建筑 [M].北京：气象出版社，2004.

[47] 佟裕哲.中国传统景园建筑设计理论 [M].西安；陕西科学技术出版社，1993.